新闻出版博物馆文库·研究

中国印刷史新论

艾俊川 著

中华书局

图书在版编目(CIP)数据

中国印刷史新论/艾俊川著. —北京:中华书局,2022.1
(2022.7 重印)
ISBN 978-7-101-15422-1

Ⅰ.中… Ⅱ.艾… Ⅲ.印刷史-研究-中国 Ⅳ.TS8-092

中国版本图书馆 CIP 数据核字(2021)第 216318 号

书　　名	中国印刷史新论
著　　者	艾俊川
责任编辑	董洪波　贾雪飞
封面设计	刘　丽
责任印制	管　斌
出版发行	中华书局
	(北京市丰台区太平桥西里 38 号　100073)
	http://www.zhbc.com.cn
	E-mail:zhbc@zhbc.com.cn
印　　刷	三河市中晟雅豪印务有限公司
版　　次	2022 年 1 月第 1 版
	2022 年 7 月第 2 次印刷
规　　格	开本/920×1250 毫米　1/32
	印张 11¼　插页 2　字数 240 千字
印　　数	3001-5000 册
国际书号	ISBN 978-7-101-15422-1
定　　价	66.00 元

艾俊川　毕业于北京大学中文系古典文献专业，现为《金融时报》编辑、北京印刷学院兼职教授、中国古籍保护协会古籍鉴定专业委员会委员。曾任北京大学图书馆馆员，美国哥伦比亚大学访问学者。研究兴趣为印刷史、货币金融史、文献学和近世人物掌故，著有《文中象外》（2012）、《且居且读》（2021）等。

新闻出版博物馆 文库

目录

印刷源流篇

活字印刷篇

版印文化篇

前言

用实证研究跨越语言陷阱和视野盲区

中国是印刷术的故乡，也是印刷史的故乡。宋人沈括在《梦溪笔谈》中记载毕昇发明活字印刷的情况，起首即说："板印书籍，唐人尚未盛为之，自冯瀛王始印五经已后，典籍皆为板本。"[①]二十多个字的论述虽然简短，却包含了沈括对雕版印刷起源、应用和流行历史的观察与判断。加上对毕昇发明的胶泥活字版的详细说明，《梦溪笔谈》里的这段记载，可谓是中国印刷史研究的滥觞。

像沈括这样对印刷史抱有兴趣的著作者，后世代有其人，他们会随笔记录与印刷相关的所见所闻，但古代中国一直未能产生一部全面系统研究印刷史的论著。直到清末民初，叶德辉撰成《书林清话》，孙毓修撰成《中国雕版源流考》，始大量辑录历代印刷史史料并有所论断，为后来的印刷史研究奠定了基础，其时中国传统印刷术正在退出历史舞台。

在随后的一百多年里，中国印刷史研究不断深入，成果蔚为大观，出现了一批代表性著作。经过几代学者的持续努力，雕版印刷发明之后、西方技术传入之前，包括印刷技术、印刷行为和印刷文化在内的中国印刷出版历程被充分揭示，中国首先发明印刷术的事实也广为人知。印刷史已成为中国史和科技史的重要篇章。

当前中国印刷史在学科建设、史料发掘、方法运用等各方面均大有建

① （宋）沈括撰，金良年点校：《梦溪笔谈》，《唐宋史料笔记丛刊》，中华书局，2015年，第174页。

树，但毋庸讳言，与任何学科一样，印刷史研究也有不足之处。比较显豁的是，一些重要问题未得到解决，如雕版印刷的起源年代、某些活字版的材质和制作方法等，都存在争议，尚无定论。相对隐晦的是，若干已有的“定论”存在疑点，令人难以遽信。如一些重要概念未得到科学界定，一些具有“特殊性”的印刷品未经严谨鉴定，此前结论难避望文生义之嫌，影响到人们对中国印刷史的准确认知。

这些问题，客观上是研究材料不足造成的，但在对待已有材料时，未能坚持以实物材料为主要研究对象，而是过于依赖文字材料；在利用文字材料时，又未能对古人所言所记的真实性和真正含义进行考实，以至于落入语言陷阱，误导了研究结果，也是重要原因。

印刷史是一门技术史，研究技术和工艺的兴废变革，与单纯的文史研究比起来，其研究对象和论证依据更加丰富，既有实物，又有文献。实物包括印刷工具和印成品，文献则包括对技术、工艺的说明和一般记载。但印刷术又是在生活中产生、使用的技术，人们对身边事物往往视而不见，对相关史料无心留存。从技术资料看，除了晚近的雕版和木活字，早期印刷工具基本失传，技术、工艺说明存世无多；从文献资料看，多数时候未留下详细、可靠的记载，今天的研究只能根据古人的只言片语来分析推断。

这就引出另一个问题。古今语言虽有延续，语义却在不断变化，再加上文言浮夸不实、含义模糊，令人不能准确理解，容易形成误读和误解。这可分为几种情况：一是某些词语的含义古今不同，今人失察导致误读；二是古人作文喜用典故，或使用习惯语言来形容新生事物，用词不准确导致误解；三是语出多歧，对同一事物有不同记载，令人难以抉择。

在中国印刷史研究中，重要而纷纭的争议集中在两个领域，即雕版印刷的起源和活字印刷的工艺，而在这两个领域，都存在因对古汉语理解不同而导致的观点分歧，存在很多误读和误解。

误读非仅发生在当代。关于雕版印刷的起源年代，在古代即有多种说法，其根据都是古书中某个看似描述“印刷”的词语。如清人郑机以《后汉书·党锢列传》中“刊章捕俭”一语为证，提出雕版印刷起源于东汉；明人陆深、胡应麟等以隋大业十三年（617）敕“废像遗经，悉令雕撰”为证，提出雕版印刷起源于隋代。这些立论根据，经过学界反复辨析，均确定为误读。

误解也不局限于中国。20世纪70年代，日本学者神田喜一郎根据唐初僧人法藏《华严五教章》里的“如世间印法，读文则句义前后，印之则同时显现”，以及《华严探玄记》里的“如印文，读时前后，印纸同时”的说法，认为像这样带有“印法”“印文”和“印纸”等词语的譬喻都是在指雕版印刷，于是提出雕版印刷起源于初唐。他的观点受到东西方很多学者赞同，几乎成为定论。而实际上，这更可能是法藏作为华严宗三祖，在解经时袭用了《华严经》中的印章典故。

与活字印刷特别是金属活字印刷技术有关的研究领域，同样充斥着由古人含混记载带来的事实不清和观点冲突。如明代弘治、正德间，我国已使用金属活字排印书籍，但活字的材质在当时就有“铜”“锡”以及“铜铅”等数种记载；清内府使用铜活字版印刷《古今图书集成》，对活字的制作方法，清人也有雕刻和铸造两种说法。语出多歧造成认知真相的困难。

也有文献记载看似“明确”，而与实际情况相悖。如清人林春祺制作铜活字印书，自己屡称“镌刊”“刻有楷书铜字”等，从文字上看，其铜字系雕刻而成拥有“铁证”，实际上他的活字每个字的字形高度一致，是用模具翻铸的。“镌”“刻”云云，只是林春祺沿用的当时出版印刷业的习语，并非对技术的实际说明。

再如中国印刷史上有一个重要而复杂的概念“铜版”，分析起来至少有五重含义：一是整体铸造的铜质印版，如钞版；二是出版业的一个广告词，表示其出版的书是没有错误的“定本”，义同“监本”；三是铜活字版；四是其他金属活字版；五是包括木活字版在内的活字版泛称。此外，在明清大众语言中，“铜版”还表示“确定”“不可更改”之义。过去的研究未对“铜版”词义进行仔细分析，只是笼统地认为它们是用铜材制成的印版，并将“铜版”记载作为鉴定铜活字印本的主要依据，造成很多错误。

上列都是有“白纸黑字”的记载却难以作为凭据的事例。可以说，中国印刷史研究中的重要争论，很多是由语言问题引发的，足见语言陷阱真实存在，而要跨越这个陷阱，必须以实证为桥梁。

印刷术是一种实用技术，研究历史上的印刷问题，最好的实证资料是各种实物，如印刷工具、印成品，其次是技术文献。前面说过，中国印刷史研究存在工具缺失、文献记载不足的困难，但也有一个巨大优势，就是拥有巨量书籍等印刷品。它们是印刷技术的直接产物，其墨痕印迹保存了工具、工艺的各种细节，足以在研究中发挥重要作用。

在中国古籍版本鉴定传统中，较早已出现了通过观察版面文字图像来判断版本类型、版本年代的方法，俗称“观风望气”之法。前贤们观望的“风气”，主要是不同时代的不同印刷技术映印在纸上的工艺特征。据此可以做到如下区分：

区分技术。雕版和活字版、套印版各自拥有自己的制版刷印工艺和技术特征，这些特征通过墨痕印在纸上。人们分析痕迹，可以知道印刷时使用了何种技术。

区分年代。不同时代、不同地域的书法字体、版面设计，具有不同的特征，人们可以根据古书字体和版式，来判断其书版制作于何时、何地。

区分版次。由于手写的版样和印成文字的版样，在雕刻后文字形态会有细微差别，人们可以据此判断其版为原刻还是翻刻。

传统版本学对版面特征的观察、分析、判断主要集中在这几方面。由于中国的印版大多数为木质雕版，现存古籍大部分为刻本，这种“观风望气”的研究方法主要应用于雕版印本，对技术更为复杂多样的活字版印本则应用不足，将活字版印本的版面墨痕与制版工艺相互对应的工作未能全面展开，影响了对一些重要问题的研究。

如金属活字和泥质活字是活字印刷的两个重要分支，但在印刷史研究中，它们一直是聚讼纷纭的所在。在金属活字印刷方面，从金属活字本的认定，到活字的材质、制作方法、排印工艺等，都存在很多争议和问题。在泥质活字印刷方面也是这样。具体来说，如明代是否存在铜活字印刷，明代早期金属活字材质是铜还是锡，明清金属活字制作是刻还是铸，清代“吹藜阁同版”和“仿宋胶泥版印法”二语的真实意义是什么，泰山磁版是怎样制成的等问题，都是中国印刷史上的重要问题，此前的研究没能给出令人信服的答案。究其原因，就是研究的对象未放在书籍实物上，或者对实物的印刷工艺特征把握得不够准确，以至于不能将印刷品这一大类实物证据运用到研究中去。这或可称为研究视野的盲区，它的存在，导致老问题未能解决而新问题又不时出现，也是印刷史研究方法需要完善的突出表现。

实际上，由于活字版技术复杂，其版面显示出比雕版更丰富的工艺特征，准确观察、分析版面印痕，可以为解决印刷史研究中的各种疑难问题提供符合技术逻辑而能够复验的客观证据。

在材质方面，由于金属和泥土都是可塑材料，并且难以高质量雕刻，因此古人多使用模具来铸造金属活字、塑制泥质活字，基本方法是用一个模子翻铸、翻塑出大量活字，同一版中同一个字的字形高度一致。因此我们可以根据书中文字字形一致的特征，来区分出这些同模制造的金属活字和泥质活字。

也有的金属活字，是以整套木活字为模具整体翻砂铸造的，即便同一个文字，也是使用多个模子铸字，因此在字形上并不一致，这与逐字雕刻的木活字特征相似。但金属活字在铸造时，会产生气孔、流铜等瑕疵，刷印时会在纸上留下相应墨痕，而木活字印本没有这种痕迹，这就可以区分木活字和整体翻铸的金属活字。

还有的金属活字，使用的是易于雕刻的铅、锡等软质金属材料，因此也可使用刀凿雕刻。因为金属与木头物性不同，在刻字时的雕刻方法不同，最后刻成活字的笔画形态也不同，根据各自的墨痕印迹，可以区别雕刻的金属活字和木活字。

印版是通过制版工艺渐次形成的，是立体的、分层次的，而印刷品是平面的，纸上印迹一次形成。但这个简单的平面图形也可以反映出印版复杂的形态和层次。

雕版可以长久保存，不断修补，具有时间层次。雕版的每次挖改、修补，都会留下不同于原版的痕迹。根据纸上的相应印痕，我们可以通过分析印次，研究雕版的改动、流传、使用等情况。

活字版印后即拆版，在时间上难分前后，但它是由多种高低不等的零部件拼合而成的，拥有空间层面。观察、分析活字版印本墨痕，至少可以得到版的三个层面的信息：一是版面，即版的最外层平面，也是印刷所用的面，可供研究字体、版式、材质、制字方法等活字版的主要问题；二是字底，即活字剔除笔画外余料后形成的底面，其印痕可供研究活字的截面形状和规格；三是版底，即活字组成版后，没有字的空白处显露出的版内部最低处的面，通过其印痕，可以研究是否使用了字丁、顶木等部件，还原排版、固版工艺。后两个层面，并不必然被观察到，只有在刷印出现瑕疵、纸张不慎沾染到版面以下的墨汁时才会出现。

总之，研究中国印刷史，在古代印刷工具缺失的情况下，要从印刷品实物和文献记载两方面入手。一是应认真观察印刷品版面，记录各种墨痕印迹，分析形成这些痕迹的技术原因，确定不同印刷技术的版面特征，反推印刷工具和工艺。二是要用版面特征与文献记载对照，检验记载的准确性，若二者不能契合，应首先采用版面证据说明问题。三是对与实物技术特征不符或没有实物可以对照的文献记载，要进行语言考辨，确定词语的真实含义。

王国维倡导的历史研究“二重证据法”，早已深入人心。在古器物研究中，有学者提倡“三重证据法”，即从文献记载、目力观察和科学检测三方面入手寻找证据。印刷史研究的实物对象，本质上也是古器物，自应采用上述“三重证据法”。印刷又是与社会、文化和商业结合得十分紧密的技术，古人记录印刷事物更偏重于使用日常词语而非专业术语，因而必须辨明考实其准确含义。如此看来，研究印刷史的方法，除了文献引述、版面鉴定、科学检测以外，还应加上通过语言学进行的词义考辨。这样，由多种方法得到的多重证据，可以架起实证之桥，引导我们跨越语言陷阱和视野盲区，接近和还原历史真相。

本书汇集的三十余篇文章，就是笔者尝试运用上述方法研究中国印刷史、追寻真相的结果，内容涵盖雕版印刷、活字印刷、近代印刷和出版文化等多个方面，涉及印刷史上一些重要概念和疑难问题，如“印纸”与印刷的关系及雕版印刷起源年代，金属活字的材质与制作、排版工艺，一些特殊材质印版如“磁版”“泥活字版”“蜡版”“锡版”的鉴定与辨讹，中西印刷技术的竞争与交替，近代出版制度的探索与建立，等等。这些问题，有的以往在学界进行过激烈讨论，有的已形成“定论”，还有的一直未被发现或关注，本书对它们都作了基于实证的新研究，得出一些与过去不同的新结论，这也是本书取名为《中国印刷史新论》的原因。当然，书中对各项问题的探讨和结论能否成立，“新论”是否名副其实，尚须读者诸君批评与检验。

印刷源流篇

法藏的譬喻：因袭故典还是自出机杼？

对中国雕版印刷起源年代的认识，人们的分歧正在缩小。近年来研究者多接受“初唐说”，即7世纪后半叶唐高宗及武则天当政时期（650—705）雕版印刷已广泛使用。这多半缘于日本学者神田喜一郎（1897—1984）从汉文大藏经中读出唐代僧人法藏（643—712）的几段讲经文字。神田喜一郎于1976年在《日本学士院纪要》（34-2）发表《有关中国印刷术的起源》一文，介绍他的发现和观点，在学界产生广泛影响。他去世后，文章被译成中文，连载于台北《故宫文物月刊》1988年第6、7两期中[①]。

法藏在他讲解《大方广佛华严经》的著作《华严五教章》（又名《华严一乘教义分齐章》）中回答“佛说法是否有前有后”这一问题时说：

> 一切佛法并于第二七日，一时前后说，前后一时说。如世间印法，读文则句义前后，印之则同时显现。同时前后，理不相违。当知此中道理亦尔，准以思之。

据神田喜一郎论证，《华严五教章》成书于唐高宗仪凤二年（677）前后。十几年后，法藏复撰成《华严经探玄记》，在回答同一问题时，

① ［日］神田喜一郎：《有关中国印刷术的起源》，高燕秀译，《故宫文物月刊》1988年第6、7期。后又辑入《文物光华（六）》，台北故宫博物院，1992年。

又说：

> 同时而说。若尔，何故会有前后？答：如印文，读时前后，印纸同时。

神田喜一郎分析说："我们在读印刷的书物时，是从前面依顺序往后面读之，但书物在付印之时，就没有前后顺序的区别了，是同时被印出来的。像此种将版木一枚一枚刷印制成书本的木版印刷方式，我们有知道的必要。法藏将此种印制方式当成比喻，告诉大众。从以上所说的看来，我想在法藏的时候，木版印刷已经在一般大众之间广为流行了。这是很有力的立证。"①

在发现"世间印法"譬喻之前，貌似能证明雕版印刷起源较早的文献资料也有不少，可惜追究起来，不是人们理解有误，就是古书本身存在问题，说服力都不强，所以聚讼百年，仍无定论。而从字面看，法藏的话中包含了印、文字、纸，还有一个"印纸"操作，几乎具备了印刷的所有要素，形成完整的印刷过程，故此"初唐说"被广泛接受。如中国学者孙机也认为："法藏的这些话含义十分明确，没有产生误解的余地。而且他既然用印刷打比喻，说明佛教信士们对这件事也不陌生。法藏主要活动于初唐，他的这些话是中国初唐时已有雕版印刷的铁证。"②

起源问题可称为中国印刷史研究的首要问题，如果法藏确实在用雕版印刷术喻说佛法，那么找出他留下的明确时间坐标，是印刷史研究的重大突破，可喜可贺。但他的话也有一点让人隐隐不安：正像推动了中国印刷史研究进程的美国学者卡特观察到的那样，"汉文中的'印'

---

① 《文物光华（六）》，第200页。
② 孙机：《印刷术：中国古代的伟大发明》，新星出版社，1997年，第14页。

字，兼具印章和印刷两层意思”[1]，人们必须排除“印章”，才能落实“印刷”，究竟法藏所言其意云何？当把阅读范围扩展到法藏的整部著作以及更多佛典，而不是局限于只言片语之后，我们会发现，这种“不安”并非庸人自扰：法藏说的“印”，义指“印章”的可能性远大于“印刷”，至少不可以径指为“印刷”。将其称为雕版印刷起源的铁证，未免过于乐观。

先放开法藏的譬喻。“印”本来就是《华严经》中的重要概念，除了印现、海印、智印等宗教引申义外，经中也出现很多使用印章、钤印本义的“印”。《华严经》有三个主要译本，最早的是东晋佛陀跋陀罗译六十卷本（译始于义熙十四年，418），或称“六十华严”，也就是法藏讲解的本子；居中的是与法藏同时代而稍后的唐实叉难陀译八十卷本（译成于圣历二年，699），或称“八十华严”；最晚的是唐般若节译四十卷本（译成于贞元十四年，798），或称“四十华严”。三位译者在选词用语上并不雷同，有助于我们对经文的理解。

“六十华严”《离世间品》有“世间……印法”一语：

> 菩萨摩诃萨善巧方便、究竟彼岸，随顺世间……示现一切世间书疏、文诵、谈论、语言、算术、印法，一切娱乐，现为女身，才术巧妙，能转人心，于世间法离世间法，悉能问答究竟彼岸；于世间事离世间事，亦悉究竟到于彼岸。

“八十华严”译作：

> 菩萨摩诃萨到善巧方便究竟彼岸，心恒顾复一切众生……一切世间文词、咒术、字印、算数，乃至游戏、歌舞之法悉皆示

① ［美］卡特：《中国印刷术的发明和它的西传》，吴泽炎译，商务印书馆，1991年，第22页。

现，无不精巧，或时示作端正妇人，智慧才能，世中第一，于诸世间出世间法能问能说，问答断疑，皆得究竟，一切世间出世间事，亦悉通达，到于彼岸。

此本于《十地品》又有类似说法：

此菩萨摩诃萨为利益众生故，世间技艺靡不该习，所谓文字、算数、图书、印玺、地、水、火、风种种诸论，咸所通达。

可见，“六十华严”中的“印法”，就是“八十华严”中的“字印”“印玺”，为印章无疑。世传梵文本《华严经》中，此“印法”对应的mudrā，同为“印章”之义。

“六十华严”《入法界品》说：

而亦不违种生芽法，悉知一切从因缘生，如因印故而生印像。如镜中像，如电，如梦，如响，如幻，各随因有。

“八十华严”《入法界品》译作：

知一切法如种生芽故，如印生文故。知质如像故，知声如响故，知境如梦故，知业如幻故。

“四十华严”则译作：

知一切法如种生芽不失坏故，如印印文相续起故。知质如像故，知声如响故，知境如梦故，知业如幻故。

可见，句中作为名词使用的“印”为印章，作为动词使用的“印”则为钤盖。印章以能复制文字图像而被说法人用作譬喻。

从佛经中还可以看到，在佛说法时的印度“世间”，制作使用印章是婆罗门必备的几项技能之一，有点像中土的“六艺之一艺”。当时人擅长“印法”，仅《华严经》的三个译本中就有多例。

“六十华严”说：

> （释天主）答言：“善男子！文殊师利教我相蜃子法、算数法、印法，我因知此三种法故，得一切巧术智慧法门。善男子！我因此法门故，知蜃子、算数、印性。”

“八十华严”说：

> 自在主言：“善男子！我昔曾于文殊师利童子所，修学书、数、算、印等法，即得悟入一切工巧神通智法门。善男子！我因此法门故，得知世间书、数、算、印界处等法。”

“四十华严”中除自在主童子外，具足艳吉祥童女也擅长印法。其母赞美说：

> 此女非长亦非短，亦复不粗亦不细，身诸部分悉端严，众相圆备无讥丑。世间所有诸技艺，文字算印工巧法，言辞讽咏皆清妙。

又有多罗幢城多智大婆罗门对善财童子讲说四种姓各艺其业：

> 言艺业者，并从髫龀以至壮年，各于其伦习学其事。若婆罗门业，修智慧、图书、印记、纬候、阴阳、身相、吉凶、围陀典籍。

正因为印章的普及与流行，而且它能如实、快捷地复制文字与图像，与印成品具有直接因果关系，种种特性与佛法有奇妙契合，故佛经中除引申“印”的意义，使其成为佛教名词外，还就“印法”多方取譬，妙意横生。《华严经》外，再举数例。

北魏般若流支译《正法念处经》云：

如印印物，彼不似印，印软物坚，则不能印；印坚物软，印则文生。

北凉昙无谶译《大般涅槃经·狮子吼菩萨品》第十二之三云：

如蜡印印泥，印与泥合，印灭文成，而是蜡印，不变在泥。文非泥出，不余处来，以印因缘，而生是文。

隋阇那崛多译《佛本行集经·空声劝厌品》云：

生灭无体故，如印印成文，非彼非离彼，诸行亦如是。

唐玄奘译《寂照神变三摩地经》云：

信解随因所起诸果，如印起印成一切法。

这时让我们回到法藏的譬喻，就会发现，法藏著作与佛经特别是《华严经》使用同一话语系统，他所说的"世间印法"显然直接来自《华严经》的"示现一切世间书疏、文诵、谈论、语言、算术、印法"；"印之则同时显现"则脱胎于《华严经》的"如因印故而生印像"。法藏"世间印法"的说法基本袭用了《华严经》的现成譬喻，他"以经解经"的出新之处在于引用成语时加入了能体现时代特点的新元素——纸，将"世间印法"的"世间"从佛说法时代拉近到他身处的时代。

在"八十华严"译成后，有长者李通玄撰《新华严经论》，也以"印"为譬解说佛法：

一时顿印如印印泥；一时顿印无有先后中间等。

取譬与法藏相似而固守"印泥"本义，一方面说明李氏解经相对拘谨，另一方面也说明在法藏之后，唐人解经仍将“印”指为印章而非印版。

佛教产生时没有纸，能“印”的只有“泥”，所以尽管古印度印章十分发达，佛经常常提及，人们也不会误解这是在讲“印刷术”。法藏将“印泥”譬喻转换为“印纸”，透露出在他身处的时代，将印章钤盖在纸上而不是泥上，已是寻常生活情景。能否认为这就是雕版印刷的流行？这个问题在印刷史研究中还是有基本共识的：雕版印刷在很大程度上受印章启发而产生，将印面扩大，文字增多，钤印改为刷印，雕版印刷术就出现了，但在这些演变未完成，特别是“刷印”尚未出现时，使用印章复制文字图像不能称作“雕版印刷”。且不说法藏的譬喻只是引用佛经成语，即使他自出机杼，从文中也看不出此“印法”具有雕版的技术特征，难以证明雕版印刷在“初唐”已经发明甚至成熟。

退一步说，如果把在纸上钤盖印章看作是印刷术发明的一个过程，对法藏譬喻的意义也不能过高估量，因为在他之前，“或印绢纸”①已有一些明确记载。如《魏书・卢同传》记卢同奏设“朱印勋簿”之制：

> 肃宗世，朝政稍衰，人多窃冒军功，同阅吏部勋书，因加检覆，核得窃阶者三百余人。同乃表言：……请遣一都令史与令仆省事各一人，总集吏部、中兵二局勋簿，对勾奏按。若名级相应者，即于黄素楷书大字，具件阶级数，令本曹尚书以朱印印之……诏从之。同又奏曰：……请自今在军阅簿之日，行台、军司、监军、都督各明立文按，处处记之。斩首成一阶已上，即令给券。一纸之上，当中大书，起行台、统军位号、勋人甲乙。斩三贼及被伤成阶已上，亦具书于券。各尽一行，当行竖裂。其券前后

① 此用唐僧义净《南海寄归内法传》中语。

皆起年号日月、破某处陈、某官某勋，印记为验。

其中分别说到在绢帛（黄素）和纸上钤盖印章，且印色为朱色。又如同书《萧宝夤传》记正光四年（523）宝夤奏设“官吏考计”之制：

> 既定其优劣，善恶交分：庸短下第，黜凡以明法；干务忠清，甄能以记赏。总而奏之。经奏之后，考功曹别书于黄纸、油帛。一通则本曹尚书与令、仆印署，留于门下；一通则以侍中、黄门印署，掌在尚书。

同样要在纸和帛上钤盖官印。

两件事都发生在魏肃宗（即孝明帝，515—528年在位）当政期间。可见早在此前，印章已加于纸帛之上。在实物方面，中国国家图书馆藏敦煌所出写本《杂阿毗昙心论》，纸背捺印四周环绕梵文的墨色佛像并钤“永

图1 《杂阿毗昙心论》上的捺印佛像

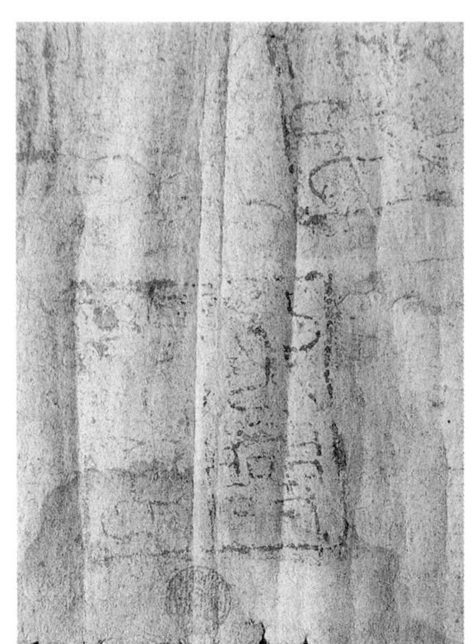

图2 《杂阿毗昙心论》上的"永兴郡印"印记

兴郡印"朱印，李之檀考此永兴郡为北周所设，钤印年代在561—574年之间[①]。这件纸上同时钤有佛像印与官印，可略窥雕版印刷术发明前印章用法之一斑。

（原刊于《启真》第1辑，浙江大学出版社，2012年）

① 李之檀：《敦煌写经永兴郡佛印考》，《敦煌研究》2010年第3期。

唐宋的“印纸”与印信

唐宋文献中时见“印纸”一词。在中国书史和印刷史研究中，与“印纸”有关的记载也被频繁引用，作为推断雕版印刷发明时代的依据。

早在20世纪50年代，张秀民在其所著的《中国印刷术的发明及其影响》一书中就提出唐德宗时市场上出现一种印刷品，名为印纸，作为商人纳税的凭据。[①]这一论点受到众多学者的赞成。

不过并非完全没有反对意见。1991年，赵永东和王泉在《人文杂志》当年第6期上发表《唐代印纸并非“雕版印制”的“商业发票”》一文，对把印纸视为印刷品的说法予以辨正。他们认为，唐德宗时市场上的“印纸”，并非雕版印刷的，而只是钤盖了某种印鉴的纸张。他们还引用《资治通鉴》与《大唐新语》所记武则天赐王庆之印纸一事，进一步说明这个问题。

这个观点并未引起研究者的重视，反倒是原本作为印刷品反证提出的“武则天印纸”，被越来越多地用来证明雕版印刷在武则天时期已普遍应用。此后二十年中，有多位学者如曹之、潘吉星、牛达生、李致忠等都撰文论述“印纸”的印刷品性质和作用[②]，“武则天印纸”已成为雕版印刷起源于“初唐”，即7世纪后半叶唐高宗与武则天当政时期（650—705）的两

① 张秀民：《中国印刷术的发明及其影响》，人民出版社，1958年，第62页。

② 如曹之：《中国印刷术的起源》，武汉大学出版社，1994年，第276—281页；潘吉星：《唐武周时期的雕版印刷史料》，《出版科学》1998年第1期；牛达生：《西夏活字印刷研究》，宁夏人民出版社，2004年，第219—220页；李致忠：《再谈雕版印刷术的发明》，《文献》2007年第4期。

个主要文献证据之一。[1]

但在这些研究中，已经提出的印纸之“印”可否径直解释为“印刷”这一问题，仍未得到解决。因为在印刷之外，“印”还有印章、钤印之义，而且这是它的本义。“印”字的含义只有在排除了“印章”后，才能落实为“印刷”。那么，“印纸”的“印”究竟是哪个意思呢？由于存在两种对立的意见，而且唐宋文献中还有更多“印纸”语例未经分析，因此应在系统而深入的辨析之后再给出结论。

《资治通鉴》所记武则天赐王庆之印纸一事，见卷二百四“唐纪二十”：

> （天授二年，691）先是，凤阁舍人修武张嘉福使洛阳人王庆之等数百人上表，请立武承嗣为皇太子……王庆之见太后，太后曰：皇嗣我子，奈何废之？庆之对曰：神不歆非类，民不祀非族。今谁有天下？而以李氏为嗣乎！太后谕遣之。庆之伏地，以死泣请，不去。太后乃以印纸遗之曰：欲见我，以此示门者。自是庆之屡求见。

这张“印纸”是出入宫禁的凭证，类似今天的特别通行证，各家均无疑义。在坚持“印刷说”的学者中，曹之较早对它做了详细研究，最终认定它是“一种印刷品”，“并非钤印之纸”。他的理由有二：一是武则天厌恶“玺”字，曾改玺为“宝”，如果印纸是钤有武则天大印的纸，应该叫作“宝纸”而非“印纸”；二是唐宋时期有各种用途的印纸在使用，“印纸”一词在唐末及宋代均指印刷品，此处也概莫能外。

---

① 另一个证据来自生活在武周时代的僧人法藏所著的《华严五教章》，其中说：“一切佛法并于第二七日，一时前后说，前后一时说。如世间印法，读文则句义前后，印之则同时显现。”按“世间印法”的譬喻用的是《华严经》中成语，其“印”也应为印章之义。详见本书《法藏的譬喻：因袭故典还是自出机杼？》一文。

现在看，这两条理由都难以成立。

首先，武则天固然改“玺”为“宝”，但并未改“印”为“宝”。[①]《吐鲁番出土文书》第三册收录的《武周典齐九思牒为录印事目事73TAM221：3》，出现多个“印”字。而这件官文书同时使用武周新字。据研究，武周新字传到西域的速度很快，罢弃之后也较快从流通中消失。[②]从这点看，中原的政令在边陲得到及时有效的贯彻。在记录来自武周权力中心的“敕慰劳使”的文书里出现“印”字，正说明武则天并未避忌这个字眼。因此，在武则天时期，将钤“印”之纸称为“印纸”并无问题。而且作史者为后世人，武则天人亡政息，史官未必按照她的好恶来遣词造句，如《旧唐书》中就有多处武则天“降玺书”劳问大臣的记载。“玺”字尚且如此，“印”字就更不必说了。

其次，此则材料不能孤立地看，因为《资治通鉴》之外，唐刘肃《大唐新语》也记载了武则天赐印纸的情形。该书卷九记道：

> 庆之终不去，面覆地以死请。则天务遣之，乃以内印印纸，谓之曰：“持去矣。须见我，以示门者，当闻也。”

“印纸”之上有“内印”二字。《大唐新语》成书比《资治通鉴》早二百七十多年，所记细节又较详（赵永东等考其记载直接引自唐人所著《御史台记》，《资治通鉴》在引述时做了删节），这处异文自应以“内印印纸”为优。那么“内印”又是什么？

《旧唐书》卷八十九《姚班传》，记载姚班于神龙二年（706）任太子詹事时进谏节愍太子李重俊之事。此事在武则天死后数年。姚班说：

---

① 这个例证及下举“唐龙朔二年西州高昌县思恩寺僧籍”“日本传世正仓院籍帐”实物之例，均蒙中山大学王丁教授指示，本文其他部分也采纳了他的大量修改意见，谨致谢忱。

② 参见邱陵：《土鲁番交河沟西墓地新出土墓志及其研究》，《敦煌吐鲁番研究》(4)，北京大学出版社，1999年，第239—244页。

近日吕升之便乃代署宣敕，伏赖殿下睿敏，当即觉其奸伪。自余臣下庸浅，岂能深辨真虚？望墨令及覆事行下，并用内印印画署之后[①]，冀得免有诈假，乃是长久规模。

按此“内印”，即太子东宫之印。《册府元龟》卷四十八记裴度一事，也涉及“内印”：

（唐）宪宗元和十四年，宰臣裴度纪述淮西初日用兵及东平就诛，圣谟玄算，忧勤始终。后因赐宴，跪献于帝，请内印出付使臣编录。帝览而言曰：“此事果行，似出于朕怀，非所欲也。”遂抑而不允。

此“内印”为宪宗宫中之印。《新唐书》卷二十四“车服”称：

太皇太后、皇太后封令书以宫官印，皇后以内侍省印，皇太子以左春坊印，妃以内坊印。

按内侍省印也许可以称“内印”，此为皇后所用之印。墨令之令，即所谓“封令书”。

《隋书》卷十一“礼乐六”记北齐（550—577）制天子六玺之外，又有“督摄万机”印一钮：

此印常在内，唯以印籍缝。用则左户郎中、度支尚书奏取，印讫输内。

所谓“常在内”，即常在宫内。故外府使用时需要奏请，用后缴还。

上述各例“内印”均指宫内之印，并无可疑，其时代涵盖武则天前后

① 《册府元龟》卷七百十四，“并用内印印画署之后”作“并用内印画署之后”，少一“印”字。

各百余年，武则天的“内印”也不应另有别解，“内印印纸”为用宫内印玺印于纸上，其义自明，这也符合自古以来以印取信的常理。在今天，要去一个机关办事，尚须持有钤盖公章的介绍信，何况在古代进出皇宫呢？武则天“印纸”的取义，不可能来自“印刷品”。

宋唐慎微撰《证类本草》(政和六年序，1116)卷三“玉石部”下有35种药品注明“陈藏器余”，即根据唐开元间人陈藏器《本草拾遗》著录的，其中有“印纸”一味：

> 印纸无毒，主令妇人断产无子。剪有印处烧灰，水服之一钱匕，神效。

此书说“印纸”能“令妇人断产无子”，李时珍《本草纲目》(卷三十八)中则说能“治妇人断产无子”。对同一种症状，一味药既能“致”，又能“治”，有些奇怪，未知孰是。但“剪有印处”可以决定性地解决“印纸”属性的难题：在唐代，脱离了具体功能的“印纸”，正是盖了印章的纸。古人相信印纸有神效，正因为其“有印”。把纸张归入“玉石部”，也是一件奇事。何故？因为调制印泥须用朱砂，朱砂则为矿石。这是对唐代“印纸”形态的一个好说明。

经历唐、五代的发展，印纸在宋代用途更为广泛。曹之曾列举唐宋的各种“印纸”，以宋代为多，分别指明其用途：有考核官吏任职功过的，有登记各类名物的，都属于官方颁发的某种凭证。他认为这些“均属印刷品”。

北宋是雕版印刷发达的时代，此时的“印纸”果真取义于雕版印刷，也是顺理成章的事。但实情是，凡能辨明形态的北宋“印纸”，其初义都与印玺有关。

宋太常礼院奏事，例用印纸。宋敏求《春明退朝录》卷中记道：

> 皇祐二年七月，李侍中用和卒，诏辍视朝。下礼院，乃检会

李继隆例，院吏用印纸申请。

又如宋仁宗朝“张贵妃薨，治丧越式，判寺王洙命吏以印纸行文书，不令同僚知”，被知太常礼院吴充“移开封治吏罪”。此事后来发酵为一个较大事件，吴充因此去职，也引发了大臣的议论。如赵抃有《论礼院定夺申明用空头印纸》[①]奏状，写道：“臣欲望圣旨特赐指挥，礼院今后但承准朝廷定夺礼法等事，不得更用空头印纸，并须知、判官员公共商榷，亲署议定文书，临时用印申发，免紊彝章所是。”可见使用“空头印纸”，违反了官方“用印”制度，“空头印纸”为未写内容即钤盖官印的纸。

有的“印纸”上面有雕版印刷的内容，但取义却另有渊源。《苏轼文集》卷三十六有元祐八年（1093）所上《奏乞增广贡举出题札子》，其中说：

臣今相度，欲乞诗赋论题，许于《九经》、《孝经》、《论语》、子、史并《九经》、《论语》注中杂出，更不避见试举人所治之经，但须于所给印纸题目下，备录上下全文并注疏，不得漏落，则本经与非本经举人所记均一，更无可避，兼足以称朝廷待士之意。

考试时发给“印纸”，题目下要备录包括注疏在内的“上下全文”，这样的试题纸应该是印刷的。但宋代考试“印纸”制度袭自五代，王溥《五代会要》卷二十三“缘举杂录”记后唐明宗天成四年（929）中书门下奏准贡举人事件，内列：

应诸色举人，至入试之时前，照日内据所纳到试纸，本司印署讫，送中书门下，取中书省印印过，却付所司，给散逐人就试

① （宋）赵抃：《清献集》卷六。

贡院。

至清泰二年(935)礼部贡院奏:

又奉天成四年敕:"诸色举人入试前五日,纳试纸,用中书印印讫,付贡院司。"缘五科所试场数极多,旋印纸锁宿内,中书往来不便。请只用当司印。从之。

可见,贡举考试中的"印纸",源于最初需要在纸上钤盖中书省和考试部门的官印。这是防止弊伪的措施,以官印为凭据,保证收回的试卷即发放的试卷,杜绝夹带等作弊情况。宋因袭此制,故《宋史》卷一百五十五"选举志一"说:"试纸,长官印署,面给之。"虽然试纸上的试题可用雕版印刷,但"印纸"强调的"印",仍为官印。

宋代使用最广的"印纸",是用来记录、考课官吏任职功过的。此制从北宋初期一直通行到南宋末期,并影响到后世,是一项重要的官吏考铨制度,但历来研究对"印纸"的形态和取义,或语焉不详,或别生误解。抛开它与雕版印刷的关系,仅就官制史而言,也应将其辨别清楚。

"印纸"之制,始于宋太宗太平兴国二年(977),史书多有记载,而对其创设的初衷与背景,则以王林《燕翼诒谋录》(宝庆三年序,1227)卷一言之较详:

先是,选人不给印纸,遇任满给公凭,到选以考功过,往往于已给之后,时有更易,不足取信。太平兴国二年正月壬申,诏曰:"今后州府录曹、县令、簿尉,吏部南曹并给印纸、历子。外给公凭者罢之。"自此奔竞巧求者不得以公凭营私、更易改给矣。

可见,宋太宗罢公凭给印纸,其着眼点与科举考试中的"给印纸"一样,也为了防止被考课者作弊,用自己的纸"更易"官府颁发的纸。"印纸”上的“印”为取信凭证，这样的任务，当然只有官印才能胜任。其后“批书印纸”制度日渐繁密，对重要官员，“天下知州、通判、京朝官厘务于外者，给以御前印纸，令书课绩”[①]。“御前印纸”以皇帝名义颁发，也有称之为“御宝印纸”的。《续资治通鉴长编》卷九十一载：

> （真宗天禧二年，1018）御史中丞赵安仁言：“三院御史自今望并给御宝印纸，历录弹奏事。”又请修国朝六典，并从之。

此制后渐寝废，至仁宗至和二年（1055），“知谏院范镇言：先朝以御宝印纸给言事官，使以时奏上，所以知言者得失而殿最之。……请据今御史谏官具员，置章奏簿于禁中，时时观省之”，诏可[②]。用来考课御史的“御宝印纸”，也就是“御前印纸”。从字面看，前者是加盖御玺的考语单子，后者是当着皇帝的面加盖御玺的考语单子。

“御前印纸”还称“御印纸”。《宋名臣奏议》卷六十七陈升之《上仁宗论转运使选用责任考课三法》中说：“故事，转运使给御印纸，岁终满上审官院考校之。”宋杜大珪编《名臣碑传琬琰之集》下卷十五《陈成肃公升之传》，则述为“转运使给御前印纸，岁满上审官考校之”。所谓“御印纸”即“御前印纸”，当然不可能是皇帝亲自雕版印刷的纸，只能是加盖皇帝印玺的纸。

宋代考课官员的“印纸”实物今已无存，史书对其形制也没有正式记载。但有一些零星记载可资寻绎。

成书于南宋庆元间（1195—1200）的《庆元条法事类》卷六“考课令”记：“诸批书印纸而纸尽者，本州续纸用印。”符合用“印”来防止官员私自抽换纸张的设计初衷。官印之外，“印”与雕版印刷并无关系。南宋官

---

① 《宋史》卷一百六十“选举志六”。

② 《续资治通鉴长编》卷一百八十。

员胡梦昱（服官在宁宗嘉定九年至宝庆元年间，1216—1225）的“出身印纸”曾流传到明代，元明间人多有题跋，胡氏后人辑为《象台首末附录》，其中言及“印纸”形制的，有元致和元年（1328）曾巽申的跋文：

> 右宋大理评事胡公梦昱出身印纸一卷，五缝“尚书吏部考选之印”钳之。批书有刑部、临安府、吉州印。

曾巽申记下的胡梦昱印纸的主要特征，是五条接缝钤“尚书吏部考选之印”，纸当由六幅接成。而所有各家题跋均未提到任何雕版刷印内容。

南宋宝祐二年（1254），“监察御史陈大方言：世风日薄，文场多弊，乞降发解士人初请举者，从所司给帖赴省，别给一历，如命官印纸之法，批书发解之年及本名、年贯、保官姓名，执赴礼部，又批赴省之年，长贰印署”①。由此可推知“命官印纸之法”，批书之外，重在“印署”。此时已到南宋末年，官员“印纸”以“印”取信的命义并无改变。

目前，除了印刷史研究中将官员“印纸”理解为“印刷之纸”，研究宋代官制史和政治史的著作，多将此“印纸”视为一种“表格”，如邓小南《北宋文官考课制度考述》②即持此论。辞书中也这样解释，如《汉语大词典》“印纸历子”条说：

> 宋制，外任官员赴任时，朝廷发给印有各种项目的记录册，由官员于任上填写，作为考核其政绩的根据。

前面说过，宋代是雕版印刷的时代。官员印纸会否在钤印之外，另刷印有“各种项目”或“表格”呢？现无实物，过去见过实物的人如曾巽申等也未说明，难以确言。但以理推之，“印纸”不当印有项目或表格，至少不

---

① 《宋史》卷一百五十六“选举二”。
② 邓小南：《北宋文官考课制度考述》，《社会科学战线》1986年第3期。

以项目、表格为主。这不仅因为文献没有记载，也与此物的设计理念有关。

"印纸"卷子由若干小幅拼接而成，接缝处钤印骑缝，长度固定，持有者无法自行加长。在印纸上批书的项目很多，有的需要记录得非常详细。[①]这些事项多非固定项目，而是随有随记。在印纸总长度一定的情况下，要用规则的表格记录不规律的内容，是难以操作的，因为无法合理分区，内容过多的项目将无处填写。太平兴国六年（981）宋太宗下诏说：

> 朝廷伸惩劝之道，立经久之规，应群臣掌事于外州，悉给以御前印纸，所贵善恶无隐，殿最必书，俾因满秩之时，用伸考绩之典。如闻官吏颇紊纲条，朋党比周，迭相容蔽，米盐细碎，妄有指说；矗有巨而不彰，劳虽微而必录……自今应出使臣僚在任日劳绩，非尤异者不得批书，曾有殿犯不得隐匿，其余经常事务，不在批书之限。[②]

官员们充分利用政策，隐恶扬善，虽米盐碎事，也大书特书。试想如果御前印纸按善恶项目印成表格，有长短固定的栏目，这超出设计者预料的大量"经常事务"又如何写得下呢？

以上只是根据片段记载对"印纸"形态的推测，其真实面貌究竟如何，还有待更为具体的文献记载特别是实物证据的发现，[③]但宋代官员持有的"印纸"上面钤盖御印或官印，并由"印"而得名，是非常明确的。

在雕版印刷盛行的宋代，各种用途的官方"印纸"仍以印玺得名，那么在印刷术处于萌芽时期的唐代初、中期，"印纸"因"印刷"得名的可能性有多大？张秀民所引唐建中四年（783）"印纸"见《旧唐书》卷四十九

---

① 参见《庆元条法事类》卷六"考课式 · 命官批书印纸"。

② 《宋大诏令集》卷一百九十八"政事五十一"。

③ 21世纪初，浙江武义出土的南宋官员徐谓礼墓中文物，有"录白印纸"12幅，是徐谓礼服官三十余年的印纸抄件，有详尽的批书印署内容，并无表格或固定项目。见包伟民等编：《武义南宋徐谓礼文书》，中华书局，2012年。

"食货下"载：

> 除陌法：天下公私给与贸易，率一贯旧算二十，益加算为五十，给与他物，或两换者，约钱为率算之。市牙各给印纸，人有买卖，随自署记，翌日合算之。有自贸易不用市牙者，给其私簿。无私簿者，投状自集。

虽然此种"印纸"仅此一例，似无法判断"印"的性质，但就文句分析，市牙发给"印纸"，自贸易者发给"私簿"，"印纸"与"私簿"相对，则其性质为"官纸"，代表官府的"印"自然是官印。官府向商人发放印纸的初衷，仍是以印为凭，保证逐笔交易都能处于官府的监控之下。因此从文内逻辑看，此"印纸"为官印纸。

还有一种更早一些的唐代"印纸"。《唐会要》卷五十八"户部尚书"条载：

> 开元六年五月四日敕：诸州每年应输庸调资课租及诸色钱物等，令尚书省本司豫印纸送部，每年分为一处，每州作一簿，预皆量留空纸，有色数，并于脚下具书纲典姓名，郎官印置[①]。如替代，其簿递相分付。

唐尚书省下设六部二十四司，户部下设户部、度支、金部、仓部四司，本司即户部司，主管赋税。这个敕命的意思，是令户部主管部门将天下各州应缴纳的赋税种类数目预先列于纸上，加盖官印后送户部造册，每年每州为一册，作为政府接收赋税的凭据。如某项赋税缴到，即于该项下空白处填写押运官吏姓名，由接收官员签名盖印，以昭责任。且不说户部并非印刷机构，只看这种簿子的内容，每个都是独一无二的，无法印刷，其

① 按文义应为"印署"，原文如此。

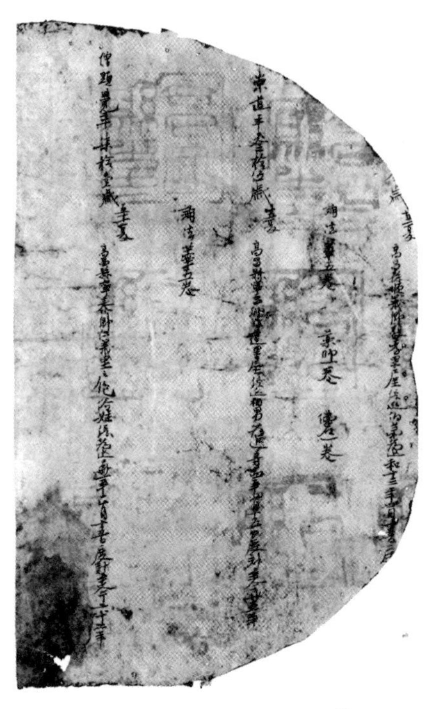

图3　唐龙朔年间僧籍残卷[①]

"印"非雕版印刷可知。

唐代各种印纸的形制，现在也不得而知。但借由吐鲁番出土及日本流传下来的唐代官文书，可以想见其仿佛。这些文书上"印"与"纸"的关系，与近世大为不同：其印章是钤满纸幅的，而非仅钤盖一个。[②]这似可说明户部的"印纸簿"为何要为后来的"郎官印署"量留空纸——如果不预先留出，后来的郎官之印就无处钤加了。

从武则天到唐玄宗，再到五代、两宋，数百年间凡是官方"印纸"，均取义于印玺。那么，将处于这个语言通道中的唐德宗时"市牙印纸"的"印"理解为官印，岂不既符合文内逻辑，又顺应语言规律？所以，将此"印纸"解释为印刷品，并无根据。

唐宋作为名词出现的各种"印纸"，义为"钤印之纸"。它们被理解为"印刷之纸"，实际上反映了"印章"与"印刷"之间剪切不断的紧密关系。制作和使用印章，古已有之，雕版印刷术受印章启发而产生，在某种程度上可以说是印章技术的升华。雕版印刷从印章脱胎而来，一直与印章共用"印"的概念。雕版可以"印纸"，印章也可以"印纸"，而且比雕

① 参见孟宪实：《吐鲁番新发现的〈唐龙朔二年西州高昌县思恩寺僧籍〉》，《文物》2007年第2期。

② 唐代流传至今的"告身"类文书，如朱巨川告身、颜真卿告身，在防止擅改之处也满钤官印。感谢印晓峰先生提示。

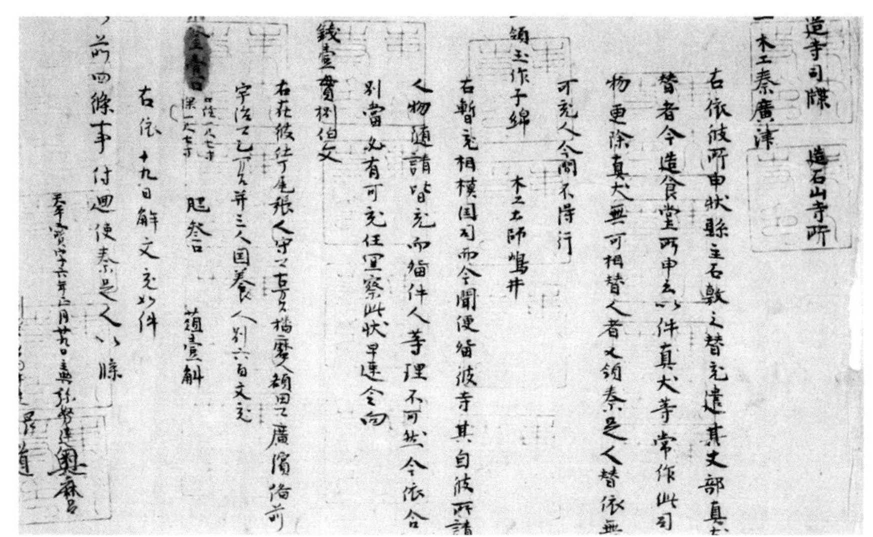

图4　日本传世正仓院籍帐（正仓院展1993）

版历史要悠久得多。《魏书·卢同传》和《魏书·萧宝夤传》分别载有在将士考勋和官员考绩的纸质文书上钤盖官印的制度，可以看作北宋批书"印纸"之先声。其时在魏孝明帝时期（515—528），比武周时代要早一百多年。下至明清，与唐宋时意义相近的"印纸"一词仍在使用。所以，雕版印刷产生的标志，并非出现"印"或"印纸"等词语，而是出现雕版、刷印、版本等能反映印刷术本质特征的词语。从现有研究成果看，这样的记载要到晚唐（公元800年后）才出现。

（原刊于《中国典籍与文化》2012年第3期）

谈　铜　版

“铜版”在中国书史中是一个重要、复杂并且敏感的问题。铜是古人在木头之外利用最多的制版材料，也有一些铜质书版印刷的书保留到今天。同时，文献中还有一些与“铜版”有关的记载。

由于古代铜版印刷工具未能留存，也未留下详细的技术资料，今人对古代铜版印刷的了解还比较肤浅，乃至存在误解。由此影响到在鉴定铜质书版印本（如铜活字本）时，只注重文字信息，未能充分利用由印刷工艺形成的版面特征。而这些文字信息，有的语焉不详，有的相互矛盾，也有的似是而非，导致在此基础上的研究难以形成定论。无论是印刷史研究还是版本鉴定，在涉及“铜版”时，一直存在各种争论和疑问，有的争论还非常激烈。

本文是笔者多年来对有关“铜版”问题的粗浅观察和思考之总结。在叙述中，首先梳理中国书史中的“铜版”信息，分辨它们是实有其事的印刷技术，还是徒为夸饰的语言修辞，然后对不同性质的问题，尝试用不同方法来解决。

一、标榜“铜版”的书与“铜雕版”

在存世古书中，有一些喜欢在封面等位置标明“铜版”[①]字样。略举中国国家图书馆馆藏数种为例：

《五经揭要》，封面题“铜板五经揭要”。馆藏目录著录为“清光绪二年宝善堂刻本”。

《书经》，封面题“铜板书经”。目录著录为“清光绪七年刻本”。

---

① 表示“印版”意义的“版”，古书中多写作“板”。本书在引用古书时若遇“铜版”或“铜板”，原文照录，其余行文一概使用“铜版”一词，不再区别。

聚秀堂銅板
四書述要

自敘
大成云述而不作昌黎云紀事必提其要由此以
觀古昔聖賢之所以繼往開來者意概可知矣類
四子書之有講義也自有宋以來名儒輩出其闡
明奧旨辨析精微不下數十億萬言迨至我
朝
聖天子造興御製經筵日講重道崇儒邁絕千古暨海
內老師宿彥彙各輯成書以共襄鴻猷昌明理學
真不啻日月之經天江河之緯地矣雕虫小技何

自序 一

图5 《聚秀堂铜板四书述要》(中国国家图书馆藏)

《四书述要》，封面题“聚秀堂铜板四书述要”。目录著录为“清乾隆间刻本”。

《新订四书补注备旨》，封面题“铜板四书补注附考备旨”，目录著录为“清刻本”。

《中庸》，书签题“铜版中庸集注”，目录著录为“民国间上海锦章书局石印本”。

还可以举出更多例子。这些书多是科举考试用书，尽管封面、书签等处标明“铜版”，但编目人员仍将其版本定为刻本或石印本，而非铜版印本。这说明在专业人士眼中，所谓“铜版”只是一种修辞，并非表示书籍的实际印刷方式。

在民间，如各古旧书买卖场合，这类标榜“铜版”的书也很常见，内容也多为科举用书。同样，具有一定版本鉴定能力的人，也不会认为这些书是用铜版印刷的，因为它们的版面特征与刻本或石印本并无二致。

清代有使用西方技术制作的腐蚀铜版，用来印制画册等，但与中国传统出版印刷业所说的铜版没有关系，故下文的讨论不包括这类铜版。

对木雕版来说，与“可能的铜雕版”相互区分的特征，除了印本的墨色和木纹、刀痕印迹，最有说服力的应是断版印迹。木版版面会顺着木纹或木料接缝断裂，而且往往从横列的文字中穿过。由于木版双面雕刻，这种断版会影响相邻两叶（图6）。铜雕版不易断裂，即使断裂，其断处应在

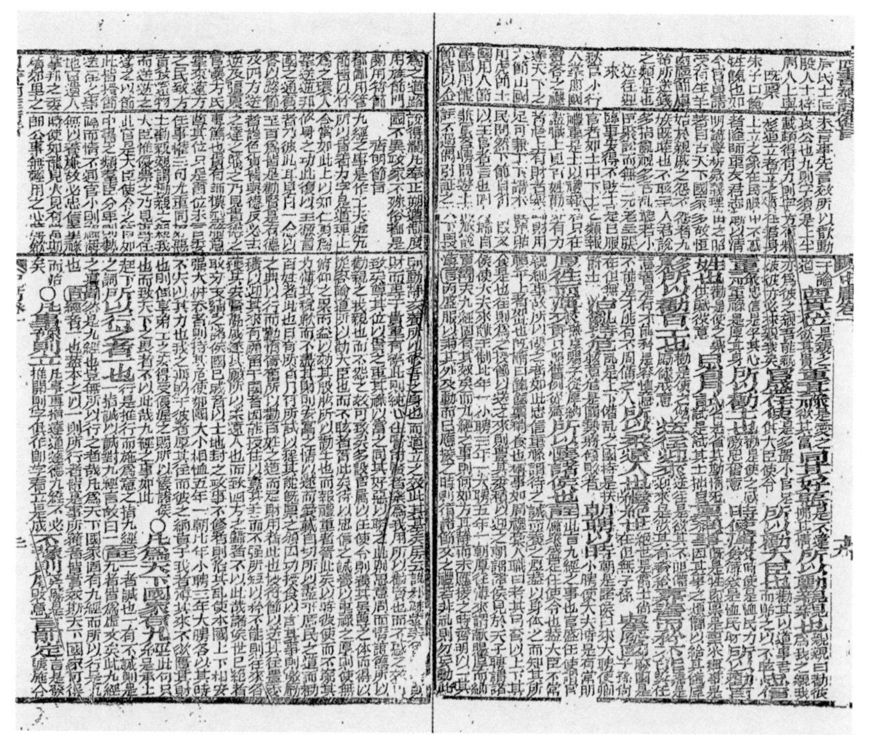

图6　《铜板四书补注附考备旨》,《中庸》第19、20两叶（中国国家图书馆藏）。此两叶由一块断裂的双面雕版印成，断版线贯穿前叶中栏第8列和后叶中栏第9列文字。

被削弱的无字处，而不是加厚的文字处。石印是近代西方平版印刷技术，与属于凸版印刷的"铜版"有本质区别，其印本更容易区别，在此不赘。

这类书被证实不是铜雕版或铸版所印，实际上说明一个道理：至少在清代，在科举用书市场，铜版印本并不存在。

制作铜印版的方法，无非铸造和刻制。上述"铜版《五经》""铜版《四书》"，均为高头讲章，字小行密。如"聚秀堂铜板四书述要"，小字23行52字，全叶刻满近二千四百字。以当时的铜加工技术、出版业投入产出情况及社会环境，不可能造出铜版来印这类书。

从铸造角度说，书版文字既多又小，将纵横交错的笔划看作图案，其复杂程度超出古今所有铜器。以清代民间铸铜技术而言，人们无法保证铜液流入书版范型的所有角落、填满每一道笔划而又不产生流铜、气孔，得到所有文字均完整清晰足堪印刷的大套书版。其实官方技术也做不到。参观故宫、颐和园时，细心的人会发现，宫殿前摆设的铜兽身上斑斑点点，尽是修补痕迹，反映出当时铸铜技术的局限。这还是素面而非文字。铸钱业掌握着历代最高铸铜技术，钱文仅四个大字，铸造时也会出现大量残次品。

宋代以来铸造铜版印刷纸钞，是否能说明可铸造铜版来印书呢？理论上没问题，实际中做不到。钞版字大、图案简单，只有一块版，而且国家行为不计工本，可以大量复制，从众多铸件中选出合格的印版。印书相反，需要铸造内容不同的多块印版组成一套书版，且文多字密。每块书版的铸造瑕疵不必多，两千字中只要有1%的文字残缺，铸成的版就全然成为废铜。失蜡法铸造遇到这种情况，需要重新制模，当然毫无可能；翻砂法铸造，倒是可以利用木模重铸，但模子刻完，已是能够直接印刷的雕版，还有什么必要去翻铸很难成功的铜版呢？而且翻砂铸造精度低，更难铸出合格的铜书版。

再看刻制。与篆刻家刻印可以精雕细凿不同，刻书版属于手工业生产，要求高效率低成本；铜版难以修改，又要求高质量少差错。不能想象以当时的工具条件，能短时间在一块铜版上刻出两千多个笔划细小繁复的阳文铜字。最难的工作，应是在既不损坏笔划、又保持版面平整的情况下，剔掉笔划围合区的余铜。保留的是“线”，剔除的是“面”，要去掉这些坚硬而根深蒂固的“多余物”，如果使用刀凿，需要手和眼在极小空间内精细配合，稍有差池，就会伤及文字，前功尽弃。而且当时供大规模生产所用的铜料是黄铜和青铜，其硬度是难以用刀雕刻的。因此用雕刻方法也难制作铜版。

清代档案曾记载武英殿刻铜字人的工价为每字白银二分五厘[①]。不知这些人所刻为何物。假设他们能刻细小的阳文，按此工价，聚秀堂刻一叶铜版，仅工钱就需要六十两，刻完全书，堪称天价，这还没算上昂贵的铜价。标榜“铜版”的科举用书都是市场上的低端出版物，讲究薄利多销，从商业角度看，用如此成本刻版印书，断无可能。更何况清代还是屡申铜禁的朝代，民间大量用铜属于违禁行为。

既然从版面特征、从物理人情的各个角度看，清代以来标明“铜版”的书都不是也不会是真正的铜版印本，那么这类“铜版”就不是技术问题，而是语言问题。如何理解？下文再说。

二、铜字铸造与刻制

《荀子·劝学篇》云，“锲而不舍，金石可镂”，其实说的是镂铜的艰难。中国有超过三千年的铜文化史，历代均有大量铜器流传下来，除了晚近的铜印章，要找到一个刻有阳文文字的铜器却不容易。带文字的铜器当然很多，阳文的也有，字数多的如永乐大钟有铭文十余万字，

---

① 转引自张秀民著，韩琦增订：《中国印刷史（插图珍藏增订版）》，浙江古籍出版社，2006年，第674页。

但上面的字都是铸成的。在青铜器上，有时也会有刀凿刻画的阴文文字，看上去都粗陋幼稚，与铸字相比，工拙不可以道里计（图7）[①]。

图7　元至元二十五年铸“昏烂钞印”拓片。左为刻制阴文，右为铸制阳文。

中国的用铜史，根据周卫荣的研究，大致以明嘉靖（1522—1566）为界，之前主要使用青铜，之后主要使用黄铜[②]。这两种铜合金，都是高硬度的金属。清康熙末年人朱象贤《印典》卷七在谈到篆刻所用铜料时说[③]：

> 铜出海外，色红而性纯，以之作印最妙，盖能传之久而文足重也。铜内和以青铅则色淡，古人造器亦用之。和以白铅则黄而质硬，古无用者，铸字、凿字则可，刻则费力耳。云南所产炼成白铜，其性亦纯，可以并用。

青铅即锡，与铜的合金为青铜；白铅即锌，与铜的合金为黄铜，这两者都只能铸字、凿字，难以雕刻。红铜和云南白铜能铸能刻。这是当时掌握刻铜技术者的现身说法，也符合今天的考古学和金属学认识。但红铜为纯铜，熔点比青铜、黄铜高，熔炼难度大，质软易变形，又需要从海外进口，成本较高；白铜为铜镍合金，明宋应星《天工开物》卷中“锤锻第十

① 内蒙古钱币研究会、《中国钱币》编辑部合编：《中国古钞图辑》，中国金融出版社，1992年，第151页。

② 周卫荣：《黄铜冶铸技术在中国的产生与发展》，载《钱币学与冶铸史论丛》，中华书局，2002年，第287—303页。

③ （清）朱象贤：《印典》卷七，清康熙六十一年（1722）吴县朱氏就闲堂刻本。

‘冶铜’”中说它“工费倍难，侈者事之”[①]，成本更高。红铜和白铜，都不是大规模铜器生产使用的原料。了解这些铜史知识，有助于认识古代的“铜版”印刷问题。

因为技术能力限制、成本高昂、局部瑕疵会导致整体失败，古人难以制成“密行小字”的用来印刷书籍的大套铜版，但他们可以制出铜活字。活字排印能够降低单位印刷成本，而且无论雕刻还是铸造，单体次品都不会影响全局。于是“铜活字本”成为中国书史的一个重要内容。但这又带来另一个问题：古代铜活字是刻的还是铸的？对此，现代学者看法不一，古人甚至当事人也没说清楚。

如清道光间福建人林春祺制造四十余万枚铜活字，排印了《音学五书》等几部书。在书中，林春祺几次说铜字是镌刻的，“捐资兴工镌刊”“计刻有《正韵》笔划楷书铜字大小各二十余万字”“林春祺怡斋捐镌”等，言之凿凿，令人不得不相信这些铜字是刻成的。印刷史、版本学著作也多附和他的说法。但是潘吉星在《中国金属活字印刷技术史》中认为此字是铸造的而非镌刻的，并认为“古代所有金属活字都应以铸造方式铸成”[②]。他的观点在林氏活字上是正确的，因为林氏印书同一叶上同一字的字形完全一致，乃至有共同缺陷，证明其字系使用同一个字模翻砂铸成。林氏称“镌”“刻”，是语言习惯而不是技术描述。在这里，语言问题掩盖了技术问题。

“金属活字铸造说”遇到的一个挑战，是以明弘治正德间(1488—1521)无锡华氏和安氏为代表的“铜版活字”。这些活字的特点是逐字不同，显然非同模翻砂铸成。其时处于青铜时代，青铜难以雕刻，所以也不会是雕刻的青铜字。对华氏活字，明代有文献说是锡活字。锡性软易刻，很有可能[③]。

① (明)宋应星著，潘吉星译注：《天工开物译注》，上海古籍出版社，2008年，第183页。

② 潘吉星：《中国金属活字印刷技术史》，辽宁科学技术出版社，2001年，第99—105页。

③ 笔者对华氏活字的材质和制作方法有新认识，见本书《〈会通馆校正宋诸臣奏议〉印刷研究》一文。

“铸造说”遇到的最大挑战，是清“武英殿铜活字”。这套活字印刷了《古今图书集成》及其他几种书，若以册数和字数论，是古代印书最多的活字。对这套字，清朝有人说是铸造的，但按乾隆皇帝等人的说法，是雕刻的铜字。仔细观察，也可发现每个字的字形都有差异，很难说是同模翻砂铸成的。虽然当时主要使用黄铜，难以雕刻，但红铜、云南白铜等易雕材料也在使用，而且通过传教士进行的中西技术交流已很深入，有可能带来某些工具、技术改进①，再加上清廷高薪雇用熟练工人，综合各种因素，武英殿铜活字由雕刻而成，也是可能的。②

古代朝鲜也多次铸造铜活字印书。根据字形特征，可知其内府铜字多为同模翻砂铸造。但号称现存最早金属活字印本的《白云和尚抄录佛祖直指心体要节》(宣光七年，1377)的字形却逐字不同，显非同模铸造。究竟如何，未见原书，难以断言。

这些是与“铜版”有关的部分技术问题。

三、“天福铜版”与五代监本

如果每部标榜“铜版”的书都算一条独立信息，加上其他文字记载，古书中出现的“铜版”字样也不算少。细看又多与《五经》《四书》有关。因此大致可以判断，“铜版”云云，是与科举所用儒家经籍密切相关的用语。

最早也是影响最大的“铜版”记载，见于旧题岳珂撰相台岳氏《刊正九经三传沿革例》。“书本”载：

> 今以家塾所藏唐石刻本、晋天福铜版本、京师大字旧本、绍

---

① 《中西经星同异考》有康熙甲戌(三十三年，1694)梅文鼎序，内云：“武林友人张慎硕忱能制西器，手镂铜字，如书法之迅疾。”但张氏所刻未必是阳文，也不知具体镌刻方法。或为化学腐蚀法。书见文渊阁《四库全书》子部天文算法类二。

② 对《古今图书集成》铜活字的制作方法，笔者的观点也有改变，认为它们是铸造的。见本书《清康熙内府铜活字铸造初探》一文。

兴初监本、监中见行本、蜀大字旧本、蜀学重刊大字本、中字本，又中字有句读附音本、潭州旧本、抚州旧本、建大字本、俞韶卿家本，又中字凡四本、婺州旧本，并兴国于氏、建安余仁仲，凡二十本，又以越中旧本注疏、建本有音释注疏、蜀注疏，合二十三本，专属本经名士反复参订，始命良工入梓。

"音释"载：

唐石本、晋铜版本、旧新监本、蜀诸本与他善本，并刊古注，若音释则自为一书。

对此"天福铜版"，明清人认为是铜雕整版。民国以来研究者多认为，《九经》文字多达四十余万，后晋天福为动乱年代，不可能进行这样大规模的冶铜工程，因此猜测实为铜活字。

但众所周知，五代时期雕版印刷术刚刚成熟，后唐长兴三年（932）冯道等奏请雕印《九经》，是历史上官方首次采用雕版印刷术印刷书籍。《五代会要》卷八"经籍"载：

后唐长兴三年二月，中书门下奏请依石经文字刻《九经》印板，敕令国子监集博士儒徒，将西京石经本，各以所业本经句度钞写注出，子细看读，然后顾召能雕字匠人，各部随帙刻印板，广颁天下。

这次大规模出版活动经历四个朝代，为时二十三年，方于后周广顺三年（953）全部完成。如果说此时就能用铜活字排印《九经》，显然不符合印刷技术发展的内在逻辑。而且五代雕印《九经》在史书中有大量详尽记载，也有书籍实物流传到后世。而"天福铜版"只有数百年后语焉不详的几个字（相台岳氏经张政烺等考证，为元人岳浚。但《刊正九经三传沿革例》的内容应为南宋末文字），既无实物，也无旁证，与雕版情况两相对照，只能说并无此事。

那么，又该如何解释“晋天福铜版”五字呢？我认为，将历史上的有关信息贯穿起来，虽然尚无直接证据，但可用间接证据组成有说服力的证据链，说明“铜版”是长期在科举用书出版圈内流行的一个词语，代指“监本”。“晋天福铜版本”即“晋天福监本”。兹尝试论之。

（一）“天福铜版本”在《九经》传承系统中对应“五代监本”

五代监本上承唐石经，下启北宋监本，是版行经籍之祖。而在《刊正九经三传沿革例》中，“天福铜版本”处于“唐石经本”和“京师大字旧本”之间，在经籍传承系统中的位置恰相当于五代监本。《刊正九经三传沿革例》作者对五代监本的认识非常清楚，如“书本”载：“《九经》本行于世多矣……盖京师胄监经史多仍五季之旧，今故家往往有之。”“字画”载：“五季而后，镂版传印，经籍之传虽广，而点画义训讹舛自若。”可见他深知五代监本的祖本地位，但文中列举二十三个本子，却没有五代监本，这是很不合理的。如果将“晋天福铜版本”理解为“晋天福监本”，这一疑惑即可冰释。

（二）天福铜版《九经》兼有经注，文本形式与五代监本相同

《刊正九经三传沿革例》“音释”载：“唐石本、晋铜版本、旧新监本、蜀诸本与他善本，并刊古注。”王国维《五代两宋监本考》有“监本兼经注”之辨，可参。

（三）五代监本《九经》的主体部分刊刻完成于晋天福间

王国维《五代两宋监本考》在考辨“监本刊刻次序”时认为：

> 《五经》与《孝经》、《论语》、《尔雅》、《五经文字》、《九经字样》皆成于晋汉之间，故汉时田敏奉使，以印本《五经》遗高从诲（据宋史敏传兼有《孝经》），而《五经文字》、《九经字样》亦有开运丙午田敏序。至二《礼》二《传》则经始于乾祐，断手于广顺，至是遂并《九经》进御。

按《旧五代史》卷八十一，天福八年(943)三月庚寅载:“国子祭酒兼户部侍郎田敏以印本《五经》书上进，赐帛五十段。”是《五经》至天福八年已经刻成，这是《九经》的主体部分。田敏为《五经文字》等作序的开运丙午为二年(945)。两年后刘知远建立后汉，改开运四年为天福十二年(947)。若含混言之，前此十二年皆可算天福年号。如此，除二《礼》二《传》外，五代监本经籍的大部分均完成于天福间，将其称为“天福监本”，也无不妥。

(四) 北宋初监本经籍被称为“金版”

宋初杨亿《武夷新集》卷十九《答集贤李屯田启》云:

> 郎中学士名冠士林，学探圣域。梁园奏技，曾参赋雪之流;卫幕从军，几擅愈风之妙。自入奉于朝请，仍典校于图书。属胶庠大阐于素风，屋壁旁求于坠简。正石经之讹舛，镂金版以流传。咨五行俱下之能，辩三豕渡河之谬。铅黄斯毕，克彰稽古之功;纶綍载行，式懋成书之业。

此集又有《送集贤李学士员外知歙州序》，知李屯田曾知歙州。按弘治《徽州府志》卷四“名宦”，有宋知州李维传，略云:

> 李维字仲方，洺州肥乡人。登进士甲科，咸平中以太常博士，献颂圣德千言。真宗嘉之，召试中书，为直集贤院屯田员外郎。时兄沆方为宰相，每还家，相与笑言，而未尝及朝政。然终欲避权势，乃请知歙州。

杨亿所言“典校图书”的李屯田，就是李维。

李维直集贤院在咸平、景德间(998—1007)，参与校订的经籍，先有《五经》，后有《七经》。校订《五经》，李维参加了扫尾工作，事见王应麟《玉海》卷四十三:

端拱元年三月，司业孔维等奉敕校勘孔颖达《五经正义》百八十卷，诏国子监镂板行之……咸平元年正月丁丑，刘可名上言诸经板本多误。上令(崔)颐正详校可名奏诗书正义差误事。二月庚戌，(孙)奭等改正九十四字。(李)沆预政。二年，命祭酒邢昺代领其事，舒雅、李维、李慕清、王焕、刘士玄预焉。《五经正义》始毕。

北宋校订"七经疏"，古书多有记载，以《麟台故事》所记为赅备，卷二"修纂"载：

咸平四年九月，翰林侍讲学士国子祭酒邢昺、直秘阁杜镐、秘阁校理舒雅、直集贤院李维、诸王府侍讲孙奭、殿中丞李慕清、大理寺丞王焕、刘士玄，国子监直讲崔偓佺，表上重校定《周礼》、《仪礼》、《公羊》、《穀梁传》、《孝经》、《论语》、《尔雅》七经疏义，凡一百六十五卷，命摹印颁行。

王国维《五代两宋监本考》录黄丕烈旧藏《仪礼疏》校勘经进衔名中有李维：

大宋景德元年六月承奉郎守尚书屯田员外郎直集贤院骑都尉臣李维校定。

可见，杨亿所言"正石经之讹舛，镂金版以流传"，就是校正儒家经籍，由国子监刊印行世。"金版"是"监本"的雅言。

政府刊刻石经，为士子提供经籍的标准文本，自古即然。五代时冯道等提议刊刻监本《九经》，其初衷也是因为"今朝廷日不暇给，无能别有刊立(石经)"，故提供一个替代方案。监本的实际作用，仍是为天下士子提供标准文本。在宋代，"金版"既然可以代指"宋代监本"，"天福铜版"就很有可能代指"天福监本"或说"五代监本"，是当时的一个习惯叫法。"金"也好，"铜" 也好，都是比喻意义上的，并无本质不同。它们用来表示监本同石经一样，甚至比石经还要正确无误、坚不可易，是朝廷勘定颁布的标准文本。

清朱彝尊《经义考》卷二百九十三引明杨守陈之言曰：

> 魏太和有石经，晋天福有铜版《九经》，皆可纸墨摹印，无庸笔写，传亦未广。

杨守陈去五代已远，说天福铜版《九经》"纸墨摹印，无庸笔写"，显系揣测之词，与事实不合。但他将"铜版" 的功用等同于石经，还是看到了问题实质。

（五）出版业对"监本"与"铜版"广告言辞的使用，古今相应

因为监本是国家颁布的"标准文本"，出版商就乐意用"监本" 来为自己的书打广告。现存宋版书中很多书名含有"监本" 二字。这一传统一直延续到晚清民国。清代很多科举用书的卷端、封面等处也大书"监本" 二字，即使国子监根本没刻印过这些书。

台北"国家图书馆" 藏宋建阳崇化书坊陈八郎宅刻本五臣注《文选》，有绍兴辛巳（三十一年，1161）江琪刊记，略云：

> 《文选》之行尚矣。转相摹刻，不知几家，字经三写，误谬滋多，所谓久则弊也。琪谨将监本与古本参校考正，的无舛错，其亦弊则新与？收书君子，请将见行板本比对，便可概见。

2011年，北京卓德国际拍卖公司征集到一部《钜宋广韵》，经鉴定为南宋刻本。也有刊记说：

> 《广韵》日前数家虽已雕印，非惟字体不真，抑亦音切讹谬。本宅今将监本校正，的为精当，收书贤士请认麻沙镇南刘仕隆宅真本。[1]

---

① 以上两例由中国国家图书馆刘明兄指示，谨致谢忱。

《中国印刷史(插图珍藏增订版)》著录一部清雍正八年(1730)启盛堂印《四书体注》,封面下有朱印广告说:

> 《体注》一书行世已久……余不惜工本,将铜板精刊,字迹端楷,点画无讹。①

此本今不知所在。张秀民据此广告,认为这本《四书体注》乃"铜刻整版"所印,并标目为"江宁铜版"。按我们在第一节的论证,清代不可能有"铜刻整版",所谓"将铜板精刊",只是出版商的广告修辞。如果将启盛堂的广告语和上引南宋《文选》及《钜宋广韵》的广告语对看,就会豁然开朗:二者句式和语义实在是一样的,都说自己的书文本标准,没有错误。"铜版"的意思等同于"监本"。这也解释了文首列举的那些木版刊刻的《五经》《四书》,为何会在封面上标榜"铜版",或者标榜"监本"——其实就是广告。"铜版"与印版是否铜制毫无关系,"监本"与清代国子监也没有关系。这是古代出版广告从宋代延续下来的传统。"铜版"和"监本"同义,出版商按喜好取用即是。

明代"活字铜板"印的书,一般会在版心等处印上这四个字。在文中出现的,有弘治八年(1495)华燧《会通馆印正容斋随笔序》,略云:

> 《容斋随笔》,书之博者也;提纲挈领,博而能约者也。书成于宋学士洪景庐,学者歆羡而未得其真者久矣。太医院医士吴郡盛用美得之于京师,士夫欲版其行,邑宰邢君伤民用而未行。适佥宪雷公水利江南,巡行吾锡,遂致礼会通馆以达君志。呜呼!燧生当文明之运,而活字铜板,乐天之成,苟以是心至,应之惟谨,况士夫以稽古为事,君以爱民为心,而公礼意兼至者乎?

---

① 张秀民著,韩琦增订:《中国印刷史(插图珍藏增订版)》,浙江古籍出版社,2006年,第403页。

过去对此序，只看重“活字铜版”四字。其实将题目与序文合观，会发现华燧标榜的是“印正”“真本”，宣传的是书的内容而非印制技术。如果“铜版”作为技术客观存在，也被他借来一语双关，为一个“正本”“真本”《容斋随笔》打了广告。

最后需要说明一个问题，即上述几个语例，早的在宋代，晚的在清代，时代相差较远，能否对接比较语义？我认为还是可以的。作为科举读物出版的儒家经籍，是科举考试的副产品。自南宋以来科举内容基本固定，科举用书也随之僵化，出版业陈陈相因，清代的广告语很可能有古老的渊源。从《刊正九经三传沿革例》看，南宋末年已出现“铜版”，经明至清，不绝如缕。而且到后来，出版商大概已不清楚“铜版”的本义，只知道它是自古流传的与科举用书有关的褒扬语，于是机械使用。这才可以解释为何到民国以后，还会有石印“铜版《四书》”出现。

可以说明“铜版”性质的文字资料少，实物断层，也并非因为该词使用范围小、时间短，而是因为这类科举用书都是敲门砖，用后即丢，无人重视。历来藏书家不搜集这类书，即便买过、读过、用过，也不会著录在藏书目录中，因此难得有文字资料可以引用。就像现代家庭和图书馆不收藏中、小学生考试读物一样，古今情理，可以概见。不过对于“铜版”经籍，虽然各大图书馆收藏得不多，民间和中小图书馆的收藏总量应该较多，假以时日，应会有更多可以表明“铜版”真正含义的资料，包括清以前的资料出现。那时就可以加强证据链中薄弱的环节了。

四、何谓“镌金刷楮”

古书中另一条对印刷史研究产生影响的“铜版”记载，见于明崇祯刊本《梦林玄解》。书中有题宋孙奭的《圆梦密策序》，略云：

> 丙子春二月，偶经兰溪道上，遇一羽衣……因出其书八卷，

稽首授愚，辞舟而去……用不敢私，镌金刷楮，敬公四海。

“镌金刷楮”，从字面看包含雕刻金属版和刷印成书两个过程。因此印刷史家很重视这条资料，只是在所“镌”之“金版”究竟是铜整版还是铜活字上有争论。如张秀民就认为“以镌刻铜活字的可能性最大”。但是也有反对意见，如李致忠认为，铸造或刻制铜版造价高，难度大，一部圆梦之书不值得“镌金刷楮”，“这只是一种说法而已”。[①]

早在四库馆臣为《梦林玄解》撰提要时，即指出孙奭的序“盖术家依托之文”。王重民更是在《中国善本书提要》中考出，此序署景祐三年（1036），已在孙奭卒后（明道二年，1033）三年，显系伪托。[②]因此，这不是一条可靠的资料。但如果孙序为宋人伪托，则“镌金刷楮”的说法来源也很早，应该探明其真实意义。

如上文所言，青铜难以雕刻。如果“镌金”确指镌刻铜字，无论是整版还是活字，都难成立。因此，这句话应该“只是一种说法”，是语言问题而非技术问题。

由此思路溯源而上，我们发现问题也并不难解答。因为早在汉魏时代，人们就把神仙家言尊为“金简玉字”。如《吴越春秋》卷六载：

（禹）因梦见赤绣衣男子，自称玄夷苍水使者……东顾谓禹曰：欲得我山神书者，斋于黄帝岩岳之下，三月庚子登山发石，金简之书存矣。禹退，又斋。三月，庚子登宛委山，发金简之书。案金简玉字，得通水之理。

到后世，镂金刻玉就成为称颂道家典籍和道士文章的谀词。这可以举出很多语例。《全唐诗》卷三唐玄宗《赐道士邓紫阳》云：

---

① 李致忠：《古籍版本知识500问》，北京图书馆出版社，2004年，第31页。

② 王重民：《中国善本书提要》，上海古籍出版社，1983年，第292页。

下传金版术，上刻玉清书。

《全唐诗》卷一百二十七王维《送秘书晁监还日本国》诗序云：

金简玉字，传道经于绝域之人。

宋徐积《节孝集》卷二十二《题紫极宫》云：

玉笈著书金简重，碧牌题字紫垣高。

《云笈七签》卷一百三《翊圣保德真君传序》首有宋真宗御制序云：

爰诏辅臣，俾诠灵训。询求斯至，编帙旋成。想风烈而昭然，思音徽而可觌。诚足镂之金板，秘于兰台。

按《宋史》卷八，大中祥符九年（1016）王钦若表上《翊圣保德真君传》。从“秘之兰台”看，此书并未刊刻，“镂之金板”云云，只是承袭故典，表示对神君的尊崇。题孙奭序既然说《圆梦密策》为道士所作，在谈到该书的刊刻时，顺便用上奉承道士的典故，用“镌金”来代言“雕版”，是文章的惯常做法，并无深意。“镌金刷楮”的“镌金”，与宋真宗序中“镂之金版”的意义应无不同，只是《圆梦密策》可能确实雕版刊印了，所以才有下文“刷楮”二字，这更接近杨亿所说的“镂金版以流传”。可见，所谓“镌金”“镂金”，不过是北宋初年绮丽文风下代指经书编纂、出版的常用辞藻，结合金属史来看，实指雕刻“金版”或“铜版”并用来印刷的可能性微乎其微。

五、方法论：怎样鉴别金属活字本

既然不会有用铜雕版印刷的书，与“铜版”有关的版本问题就集中在铜活字印本鉴别上。一直以来，版本界鉴定铜活字印本主要依靠文字记载，并未归纳出系统、完整的版面特征。而文献记载的不准确与不可靠，往往使鉴定出现失误。

版本鉴定的对象是书本实物，最可靠的鉴定依据必然来自古书本身。实际上，如果把已确认的铜活字本和木活字本放在一起比较观察，它们各自的特征和相互之间的差别就会非常明显。这是由铜材和木材的不同物性造成的。

除铜之外，古人也尝试用其他金属特别是锡来制造活字（朝鲜古铅字、铁字及近现代铅字暂不论），如清道光末年广东邓氏（Tong，以前也译为唐）寿经堂锡字、有争议的明“活字铜版”锡字等。金属有共性，故首先可将铜、锡活字归并研究。

从制作方法看，同模翻砂铸成的金属活字可算作一大类，其他方法制成的金属活字算另一大类。

对同模铸字印本的鉴定其实很简单：看版面上同一个字的字形是否相同，即活字是否出自同一个模子。如果相同，就可一锤定音。这是此类铜、锡活字本的自证性特征。用这个方法，可以轻松地鉴定出已知的福田书海铜活字本、邓氏锡活字本和朝鲜内府铜活字本。当然也可以鉴定未知的同类金属活字本。

需要注意的一个问题是，就翻砂铸字而言，要注意区分模制泥字。因为泥字也用模具翻制，已知的三种清代泥质书版，道光间翟金生泥（陶）活字版、乾隆间吕抚泥版、康熙间徐志定泰山磁版，其字均系用阴文字范塑成，同字字形相同，但制版工艺不同。泰山磁版系将泥字排版后入窑烧成整版，版面上有穿过版框和文字的断裂线，可以和金属活字本有效区分。吕抚泥版和翟氏泥活字均为黑鱼尾，活字高低不平以致墨色不匀，但其他区别于金属活字本的特征不明显。好在这两种泥版印的书数量有限，并且都有明确文字信息，可以和金属活字本区分开来。

另一个问题是，翻砂铸成的铜活字和锡活字，印成的书叶特征相似，仅依靠目力不好区分。如福田书海铜活字本和邓氏锡活字本。由于目前所知锡活字印刷仅邓氏一家，可根据字形和版式来鉴定未知印本。

除了翻砂铸造，古人还有可能使用其他技术手段制造金属活字。如理论上可用失蜡法铸造，每个字都会刻一个蜡模；也许还会利用已有雕版，锯开后作为字模铸字。用这些办法铸成的字，每个字都会不一样。再如锡字可以像木字一样雕刻，“武英殿铜活字”也说是雕刻的。这些字的字形都不会一致。那么对这些逐字不同的活字印的书，又如何区别铜、木以及锡活字本？

仍要从铜、锡和木材的物性出发寻找版面特征。

（一）气孔——铜的铸造形态和铸造瑕疵

铜在铸造过程中会产生气孔（砂眼）、流铜等瑕疵，青铜尤其容易产生气孔。可以通过观察它们在纸上的印痕，来判断活字、版框等版面组件是否铜质。[①]

（二）鱼尾——能否高质量地刷印出大面积图形

木头吸附墨水的能力强，刷印出来的文字、图形无论大小均墨迹均匀。铜表面光滑，吸附墨汁能力差。文字笔划纤细，尚可解决着墨问题，遇到版心黑口象鼻、鱼尾这样面积稍大的图形，就难以保证墨色均匀。古人的解决之道是尽量消除这类图形，改变象鼻、鱼尾式样。如清代刻书基本上用黑鱼尾，《清代内府刻书图录》著录了二百多种内府刻书，只有八种是线鱼尾，便囊括了七种“武英殿铜活字”本。林春祺福田书海印本，也使用线鱼尾。有趣的是，咸丰三年麟桂用林氏活字印《水陆攻守战略秘书》，全书使用线鱼尾，但《金汤十二筹》中的“图式”系雕版所印，用的却是黑鱼尾，在一本书中自成对照。又如古代朝鲜印书多见花鱼尾，究其原因，最初应该也是为保证铜字版印刷质量采取的技术措施，后来变成审美习惯。

（三）残缺——断裂损坏、活字新旧杂用现象

木质松软，在墨汁的浸泡和棕刷的反复冲击下，木字容易损坏。损

① 具体例证可见本书《〈会通馆校正宋诸臣奏议〉印刷研究》《清康熙内府铜活字铸造初探》两篇文章。

坏较轻时，印出来的字往往笔划残缺，特别是几道笔划会顺着同一木纹断裂；损坏严重时，就需要用新字更换坏字，在印出的书叶上，会出现新字与破旧字同存，字形、字体不一等现象。铜字、锡字一般不会出现上述情形。

（四）刀痕——刻刀刻断笔划交叉处

木字是雕刻的，在遇到笔划交叉时，往往刀锋会通过交叉点，将相对的笔划刻断。这对印刷并无大碍，一方面，刻刀的刃很薄，刻痕本身不明显；另一方面，刷印时木质遇水膨胀，可以弥合刀痕。但是一个字如果反复使用，最后木质失去弹性，断痕就会显露出来。这在雕版的所谓“漫漶”版面上能够清楚看到。木活字也是这样，例证可见下文谈“吹藜阁同版”和《御试策》两节。铸造的铜字和锡字，没有刀痕。刻铜及刻锡，刀錾刃厚，行迹皆为楔形，且铜、锡无弹性，无法弥合刻痕，雕刻时必须避免将笔划刻断。有无刀痕是木字区别于金属字的一个重要特征。韩国学者在研究《白云和尚抄录佛祖直指心体要节》时已应用过。

（五）胀版——版框是否拼合严整

无论铜活字版还是木活字版，从理论上说，一副版框在新制成时总能拼合得比较严实，四角没有缝隙或缝隙较小。但木材有遇水膨胀的特性，经过墨汁浸泡，木活字会慢慢胀大，版框就会被撑开，四角产生缝隙，版面尺寸也会变大。

这是传统印刷术无法解决的问题。清乾隆间用木活字排印《武英殿聚珍版书》，却使用文字和行格套印技术。究其原因，就是木活字印刷最后一定会因为木字膨胀，致使版框无法围合严密，影响美观，不得已采用这个事倍功半的笨办法。

在区分铜活字本（及其他金属活字本）与木活字本时，如果观察到同一个版框印出的书叶，版面大小不一，特别是开始时版框四角拼合严整，后面缝隙越来越大，就应该判断它是木活字本。铜和其他金属活字遇水不会膨胀，也就不存在撑开版框的问题。这也使铜活字印本看上去要比木活字印本更加整齐、美观。

以上是根据金属和木头的物性，观察到的不同版面特征。综合运用这些特征，可以区分不同材质的活字本。值得注意的是，青铜（包括黄铜）活字不能刻制，应是筛除铜活字本的重要依据。不过由于“武英殿铜活字”的反例，限制了这一依据的应用，增加了鉴定难度。因此，研究明清（康熙之前）是否有雕刻阳文铜字的技术和能力、探寻“武英殿铜活字”的材质与制作方法，以及开拓科学分析的鉴定新路，都是从根本上解决铜活字本鉴定问题的基础性工作。

六、对“吹藜阁同版”的新认识

清康熙二十五年（1686），常熟人钱陆灿编成《文苑英华律赋选》四卷，由吹藜阁用活字排印。此本一直以来都被看作是铜活字本，张秀民曾有论证：

> 清代民间使用铜活字最早，要算吹藜阁……其印本有《文苑英华律赋选》四卷，在书名叶与目录下方及卷四终末行，均有“吹藜阁同板”五字，“同板”就是“铜板”的简写，明人或写作“仝板”。书为虞山钱陆灿选，有康熙二十五年（1686）钱氏七十五岁时写的自序说：“于是稍简汰而授之活板，以行于世。”封面说是铜版，他又说是活版，其为铜活字版无疑。①

2007年辛德勇在“论明代铜活字印刷于史无征”时，顺带提及此书，认为它是“采用铜质版片的木活字印刷方法”的后期案例。这大概是多年来仅有的对“吹藜阁铜活字版”提出的疑问。但辛德勇仅从对“铜板”一词作重新释读的角度，提出此书是木活字本，并未提供版面鉴定依据，

---

① 张秀民著，韩琦增订：《中国印刷史（插图珍藏增订版）》，第606页。

而且仍然把“同板”读成“铜板”。[①]

“同”与“铜”，晚近虽然偶尔也有通用，但并非普遍现象。《文苑英华律赋选》中的“同板”二字在不同位置出现三次，可见是一个固定词组而非一时笔误。如果“同”是“铜”的简写，说明此书的编校者对这一用法有强烈偏好。但实际上，书中“同”和“铜”各自出现多次，并无混用。如《天赋》：“任铜史以司刻。”《葭灰应律赋》：“葭灰阳物，铜管阴类。”又如《盆池赋》：“远同千里。”《舜歌南风赋》：“同律吕之相生。”再如《万里桥赋》“饰丹雘以虽同，彼临淮海；度轩车而既异，此对铜梁”，一句之中同时出现这两个字。既然书中大量的“铜”字都没简写成“同”，又怎能肯定地说“同板”就是“铜板”无疑呢？所以仅凭“同板”二字，不能得出“铜活字”的结论。

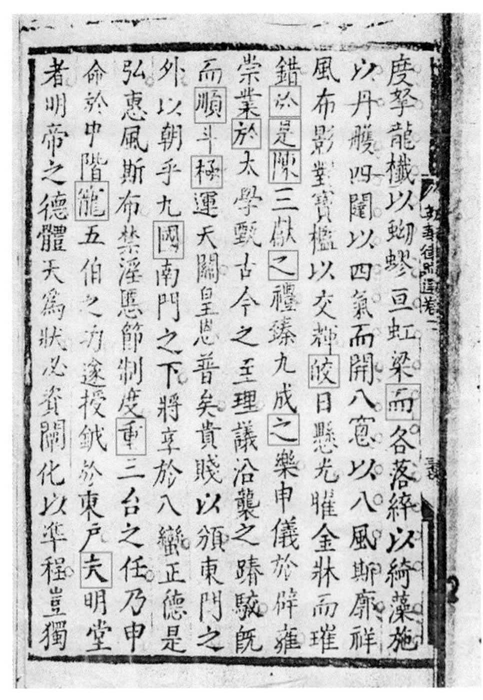
度弩龍檝以蜘蟉亘虹梁而各落綷以綺藻施
以丹雘四闥以四氣而開八窻以八風斯廓祥
風布影墊寶檻以交輝皎日懸光曜金牀而璀
錯於是陳三獻之禮臻九成之樂申儀於辟雍
崇業於太學甄古今之至理議沿襲之踳駁既
而順斗極運天關皇恩普矣貴賤以頒東門之
外以朝乎九國南門之下將享於八蠻正德是
弘惠風斯布禁淫慝節制度重三台之任乃申
命於中階龍五伯之功遂授鉞於東戶夫明堂
者明帝之德體天爲狀必資闡化以準程豈獨

图8 《文苑英华律赋选》卷二第37叶（中国国家图书馆藏）

实际上，根据《文苑英华律赋选》的版面特征，可以断定吹藜阁所用活字为木活字，而非铜活字。特征如下：

1. 吹藜阁的活字逐字不同，不是同模翻砂铸造的铜活字。无法自证其为铜活字本。

2. 活字新旧杂用，有很多断裂残缺，呈现出典型的木活字特点（图8）。

① 辛德勇：《重论明代的铜活字印书与金属活字印本问题》，《燕京学报》2007年第2期。

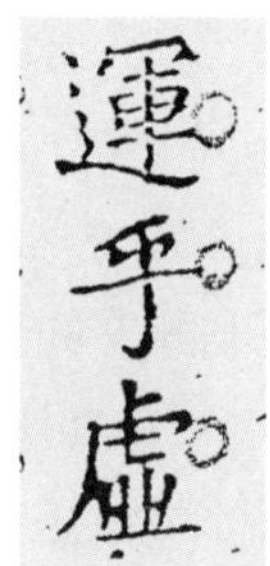

運乎虛

图9 《文苑英华律赋选》
卷二第2叶7行

3. 很多字刀痕明显，呈现出木活字的另一特点。如图9中的“运乎”二字。

4. 版框缝隙越向后越大。如图10，这个右边下端断裂的版框，在卷一第7叶（上层）首次出现，右侧上下交角缝隙很小；到卷二第54叶（下层）最后出现时，上下交角缝隙已明显变宽，说明活字在逐渐膨胀，仍呈木质特点。

5. 版心为大黑口黑鱼尾，呈现木质特点。

以上版面现象均带有强烈的木活字特征。其他辅助证据也不支持其为铜活字本。如当时正是清朝严申铜禁的时候。康熙十八年（1679）曾颁行上谕，禁止民间铸造铜器。民间必用之物五斤以下准许造卖，此外铜器一概禁止。铸铜字干犯法令。又如，文献记载当时的活字印刷方法为“铜版木字”。方以智《通雅》卷三十一载：“沈存中曰：庆历中，有毕昇为活版，以胶泥烧成。今则用木刻之，用铜版合之。”

因此，根据多方面证据特别是版面特征，可

矣乃知潘夏何足以當之歸楚山豈和氏而能
識入秦野非相如之見持且夫日者尊而有常
月者謙而不雜每有德而昭感必効靈而允答

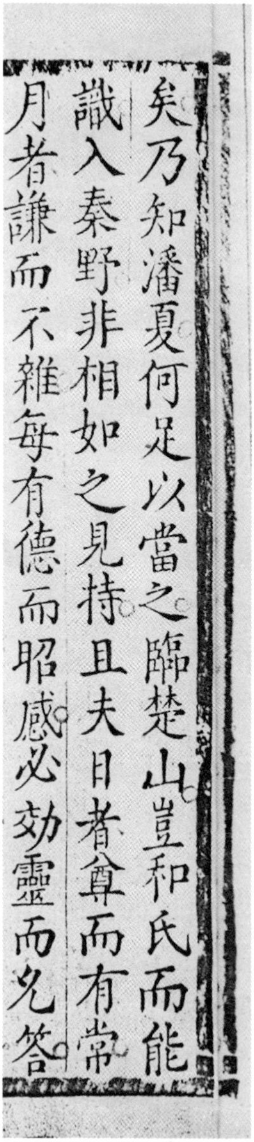

图10 《文苑英华律赋选》，上层为卷一第7叶版框，下层为卷二第54叶版框。

证吹藜阁印《文苑英华律赋选》是木活字本。至于“同板”二字究属何意,仍待深入研究。

七、《御试策》有可能是现存最早的汉文木活字本

中国国家图书馆藏活字本《御试策》,馆藏目录著录为“朝鲜铜活字本”。对此书的版本,多年来一直有不同意见。

早在1953年,张秀民就注意到《御试策》,并在《大公报》上撰《中朝两国对活字印刷术的贡献》一文,提出此书是“元刊铜活字本”。至1990年代,对此书版本的讨论形成高潮,潘吉星先是赞同元代说,后来不再坚持。韩国学者则主张其为古朝鲜活字本,惟有人认为是朝鲜前期的小型金属活字本,有人认为是16世纪仿乙亥字的小号木活字本。①

可见,对《御试策》的版本鉴定需要解决如下问题:它是铜活字本还是木活字本?是中国印本还是朝鲜印本?印成于何时?

此书没有序跋、刊记,但从版面特征来观察,基本可断定为木活字本。理由如下:

1. 活字逐字不同,并非同模翻砂铸造的铜活字。无法自证为铜活字本。

2. 粗黑口黑鱼尾,且墨色均匀,呈现木质特点。

3. 笔划交叉处刀痕明显,也时有残缺,呈现木字特点。如图11“报”“皇”。

4. 版面有伸缩现象,版框缝隙逐渐加大。如图12为同一个版框的左、右两边,经墨汁浸泡后,印出的不同书叶高度不一(下层为45叶,上层为25叶),呈现木活字版特征。

---

① 潘吉星:《中国金属活字印刷技术史》,第79—80页。

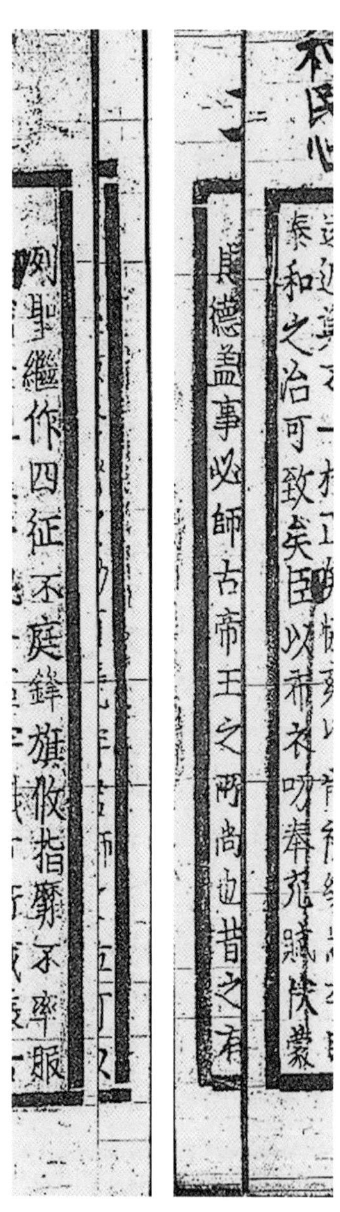

图11 《御试策》，上为第45叶21行，下为第46叶21行。

图12 《御试策》，左边上层为第25叶右版框，下层为第45叶右版框；右边上层为第25叶左版框，下层为第45叶左版框。

与韩国学者曹炯镇《中韩两国古活字印刷技术之比较研究》[1]所附书影对照,《御试策》的字形与书中所有的朝鲜活字(包括仿乙亥字木活字)均不相同,旧目录及韩国学者称其为朝鲜印本不知何据。从书的内容看,它不会是明代印本,只能是元代印本,前贤论之已详。所以这本书极有可能是元代木活字印本。果真如此,《御试策》将是现在已知最早的汉文木活字印书。[2]

(原刊于《文津学志》第五辑,2012年)

---

① [韩]曹炯镇:《中韩两国古活字印刷技术之比较研究》,台北学海出版社,1986年。

② 此文原有"华氏'活字铜版':铜字还是锡字?"一节。文章发表后,笔者对华氏"活字铜版"问题有新认识,具体观点是:华氏金属活字的制作,应为雕刻一套足够印书的活字木模,然后整体翻铸而成;活字材质无法排除青铜;排版时使用字丁和顶木填充空格、固定活字。均见本书《〈会通馆校正宋诸臣奏议〉印刷研究》一文。故放弃本文的相关论述。

再谈"铜版"一词义同"监本"

《谈铜版》一文发表后，我又经过几年的搜寻，发现明清社会大量使用的"铜版"一词，很多就是用来表达"确定""不可更改"之义的，而且一些存世古书中"监本""铜版"作为同义词可以互换使用，这就补足了前文证据链的缺环。现在可以肯定地说，至少从明末到清末，出版业的所谓"铜版"，只是一个用来标榜"定本""校对无讹"的词语，并不代表铜质印版实物。而在更早的宋元时期，"铜版"应该也是此义。兹就有关问题再作论证。

一、明清语言中"铜版"表示"不可更改"

检索明清古籍资料库，可见"铜版"其义有三。一是用铜制作的印版，如印刷纸钞、盐引的铜版，实有其物；二是制作器具的铜板材，也实有其物；三是进入日常语言的"铜版"，则与铜无关，只是一个带有譬喻色彩的词语。

明代南京后湖黄册库保存着数以百万册计的黄册，即登记户口、赋税的籍册，民间俗称为"铜版册"。正德九年（1514），南京户科给事中兼管后湖黄册库事务赵官编成《后湖志》一书，其跋云：

> 始官髫龀时，僻居于蜀，闻父老相传，金陵后湖有所谓铜版册者，藏之中洲，非公事罔敢擅越，望之若仙山。①

① 《南京稀见文献丛刊·后湖志》，南京出版社，2011年，第293页。

赵官是正德六年（1511）进士，他年幼时即听到“父老相传”，则“铜版册”的说法产生得很早了。与赵官参互考订《后湖志》并作序的杨廉，曾有诗吟咏“铜版册”。《杨文恪公文集》卷二《和储静夫户侍玄武湖二首》之一云：

群公湖上欣持杯，此会难再须徘徊。百年籍册比铜版（俗传，军匠后湖有铜版，不得改窜），祖皇严令如春雷。就中半字谁敢裂，冤抑扣之自能雪……[①]

这首作于正德七年（1512）的诗，将“铜版册”的性质说得清清楚楚。明代黄册都是抄写的，并非印刷品，而且有严格的编写标准，不得有一字涂改。它所能“比铜版”的特性，就是“不得改窜”“就中半字谁敢裂”。

按明太祖所定制度，无论是户籍还是赋役，只要登记在黄册上，就要世代遵行，不得更改。罗懋登《新刻全像三宝太监西洋记通俗演义》卷之十八“一班鬼诉冤取命，崔判官秉笔无私”云：

第十一宗是三千名步卒……都说道：“我们都是爪哇国上铜版册的军人，跟随总兵官出阵，大败而归，切被南朝诸将擒获。”[②]

虽为小说家言，也可见“铜版册”对社会影响之深。

明冒日乾《存笥小草》卷六记录了他知安陆县时的一则判词：

叶廷蕙，春四籍也。春四不可则跳而之太四，太四不可则又跳而之春二，三徙承间而徭不及焉，亦大巧避哉！蕙称里役系铸铜版，似不可践更。乃原贯某里某甲独非铸铜版乎？而何徙

① 《续修四库全书》第1332册，第396页。
② 《古本小说集成》第5辑第33册，上海古籍出版社，1994年，第2411页。

之数也！其词游矣。合与王位敏朋收南粮，不许避役。[①]

此处“铸铜版”直接表示“登记在册、不可改变”之义。

上述两例都和黄册有些关联。也有毫不相关的。明陈汝元《金莲记》下第十九出“饭鱼”，写苏轼因乌台诗案入狱，受到狱官勒索羞辱，苏轼唱道：

我本是待漏的列鹓行、冠盖俦，操觚的焕蛇神、词赋首，端只为墨狼骄飞越三江口，因此上剑龙嘶凄凉八月舟，到做了楚大夫铜版羞，怎免得贾大傅承尘疚，怕对西风弄蒯缑。[②]

《汉语大词典》在注释“铜版”时，引此句为例，说是“用铜铸成或用铜板刻成的印版”。然而，无论楚大夫屈原还是苏轼，其被谗蒙羞的情境都与“印版”无关，这里的“铜版羞”意指“不可改变、难以摆脱的羞辱”。《汉语大词典》中的解释，实属误读。

崇祯进士金堡（1614—1681）明亡后于丹霞山为僧，法名今释，号澹归，撰有《徧行堂集》，《续集》卷十写给栖贤寺角子虬和尚的信中说：

十一来，却又硬差排作丹霞化主。天下无不散底筵席，不可离了丹霞，常将一条绳子吊住也。仔细思量，澹归是铜板刊定一名化主，除却化主更无丝毫用处。[③]

所谓“铜板刊定”，不仅与印刷无关，也与黄册无关，只用来表示“命中注定、改变不了”的意思。

还可以举出更多例子，但这些已可说明，从明至清，“铜版”在铜质印

① 《四库禁毁书丛刊》集部第60册，第722页。
② （明）毛晋编：《六十种曲》第6册，中华书局，1958年，第59页。
③ 《四库禁毁书丛刊》集部第128册，第510页。

版的实体外，另引申出“刊定”之义。这应是由于宋、元、明三代纸钞、盐引等重要凭证都用铜版印刷，这些铜印版的内容由国家确定，一经铸成即不得修改，也无法修改，而又可长久使用保存，由此产生出“铜版”“铸铜版”这样的超越了印刷行为而进入大众语言的词语。这是印刷特别是印钞技术对社会产生影响的表现。

二、明清书中“铜版”与“监本”可同义互换

古代国子监的一个职责，是作为国家出版机构，向社会提供经典书籍的标准文本“监本”。监本的特点是文字经过国家审定，没有错误，也不可更改，即所谓“定本”。这与国家用铜版印制的纸币等印刷品的特点恰相符合。当时书籍出版业难以制成印书铜版，于是就把“铜版”作为最高标准的象征和追求，用来形容“监本”的印刷品质。

清初陆舜撰《陆吴州集》，开篇是一首《拟御制十三经序》，略云：

> 朕惟皇祖基命，用肇造我国家。及我太宗，仰承天庥，拓疆展土，奄有万邦。洪惟我幼冲人缵承丕绪……庶几考古定宪，师圣益愚，近法宪章，远通经术……则有十三经，为易、诗、书、春秋、礼记以及周礼、仪礼、论语、孟子、公羊、谷梁、孝经、尔雅……用特取所谓十三经者，寿之铜版，藏诸太学，以广为颁行，俾人人务崇实学、湛乎经术……[①]

陆舜生于明万历四十五年（1617），康熙三年（1664）进士。此文用顺治帝甫登基时口气，当作于入清后不久。可见时人心目中的“太学”（国子监）所刻书即为“铜版”之书。

再来看看流传至今的那些标榜“铜版”的科举用书。在中国，这些书

---

① 《清代诗文集汇编》第49册，第257页。

不受重视，不在藏书家的收藏之列，但在国外图书馆，它们和其他中文书籍受到同等对待，更容易保存下来并得到详细著录。德国的两家图书馆即藏有数部清代举业书，明确将“铜版”指向“国子监本”。

如柏林的德国国家图书馆藏《易经全文》，封面题“道光戊子新镌，铜板易经正文，振贤堂藏板”，卷端题“监本易经全文卷之一”（图13）。属同一套书的还有《诗经全文》，也是封面题“铜板”，卷端题“监本”（图14）。这两部书封面的“铜板”相当于卷端的“监本”，二词可以互换，为同义词。[①]

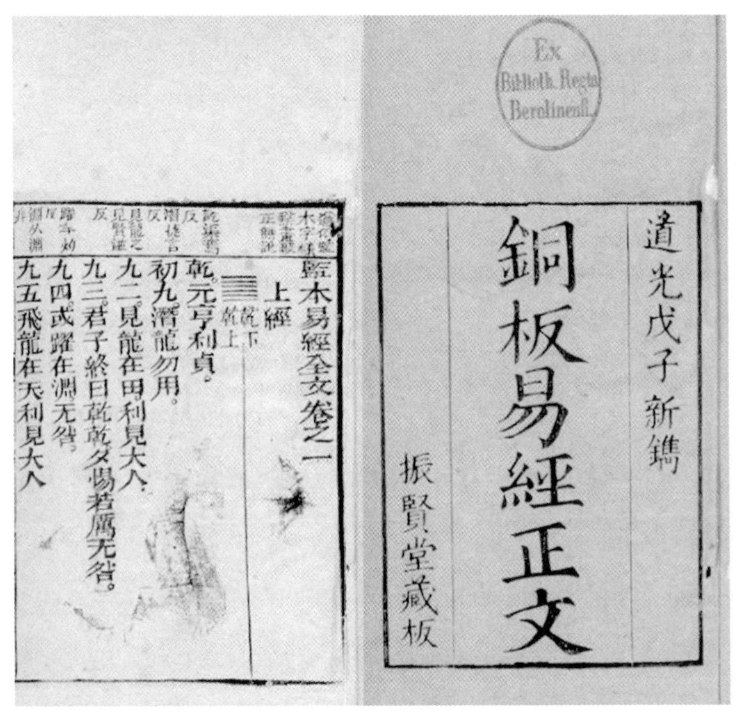

图13 《易经全文》卷一首叶和封面（柏林德国国家图书馆藏）

① 《易经正文》载http://digital.staatsbibliothek-berlin.de/werkansicht/?PPN=PPN3348760550；《诗经正文》载http://digital.staatsbibliothek-berlin.de/werkansicht/?PPN=PPN3348760577。

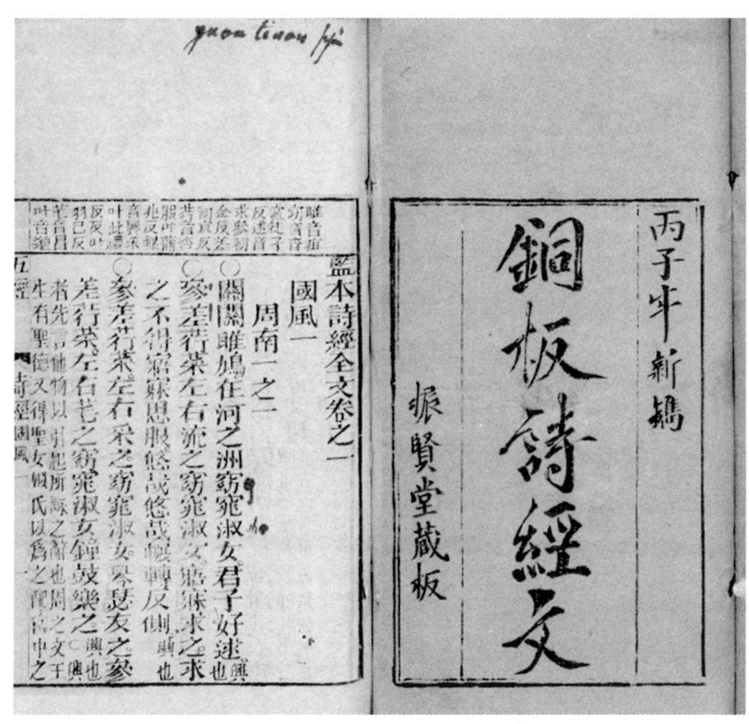

丙子年新鐫

銅板詩經文

振賢堂藏板

監本詩經全文卷之一

國風一

周南一之一

○關關雎鳩在河之洲窈窕淑女君子好逑興也

○參差荇菜左右流之窈窕淑女寤寐求之求之不得寤寐思服悠哉悠哉輾轉反側興也

○參差荇菜左右采之窈窕淑女琴瑟友之參差荇菜左右芼之窈窕淑女鐘鼓樂之興也

圖14 《诗经全文》卷一首叶和封面（柏林德国国家图书馆藏）

再如慕尼黑巴伐利亚州立图书馆藏《四书章句》，封面题“甲戌年新镌，铜板四书监本，五云楼梓”（图15左），将“铜板”视为“监本”的出版形态。“甲戌”上未署年号，该图书馆著录为嘉庆十九年，当有所据。[①]

又如柏林德国国家图书馆所藏《四书正文》，封面题“审音辨画校订无讹，里如堂四书正文”，每卷卷端题名不一，如《论语》题“振贤堂遵依国子监铜板原本四书正文”（图15右），《孟子》题“□□□较正监韵分章分节四书正文”，二、三两行则题“遵依国子监铜板原本；经魁陈豸廊寰甫校”，也是将“铜板”视为国子监本的出版形态（图16左）。[②]

---

① 《四书章句》载http://reader.digitale-sammlungen.de/resolve/display/bsb11129328.html。

② 《四书正文》载http://digital.staatsbibliothek-berlin.de/werkansicht/?PPN=PPN3343673463。

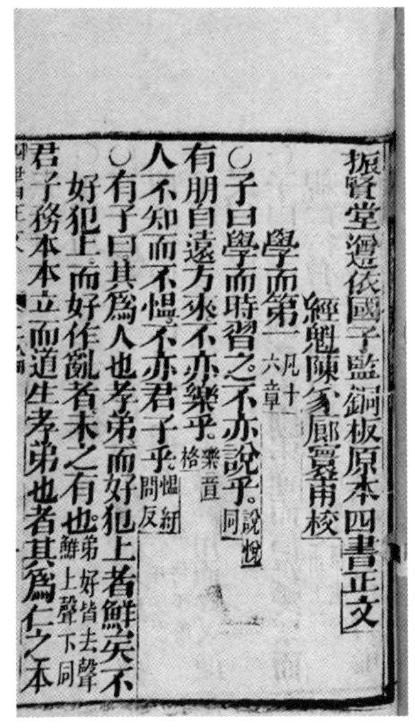
振賢堂遵依國子監銅板原本四書正文
經魁陳豸廓寰甫校
學而第一 凡十六章
○子曰學而時習之不亦說乎 說悅同
有朋自遠方來不亦樂乎 樂音洛
人不知而不慍不亦君子乎 慍紆問反
○有子曰其爲人也孝弟而好犯上者鮮矣不
好犯上而好作亂者未之有也 弟好皆去聲鮮上聲下同
君子務本本立而道生孝弟也者其爲仁之本

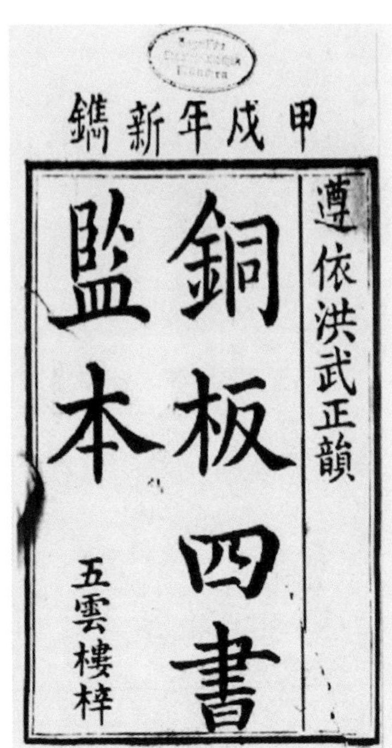
甲戌年新鐫
遵依洪武正韻
銅板四書
監本
五雲樓梓

图15　左为柏林德国国家图书馆藏《四书正文·论语》首叶，右为慕尼黑巴伐利亚州立图书馆藏《四书章句》封面。

此书未题刊刻年代，据字体当为清后期刻本。法国汉学家茹莲（今通译儒莲，Stanislas Julien，1797—1873）在清道光四年（1824）出版《孟子》的拉丁文译本，并在下册附印了中文版本，题为《西讲孟子》。首叶前三行分题“刻石堂较正监韵分章分节四书正文；遵依国子监铜板原木；尔梁茹莲司他泥缌喇渶校”（图16右），内容和版式与这部德藏《四书正文》显然为同一系统，惟将“原本”误作“原木”。

按此《四书正文》的祖本，当为一个明末刻本。这从卷端的“监韵”“经魁”等明代惯用语，以及将“校正”写作“较正”等可以看得出来。校订者当为广东顺德人陈豸，万历十九年（1591）举人，历任藁城、福州教谕，福州海防同知，在万历四十二年（1614）因被在福州监税的太监高寀

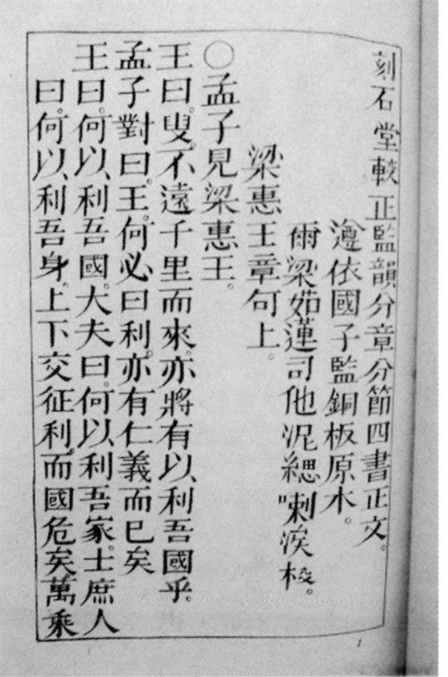

刻石堂較正監韻分章分節四書正文。
遵依國子監銅板原木。
侢梁茹蓮司他泥緦喇濱校。
梁惠王章句上。
○孟子見梁惠王。
王曰叟不遠千里而來亦將有以利吾國乎。
孟子對曰王何必曰利亦有仁義而已矣
王曰何以利吾國大夫曰何以利吾家士庶人
曰何以利吾身上下交征利而國危矣萬乘

图16　左为柏林德国国家图书馆藏《四书正文·孟子》首叶，右为茹莲《西讲孟子》附《四书正文·孟子》首叶。

拘为人质而入史，官终庆远知府。陈豸的字在书中写作“廊寰”，实应为“廓寰”，盖因数百年辗转翻刻而致误（德国国家图书馆书目又将作者误为“陈豸廊”），叶向高《苍霞续集》卷三《送陈廓寰公祖署邑还郡序》可证。柳存仁撰《百年来之英译〈论语〉其一》，著录了1898年香港荷理活道有Man Yu Tong刊印的英汉合璧之《中西四书》，凡六册，封面题署“光绪三十年正月点石斋石印”，《大学》部分首叶署“经魁陈豸廓寰甫校”[①]，这是“廊寰”乃“廓寰”之误的另一例证。

柳存仁所见《中西四书》中的《论》《孟》部分，题署“特赐进士颜茂猷壮其较正”。柳氏谓检清代进士及游学毕业进士，均无颜茂猷其人。实则颜茂猷并非清代进士，而是明崇祯七年（1634）进士。书坊将他与陈

① 《国际汉学》第4辑，大象出版社，1999年，第112页。

豸牵合在一起"分校"《四书》，也再次证明陈豸为明代人，上述《四书正文》的祖本系明末刻本。

柏林德国国家图书馆还藏有另一部《四书正文》，只存《论语》两册，上册卷端题"里如堂遵依国子监铜板原本四书正文；经魁陈豸廊寰甫校"，下册卷端题"省城醉经楼较正监韵分章分节四书正文"，两册字体、纸张均不相同，实为配本。由此可见当时此类书标榜"铜版"的风气之盛。

明清两代科举制度一成不变，为科举服务的出版业也陷入停滞，举业用书辗转翻刻，明人编的书到清末还在使用，号称"铜版""监本"却错讹不堪，这固然是读书人的悲哀，但也给我们留下了表明"铜版"真实含义的有力资料。

"铜板"即"国子监原本"，通此一义，再来读《中国印刷史(插图珍藏增订版)》中所谓的"江宁铜版"，即清雍正八年(1730)启盛堂印《四书体注》的朱印广告"《体注》一书行世已久……余不惜工本，将铜板精刊，字迹端楷，点画无讹"，就会豁然开朗：所谓"将铜板精刊"，即"遵依国子监铜板原本"校刊，并无神奇可言。启盛堂《四书体注》只是一部坊刻的木雕版举业用书，其版与"铜"并不相干。

这也说明了为何即使在乾嘉考据兴盛时，也没有人对看似重要的"铜版《九经》"进行考证。因为那时的人都读着"铜版"书，知道"铜版"的真实含义。只是清末以后，去古愈远，"铜版"的本义才渐渐迷失。

虽然明清书坊将"铜版"与"监本"混为一谈，但并不表明这些"铜版"书真的是根据监本翻刻的，或者与国子监有什么关系。实际上，很多标榜"监本"的书，与国子监也没有关系，它们只是书坊浮夸的广告语。在对历代国子监刻书的研究中，也需要注意不被"监本"二字误导。

至此，我们解决了两个问题：一是从明至清，"铜版"一词有纯语言范畴的"确定""不可更改"之义。二是清代保存至今的印有"铜版(板)"

字样的科举用书，并非使用铜质印版。出版业标榜的“铜版书”即“国子监刻书”，取其“国家定本”“正确无误”之义，中国印刷史上的“铜版”疑案，其实是一个单纯的语言问题。

由此上溯到明代以前那些与出版有关的“铜版”传说，如“天福铜版”，我在《谈铜版》一文中已论证其为“天福监本”，新发现的这些后世史料，有效地强化了证据链条。试看，北宋人将刊刻监本七经的举动称作“正石经之讹舛，镂金版以流传”，明末清初人将刊刻监本十三经称作“寿之铜版，藏诸太学”，将依据监本刻书称为“遵依国子监铜版原本”，再加上明清大众语言中“铜版”的“不可更改”“定本”语义，宋元人口中那些从未见过实物，在技术上、经济上、法律上又不可能实现的“铜版”，理应也只是语言问题，一个说辞而已。今后随着更多文献资源可以利用，很可能发现更直接的证据，像解决明清时期的“铜版”问题一样，彻底解决宋元时期的“铜版”问题。

（原刊于《文津学志》第八辑，2015年）

古 钞 三 题

一、交子未必双色套印

产生于北宋初年的交子，是世界上最早的纸币，也使中国成为最早拥有印钞技术的国家。

交子是印刷的，有史可征，但怎样印刷，印成什么样子，则因史料语焉不详，又无实物流传，只能根据有限的文字推测研究。有一种意见认为它是彩色印刷的，如刘森《宋金纸币史》说“（交子）是我国彩色印刷的滥觞”；张树栋等著的《中华印刷通史》则说：“（交子）统一用‘朱墨间错’，两色印刷。”

彩色也好，两色也好，都指它用红黑两色印成，在印刷史中称为套色印刷。这些说法都基于以下两处记载：

宋李攸《宋朝事实》卷十五云：

> 益州豪民十余户，连保作交子……诸豪以时聚首，同用一色纸印造，印文用屋木人物。铺户押字，各自隐密题号，朱墨间错，以为私记。书填贯不限多少，收入人户见钱，便给交子。

元费著《楮币谱》云：

> （交子）表里印记，隐密题号，朱墨间错，私自参验书缗钱之数。

交子的印刷，关系到印钞技术和套色印刷技术起源的问题，值得仔细研究。其实，仅凭这两段记载，并不能说明交子是彩色印刷或双色印刷的。可以看出，交子的票面内容明显分成两部分，一是“用同一色纸印造，印文用屋木人物”，二是“铺户押字，各自隐密题号”“表里印记，隐密题号”。交子虽然具有纸币性质，但并不是我们今天使用的不可兑现钞票，而是随时可以兑换铜钱的可兑现钞票，类似今天的银行支票。无论古今中外，这类凭证都需要在票面上填写重要内容、加盖图章后才能生效。因此，“用同一色纸印造，印文用屋木人物”的部分，是交子的印刷票面，相当于空白支票；“铺户押字”“表里印记，隐密题号”的部分，相当于支票上的户名、号码、密押、图章等。这一部分，因为有文字用墨笔填写，有印章用朱色钤盖，所以看上去“朱墨间错”。它们的用途是“以为私记”，供发行铺户在兑现时核对真伪，因此不可能是印刷的。统一印制的图案即使颜色再多，也不能起到“私记”作用。

“铺户押字”即交子发行人签字画押，可以用笔签写，或可用花押章钤盖。“题号”在宋代典籍中常见，如《产育宝庆集》卷下载：“凡产妇合要备急汤药，并须预先修合、题号，恐临时仓促难致。”《宾退录》卷四载：“曾有人惠一书册，无题号，其间多说净名经。”可见，题号是物品的物主标记或题目名称。交子上的“隐密题号”，应该就是发行铺户题写的留有暗记的名号，作用相当于密码。

在最初的益州十六户富户发行的交子丧失信用之后，交子由北宋政府接办发行，“其交子一依自来百姓出给者阔狭大小，仍使本州铜印印记”。票式不变，仅私人的印章改为官印。据此推论，早前私交子上的朱色图案也为印章，并非由印版印出。

在交子被弃用之后，宋代仍有仿效交子的各类凭证在使用，它们的印制过程可以用来佐证交子的印刷。《古今事文类聚·新集》卷三十六载南宋吴必大《交引库厅壁记》云：

> 交引库，外府属之一，交引所由造也。若稽国朝，惟四川用

交子法，引钞算请则制于汴都。六飞南跸，诏造用交子如四川。居无几何，改为关，再改为会。自会子法立，领以他局，今库惟引钞出焉……库无他贮储，惟官纸若朱、常日文书。行梓以墨，铜籀以红。栉比者、题号者，胥史工徒鱼贯坐，各力乃事。既成，持白丞簿，白：是当书。既书，乃枚数而授之榷货务，商族趋焉。

虽然南宋末年的交引不是北宋初年的交子，但文中明说交引是从交子沿袭下来的，此时的交引印刷还是"行梓以墨"，即用木版墨色印刷票面，"铜籀以朱"，用朱色印泥钤盖铜印。在这两项工序之后，"栉比者"（即整理排序者）、"题号者"（即题写名号者）是坐在座位上完成工作的，显然这已是印刷之后的一道工序。直到此时，交引的印刷仍然是用单色雕版，然后钤盖印章，再用笔填写部分内容。溯源到交子的制作，应该也是同样的过程。

在交子之后，宋金元明各朝长期发行纸币，现在出土的可靠的印钞铜版已有多块，元代和明代的纸币也有流传。从实物看，这些纸钞仍是单色印刷，然后加盖官印。印钞技术长期应用、高度发达后的产物尚且如此，很难想象草创时的交子会是套印的。因此，不能仅根据一句"朱墨间错"的记载，就断定交子为双色印刷或彩色套印，并得出套印发源于北宋初年的结论。

二、从两起伪钞案看南宋会子

会子是几乎伴随南宋始终的纸币，前后流通了一百多年，发行量可谓天文数字，但令人遗憾的是，至今不仅未发现会子有实物流传，史书中也没有留下多少对其形制和印制的记载。有限的直接记录会子的史料，只能让我们知道它用铜版印刷，并钤盖由政府颁发的官印。

不过，宋代文献中还有一些间接史料，可以帮助我们更多地了解会子。比较重要的，有两起伪钞案审问记录，以及一项对北宋发行的纸币“小钞”的说明。钱币学界和印刷史界早就注意到这些资料，也做了很多解读，但现在看来，仍有信息被忽略，有语句被误读，没能充分揭示出会子的真面貌，因此有必要咬文嚼字一番，对这些史料进行仔细释读。

刻字匠蒋辉伪造会子案见于南宋理学大师朱熹的《晦庵文集》。淳熙九年（1182），朱熹弹劾台州知州唐仲友，指控他的多项不法行为，其中包括庇护因累次伪造会子而获罪的蒋辉，乃至指使蒋辉再次伪造会子。在奏状中朱熹详细列举了蒋辉两次印造伪钞的过程。

淳熙七年（1180），蒋辉“同黄念五在婺州苏溪楼大郎家开伪印六颗，并写官押，及开会子出相人物，造得成贯会子九百道”，事发断配台州。“开”即雕刻，“印”是朝廷颁发的钤盖在纸币上的印章，“官押”是负责官员的花押，“出相人物”是会子的票面图案。值得注意的是蒋辉三项造伪行为的顺序。为什么不把“开”官印与“开”图案印版放在一起说明，而要把它们隔开？应是为了适用当时的法律“伪造罪赏如官印文书法”，前两项分别对应伪造官印、文书，而图案印版在二者之外，所以放到后面，同时也清楚地说明“官押”是用笔写上的，不是雕刻印章钤盖的。

第二年也就是淳熙八年（1181），唐仲友又胁迫蒋辉为他伪造会子，共印制面额为“一贯文省”的假币近三千道。这次案件大概由朱熹亲自审问，所以案情记录特别详细。与会子形制、印制有关的内容也非常详尽：

> 仲友使三六宣教（唐仲友的侄子）令辉收拾作具入宅……次日金婆婆将描模一贯文省会子样入来，人物是接履先生模样……当时将梨木板一片与辉，十日雕造了，金婆婆用藤箱乘贮，入宅收藏……至十二月中旬，金婆婆将藤箱贮出会子纸二百道，并雕下会子版及土朱、靛蓝、棕、墨等物付与辉，印下会子二百道了，未使朱印……至次日，金婆婆来，将出篆写“一贯文

省”并专典官押三字，又青花上写字号二字，辉是实使朱印三颗。辉便问金婆婆：“三六宣教此一贯文篆文并官押是谁写？”金婆婆称：“是贺选写。”

从造伪过程可见，会子票面上有下列内容：带人物形象的图案；印章，最多六颗，至少有三颗是朱色的；笔写项目三处，面额、官员花押和编号；整个制作使用三种颜色：墨、朱、蓝，墨色应该是刷印的，朱色是作为印泥盖上去的，蓝色图案不知印法，也不知与墨色图案是否在同一面。过去人们在读“土朱靛蓝棕墨”时，多将句子断成“土朱、靛蓝、棕墨”，把“棕墨”当成一种颜料，其实是误读。清代以前的颜色系统中没有“棕色”，也没有所谓“棕墨”。宋代建筑学巨著《营造法式》讲到建筑彩画时罗列大量颜色，五花八门，但就是没有棕色。这里的“棕、墨”当指“棕”和“墨”，墨是主要颜料，棕则是制作印刷所用刷子的材料。

从印制次序来看，会子先用雕版印刷票面，然后添加手写内容，最后再盖上三枚印章。这种做法符合制度要求：盖章表示纸币质量合格，具有信用，准许发行，理应是最后一道程序；同时也符合技术要求：当黑红两色重叠时，朱色在上才能两不妨碍，否则墨色会掩盖朱色，使印文不完整，损害官印的凭信作用。

虽然详略不同，但两次案情记录都将“印”与“写”进行区别，“专典官”的花押属笔写内容，是可以确定的，会子钤盖的诸多印章中，并无所谓“专典官印”。这有助于解决一个现实问题。20世纪80年代在安徽东至发现了一套“关子”版，共有各类印版、印章八块，被认为是南宋末年贾似道发行的关子印版的仿制品，但又与当时记载的关子形制不符，特别是没有史书中所说的下方两枚“小黑印”，无法拼合成“贾”字。于是有多套拼合方案引用蒋辉伪造会子案的资料，认为关子版丢失了两枚“专典官印”，并在复原图中添上这两枚印。现在我们知道会子上并无此印，这类复原方案就失去依据，应该重新考虑。

淳熙八年伪造会子案说会子上的面额“一贯文省”系用笔书写，又与另一处记载形成互证。南宋谢采伯《密斋笔记》中记北宋大观二年（1108）发行的小钞，“其样与今会子略同：上段印‘准伪造钞已成流三千里，已行用者处斩。至庚寅九月更不用’。中段印画泉山。下段平写‘一贯文省’、守倅姓押子”。他的描述也是将票面上的“印”和“写”部分明确分开，写的部分同是面额和官员花押。会子的样式与小钞类似，这样，在对会子有较详细描述的三条资料中，官员花押手写有三条旁证；纸币面额手写有两条旁证，应能反映出会子的面貌。实际上，最早的私交子“书填贯，不限多少”，后来收归官办，仍“逐道交子上书出钱数，自一贯至十贯文”，钱贯数都是写上去的，宋代纸币手工填写面额也是一项传统了。

三、大明宝钞与“活字印刷”不搭界

印钞是印刷的重要门类，研究印钞史，有助于解决印刷史的一些普遍性问题，如大明宝钞的印刷就被用来说明铜活字在明代的广泛应用。

铜活字印刷究竟起源于何时何地，一直是印刷史界争论不休的问题。由于现存最早的金属活字印书《白云和尚抄录佛祖直指心体要节》是1377年高丽清州牧兴德寺用“铸字”印刷的，再加上朝鲜史料中还有更早的关于“铸字”的零星记载，韩国学者便主张“铜活字”印刷技术是古代朝鲜人的发明。而中国学者认为，根据沈括在《梦溪笔谈》中的记载，早在北宋庆历（1041—1048）年间，布衣毕昇就发明了用胶泥烧制活字然后排版印刷的技术，虽无印成品流传下来，但技术说明详细可靠，此后又出现了木活字、锡活字。铜活字与其他各种活字的区别只是材质不同，技术原理是一样的，而且古代中国铸铜技术高度发达，不能排除在宋代已使用铜活字印刷的可能。

在1997年前后，中韩两国学者关于铜活字印刷发明权的争论趋于激烈。在辩论中，中国学者潘吉星发现一个重要实物证据：在古代的纸币印刷中，使用了“铜活字”。

我国自北宋使用交子以来，历南宋、金、元、明、清，各朝都曾发行流通纸币，用铜版印刷而成。目前世人可见的古钞版，宋代有三件不完整的残版，分别是“千斯仓图”钞版（实物下落不明，传有拓片）、“行在会子库”版（铜质）和“关子”版（八块一组，铅质）。金代钞版存世较多，连完整带残缺有十件以上；元、明、清三代，除了各有钞版传世，还有纸币实物保留下来。潘吉星发现，在金代钞版上用来印刷“字料”“字号”和官员花押的“字”是活动的。

金代纸币，除了钞名、面额、赏格等内容外，还有两处编号，右称“某字料”，左称“某字号”。“字料”“字号”四个字是铸在版面上的，但上面的编号“某”，需要按《千字文》的排序，不时更换文字，故在版上留有两个空槽，以便换字。版面下方有若干处需要官员签字画押的地方，也留了空槽，以便随不同的人更换花押印。上海博物馆藏金“贞祐宝券伍贯”钞版，“字料”“字号”上方及官员职名下方各可见一个空槽。有一张清人所拓“贞祐宝券伍贯”版的拓片，“字料”的上方存有一“輶”字，表明在使用时这里确实是要安放活字的。潘吉星还认为南宋“行在会子库”版上“第壹佰拾料”中的“壹佰拾”三字也是插入空槽的活字。在宋、金之后，元代钞版上也留有这种空槽，而且纸币上也印刷着千字文编就的“字料”“字号”。潘吉星得出结论说：“宋、金纸币是铜版印刷和活字印刷相结合的产物，而铜活字也随纸币的发行获得长期的大规模应用。”“中国铜活字印刷技术至迟始自12世纪初，已不容质疑。”[①]

这个发现很重要，它把在印刷中使用活字的实物证据提早到宋金时期，而且把印钞技术纳入整个印刷技术中来考察，比仅根据书籍印刷的研

---

① 参见潘吉星：《中国金属活字印刷技术史》。

究来得更加全面。但这项成果也有需要进一步细化之处，如钞版上虽使用活字，尚未证明其材质就是铜的，这需要进一步的科学检验。又如在印刷版中使用“活字”，与“活字版”在概念上毕竟不能完全重合。人们讨论的“铜活字”印刷，实际上是“铜活字排版”印刷，除了使用单个的铜字外，还有排版、固定、印刷后拆版再排等一系列技术环节，缺一则不可称为“活字版”。因此，对铜钞版中“使用活字”即等于“铜活字”印刷的观点，还需要在原理方面多加说明，增强说服力。

在上述结论基础上，潘吉星又提出，北宋初年（11世纪初）已有铜活字印刷，理由是交子上已有编号系统；明代出现了用铜活字印钞的高潮，证据则是大明宝钞的钞版。这两个说法，前者缺少根据，后者则属错误。因为北宋交子虽有编号，但无法证明是用活字并且是铜活字印上去的，它也有可能是手写或用印章钤盖的。如清后期发行的“户部官票”和“大清宝钞”的千字文编号就是用戳子钤盖上去的。大明宝钞的问题则需要细说一下。

明代的纸币称为“大明通行宝钞”，仍用铜版印刷，但与金元已有所不同。它的票面上不再有“字料”“字号”等编号，也没有官员的签押，全部都是一次性铸造好的固定内容，所以也没有用来安放活字的空槽。但它的背面，有几个编号性质的字，如民国时在南京明工部遗址出土、现保存于贵州博物馆的“一贯”宝钞钞版，背面除四个足外，中心还有“泉字”“三十号”五个编号文字。潘吉星将它们当作金元钞版上的“字料”“字号”，说“明初自1375年起所印发的六种面额的宝钞，每张钞币背面都印有‘某字’、‘某某号’不同组合的几个铜活字”。又说“所印铜活字为手书体，字体美观”。实际上，明代宝钞流传到今天的不少，中国金融出版社1992年出版的《中国古钞图辑》就收录了很多，其中两种给出背面照片，均没有什么印出的“铜活字”。那么，是不是这两张钞票漏印了呢？

经过仔细的考察，答案是否定的。大明宝钞本身就不带编号，钞版背面的号码是其自身的编号。国家一次铸出多块钞版，分发到各地点印刷，是要给它们编号登记的。“泉字三十号”还是其他什么号，铸字也好，活字也好，都不是为印刷而设的，证据非常直观：其一，钞版背面四角有较高的足，并非平面，无法印刷；其二，从照片上看，这些字都是正字，若是印版，印出的字岂不是反的吗？

（分别刊于2009年6月12日、6月26日和9月4日《金融时报》）

从影印本看元朱墨套印本《金刚般若波罗蜜经注解》的印刷方式

台北“国家图书馆”藏元至正元年刻朱墨套印本《金刚般若波罗蜜经注解》，一向被看成是中国现存最早的雕版双色套印本。但此书是如何印成的，学界看法并不统一。

王重民先生较早对此书进行研究。1957年10月《安徽历史学报》创刊号发表了王先生的论文《套版印刷法起源于徽州说》，其“论一三四一年朱墨印本《金刚般若波罗蜜经注解》和这一时期内对于彩色印刷提出了更多的新要求”一节说：

> 我国自从发明了雕版印刷术以后，在长期的发展过程中，由于广大读者对图书和图画的阅读方便与美观有了进一步的需要，乃自然地提出了彩色印刷的要求，而这一要求，越到后来越强烈，因之，终于在1341年出现了用朱墨两色合印的《金刚般若波罗蜜经注解》。
>
> 这个印本的经文是根据鸠摩罗什的译本，注解是资福寺僧思聪作的。正是采用了《经典释文》的方法，经文大字，朱印；注解双行，墨印。每页上的经文不到几个字。它的印法虽说使用了朱墨两色，但恐怕不是两版套印，而只是用一版涂上两种颜色印成的。（当然也不是用一块版，涂两次色，印两次。）这是朱墨印法第一次创造性的试验，是朱墨套印法的发明必须经过的阶段。从这样的试验和实践过程中，自然就能够提出新的启示

和更进一步的追求了。绝大多数人都认为这部朱墨印本是用套版印刷的，但我认为由于这个印本的本身显示不出套印的痕迹，就每页上仅有几个红色大字看来，反倒强烈的显示出可能是用一版涂两色印成的；另从当时对于彩色套版印刷的要求来说，如果那时已经发明了套印法，从此就一定会盛行起来。但印刷史却明明告诉我们，套版印刷法实际上是直至十七世纪初年才实验成功的。

王先生的结论很明确，认为此书只是用一版涂上两种颜色印成的，并特别说明也不是用一块版涂两次色印两次。但他没有给出具体的鉴定依据。

1971年，台湾汉华文化事业公司影印此书，请昌彼得先生题识，昌先生遂作《元刻朱墨本〈金刚经〉题识》，提出关于此书印法的另一个观点：

惟就此印本细查研究之，实系一版而先墨后朱分两次印成，至明末乌程闵氏始分色雕版套印，其术愈精，改进之功仍不可没也。

昌先生也认为此书系雕刻整版分色刷印，而非"分色雕版套印"。他与王先生看法不同的地方在于，认为系先墨后朱分两次印成。昌先生也是只说了结论，未提供鉴定依据。不过检台北"国家图书馆"在线目录，此书下有按语，可视为昌彼得的鉴定依据：

此为世界现存最早的木刻套色印本，经文朱印，注文墨印，灿烂夺目，此经之朱墨两色，系刻在同一版上，而分刷两色，此从若干地方原该是墨色之注文，却误刷成朱色，以及页次或用朱或用墨，可推知为同版双印。

《图书馆杂志》2002年第11期发表了沈津先生的《关于中国现存最早的元刻朱墨套印本〈金刚般若波罗蜜经〉》一文，对此书的印刷技术又提出了新说法。沈先生说：

> 去年四月，笔者乘在台北开会之机，于“中央图书馆”特藏组内三次调阅该经原件。其中一次，并邀北京图书馆研究馆员李致忠、上海复旦大学图书馆研究馆员吴格共同鉴定，最后一致认定这确实是朱墨套印本，而并非一版双色印本，且印刷时，朱色先而墨色后。因此经并无学者专门叙述，特撰文介绍。

沈先生对这次鉴定的方法和过程做了比较详细的介绍：

> 此本确为朱墨套印本，而并非一版双色印本。其为套印本之根据，可见“妙行五住分第四”，由右至左朱色大字“第”、“萨”、“施”、“布”、“布”、“不”皆断版，但夹在中间之小字“菩萨人本心”皆不断裂，此可说明不是一块版子。如系一版，那断列时，大字、小字应同时一起断裂，而决不可能只断大字而不断小字。又，有数纸清晰地显示无论是黑色小字或朱色大字，都是系用小木块或长方形木块在一张纸上捺印文字。在纸的上面、中间、下面，往往都有木块两头捺印之痕迹。如第七页小字双行“於禅定无有欲心”、“欲想干枯无想天中”二句，在“於”、“欲”字之上即有边痕，而朱色大字也有如是之迹。这种情况，或许可以推测原已刻就一板，为了区分经文和注释，请匠人锯开，然后用朱、墨双色套印。
>
> 细审全经，可知印刷时，朱色先而墨色后，如第十三纸“受生欲界名不还果也”内“还”、“也”二字，墨色压在朱色之上；又“善规起请分第二”之“三”(大字)，后为小字“梵语”，也显

见黑色小字压于朱色大字之上。

沈先生认为，此书系分色雕版、先朱后墨的成熟的套印本，完全否定了此前两位版本学家的观点。至此，对于这部元代朱墨两色印本《金刚般若波罗蜜经注解》的印刷方法，就有了同版单印、同版双印和双版双印三种说法，就雕版套印技术来说，已涵盖了所有可能性。

那么，到底哪一种说法才是正确的？

版本学是研究书籍实物的学问，所有的观察和判断都应针对实物进行。这部《金刚般若波罗蜜经注解》收藏于海峡彼岸，大陆读者不容易看到原书，似无法对上述问题进行研究。不过现在也有方便之处，如有清晰的照片，就足以观察印刷痕迹，分析印刷过程。此书还有电子影像资料，但仅限于台北"国家图书馆"和美国三家图书馆馆内阅读，大陆暂时难以利用。此书另有中国台湾和大陆的影印本，特别是2006年被辑入《中华再造善本》丛书，由国家图书馆出版社翻印二百部，这也是可以利用的资料。本文即拟暂时利用这一影印本，对上述问题进行粗浅分析。

需要说明的是，经刘向东先生指出，2006年国家图书馆出版社影印的元套印本《金刚般若波罗蜜经注解》存在套版套色失准、拼合版面、缩放文字等严重问题，特别是在套版套色方面，与台湾原影印本相校，既有套印位置误差，又有误朱为墨、误墨为朱的现象，背离了原书真实面貌，因此无法用来研究原书在套印阶段的技术问题。但通过观察影印本中未受到现代印刷瑕疵干扰的版面，仍可解决一部分问题，特别是雕版阶段的技术问题。

沈津先生在鉴定的时候，已观察了此书的断版情况，并以此为主要依据，得出"不是一块版子"的结论。他说："如系一版，那断裂时，大字、小字应同时一起断裂，而决不可能只断大字而不断小字。"道理确实是这样，但他的观察却是不细致的，结论更值得商榷。此书中断版的地方，除了沈先生指出的一处，还有很多处，均可清楚地看出都是大小字一起断裂的。如第19版（图17），一条断裂线自右至左，穿过大字“如”“波”，小字“蜜”“谛”，大字“波”“是”，小字“也”。

图17 《金刚般若波罗蜜经注解》第19版的断裂线

再如第23版（图18），断裂线从右至左穿过大字“分”“譬”和小字“废”“言”“道”“心”“福”“持”。

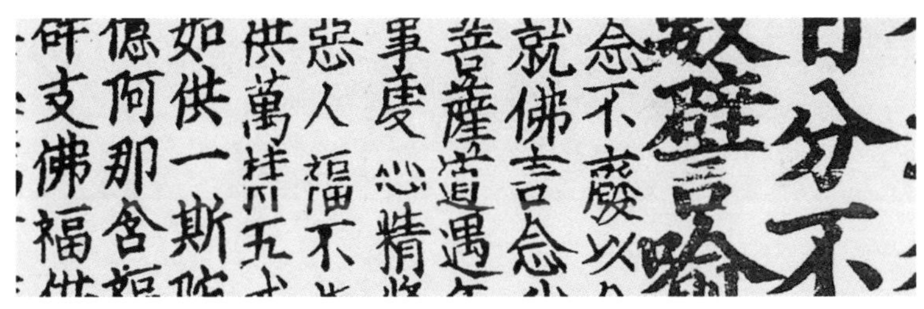

图18 《金刚般若波罗蜜经注解》第23版的断裂线

又如第29版，断裂线从右至左穿过大字“第”，小字“虚”“不”，大字“何”“世”“何”“具”，小字“色”“相”“具”，等等。这样的例子还有若干，就不一一列举了。

至于沈津先生论证的那处断版（图19），仔细观察，其实也是大、小字一起断裂的。首先，沈先生的表述有问题。他说，夹在中间之小字“菩萨人本心”皆不断裂。按“菩萨人本心”五字中，只有“本”字在断裂线上，其余四字与断版并无关系，不能说明问题。笔者相信这是沈先生的一时

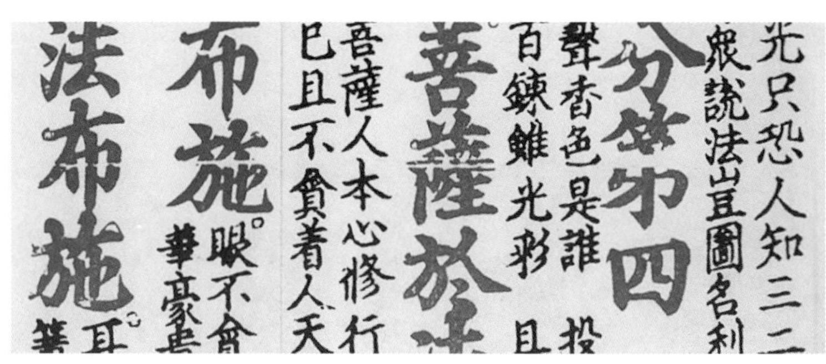

图19　《金刚般若波罗蜜经注解》第7版的断裂线

笔误。在断裂线上的小字，是“色”“虽”“本”“贪”四字，仔细观察都有些异常，“色”字末笔断裂很明显，“虽”与“光”之间距离过大，是断裂线从二字之间穿过。“本”字与书中的其他“本”字相比，横上露出的小竖划要长一些，“贪”字则比其他的“贪”字少了最上面的撇捺交叉点。这些现象实际都是断版造成的。所以在这里，大小字也是一起随版断裂的。再加上更多的大小字一起断裂的实例，沈先生关于雕版系“分版”的观点难以成立。至于他推测的“原已刻就一板，为了区分经文和注释，请匠人锯开，然后用朱、墨双色套印”，并且还是“捺印”，有违平常经验，难以理解。

在《中华再造善本》丛书影印本中，有些字的一部分被刷印了两次。如图20的“生”和“想”。如果这是原书上就有的，将是“同版分色”印刷的铁证，因为如果是分版，不可能出现这种情况。但前面说过，这个影印本有严重的套版、套色失准的问题，所以难以作为证据。

不过，台湾联经出版公司2018年的影印本在相同位置就有相同印痕，这种两次着墨现象，在各种影印本中比比皆是，均可证明此书为“同版分色”刷印。而且现在几家大图书馆的读者都可以通过网络看到公开的影像资料，对有条件的人来说只是举手之劳，这里就不妄加猜测了。

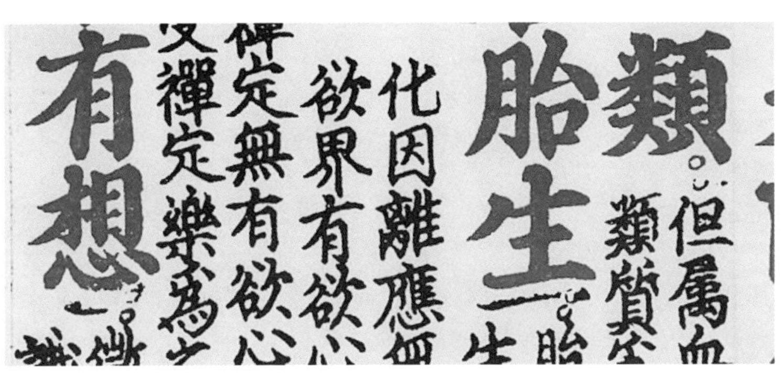

图20 《金刚般若波罗蜜经注解》,《中华再造善本》丛书本,第7版一字两次着墨现象。

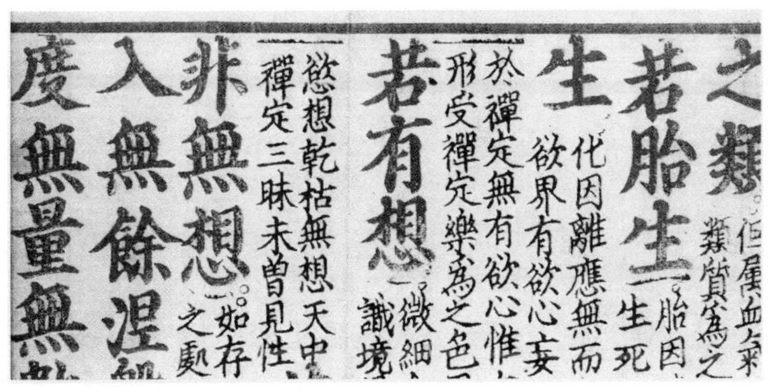

图21 《金刚般若波罗蜜经注解》联经版影印本的两次着墨现象

本文最后想说的是,从大小字一同断裂,以及“若干地方原该是墨色之注文,却误刷成朱色”等版面现象看,台北“国家图书馆”收藏的元至正元年刻朱墨套印本《金刚般若波罗蜜经注解》,应该如昌彼得先生说的那样,是用一块整版分涂两色两次印成的,至于是先印朱色还是先印墨色,仅凭影印本无法判断,还需要根据对原书的观察分析得出结论。

（原刊于《第八届中国印刷史学术研讨会论文集》,印刷工业出版社,2013年）

铅字在1873

19世纪下半叶，由西方传入的铅字排印，在不长的时间内取代了传统的雕版印刷和活字印刷，成为此后一百多年中国的主流印刷技术，对出版业发展和新思想传播产生巨大影响。对于这一重要变革过程，过去的研究难称完备，而中华书局2018年出版的苏精《铸以代刻：十九世纪中文印刷变局》（下文简称"《铸以代刻》"）一书，则以翔实、细致的研究弥补了缺憾。

苏精先生长期研究以基督教传教士为主的近代中西文化交流史，《铸以代刻》即通过对数百万字基督教会档案资料的爬梳整理，用十二个专题详尽再现了从1807年起到1873年止传教士们推动中文出版"铸以代刻"的历程，从印刷史研究看，是这一领域难得的一部既重史实、又富史识的著作。

《铸以代刻》内容浩博，其填补研究空白、纠正前人错误之处甚多，读者自能领会。由于对铅字在中国传播、接受的历史抱有兴趣，我也曾关注过相关问题，在此想为苏先生提出而受限于体例未及详论的"1873年是西式活字印刷本土化开端"这一论断补充两个例证，借以表达对他这一卓见的敬意。

苏精将19世纪西式活字印刷在中国的发展过程分为三个时期：一是从基督教传教士来华到鸦片战争前的讨论与尝试时期；二是从鸦片战争到同治朝，西式活字进入实用阶段并奠定在华传播基础的准备与奠基时期；三是从同光之际到戊戌变法期间，西式印刷在华发展与本土化时期。在这一时期，"西式活字获得加速发展的机会，同时也有中国人开始自行铸造活字。中国印刷出版业者一项新的标榜是以西式活字和机器排印，中国人在这时期中取代传教士成为西式印刷在华传播的主力。到19世纪结束前，西式活字已经明显取代木刻成为中文印刷的主要方法，并且连带引起近代中国图书文化在出版传播、阅读利用和典藏保存等方面的变化”[①]。

因遵守取材于基督教传教士档案的体例，《铸以代刻》的研究集中于前两个时期，即传教士主导用西式活字印刷中文的六十余年。对第三个时期，在说明上述铅字本土化的表征后，作者只提出“1873”这个年份，作为西式活字印刷本土化开端的象征，而未继续讨论。1873年的象征性在于，中国人买下传教士经营的中文出版重镇英华书院。

从中国人对西式活字印刷的接受史角度观察，1873年确实是重要年份，除了国人购买英华书院外，前前后后还发生了其他几起重要的“象征性”事件，推动着铅字取代雕版的进程。

在介绍这几件事之前，先要讨论一个众说纷纭的问题，即在中国，活字印刷古已有之，一直与雕版印刷并行使用，而且无论成本还是效率，活字都具有明显优势，却始终未能取代雕版、实现印刷技术的自主革命，其中原因何在？多年来，学者们从经济、技术、文化等各个角度做过分析，单独看也言之成理，但放在“铸以代刻”的背景下，则无法解释为何同为活字、也具有同样局限性的铅字，却在短时期内淘汰了雕版。

在《铸以代刻》卷前的《代序：中国图书出版的“典范转移”》中，邹振环先生就此提出一种观点。他认为：“活字印书至少需要几万字的字范，从技术经济学角度来看，成本过高，对于印刷量不大的书籍，反不如用雕版印刷合算。这也是活字印刷从宋代印本文化形成以来，一直没有从根本上取代雕版印刷的原因。”[②]

细思此论不合情理。确实，一家印刷机构若要采用活字印刷，需要

① 苏精：《铸以代刻：十九世纪中文印刷变局》，中华书局，2018年，导言第3页。
② 同上书，代序第14页，注①。

置备活字等印刷设备，预先付出一笔成本，如果只印一本书便行废弃，当然成本有些高，但活字是长久、反复使用的，可以印多种书，这项成本在长期营业中也就逐渐摊薄，使排印的综合成本远低于刻版。而且若排印《红楼梦》这样的大书，即使活字只使用一次，雕刻数万枚活字与雕刻七八十万字木版的成本孰高，也是不言自明。早在乾隆间，金简在《武英殿聚珍版程式》中已算清这笔账。而从单位成本看，书的印量越小，分担的成本越多，“印刷量不大”的书籍若使用雕版，才会让成本“过高”“不合算”。同时邹先生的说法也不符合古代印刷实情，因为在出版小印量书籍时，古人首选活字印刷。若论书籍的印量之小，莫过于家谱，一般只印数套、十数套，现存家谱绝大多数用木活字印刷，便是明证。

我以为，对传统活字印刷为何未能取代雕版的问题，应重点关注两个综合因素，一是古代知识更新迟缓带来的“藏版”需求，二是活字版的便捷印刷地位给受众带来的心理影响。

雕版印刷术应用以来，中国社会的思想文化发展日渐停滞，知识更新缓慢，导致传播思想与知识的印刷技术也随之停滞。一部书，往往在几十年甚至几百年里都有相当规模的读者，这使得无论是私人著述的家刻本，还是商业出版的坊刻本，都需要保留版片以备随时印刷。版片既是知识载体，又是重要的可传承财产，中国出版史上的“藏版”传统由此形成，也构成雕版印刷的一个优势。古代活字印刷无法保存版片，就在很大程度上失去竞争力。实际上，这也是制约西方活字在中国更早普及的重要因素。铅字最终取代雕版，与打制纸型和电镀铜版范等配套技术传入中国是分不开的，没有这些近代“藏版”技术，铅印也不会那么迅速地淘汰雕版。

另一方面，无论古今，社会对印刷的需求总是分为两个层次，一是专业、复杂的主流印刷，用于印制正式发行的、流传久远的出版物，如古代的雕版、近现代的铅印和当代的胶印；一是快速、简单的便捷印刷，用于满足日常生活中的印刷需求，如古代的木活字、近现代的蜡版油印和当代的桌面打印。二者相辅相成、一显一隐，构成完整的印刷体系。[1]古代活字印刷属于便捷印刷技术，多用来印制临时性、一次性、局域性的印刷物，其印成品往往被认为不正规、难以传世，抵消了它的成本和效率优势。这就像我们今天写出一本书，总要找出版社到印刷厂印出来，而不会选择自己在家里打印一样。著书立说在中国是被列为“三不朽”的盛事，写作具有神圣感，出版具有仪式感，成本和效率并非首要追求。

总之，活字印刷迟迟未能取代雕版印刷，是古代出版业对印刷效率和成本不够敏感、活字技术和功能未能完善、社会心理排斥等综合因素造成的。要实现“铸以代刻”，必须满足这样几个条件：社会出现大规模知识更新，需要出版大量书报，迫切要求提高印刷效率、降低成本；活字印刷质量提升，产生新的“藏版”技术；社会抛弃对活字印刷的成见，将它与雕版印刷同等看待和接纳。1873年前后，正是这些条件同时具备的时刻。

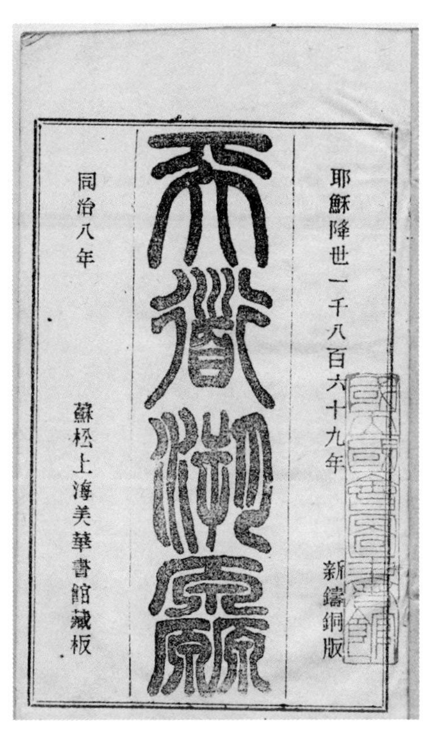

图22　同治八年（1869）“新铸铜版”印制的《天道溯源》，用电镀铜版型浇铸的铅版印刷。

从《铸以代刻》可以看到，在1868年姜别利离开中国之前，铅印技术已经相当完善，美华书馆铸造六种型号的铅字，从大到小形成系

① 具体例证参见本书《木活字印刷在清末的一次全国性应用——兼谈活字印刷在传统印刷体系内的地位与作用》一文。

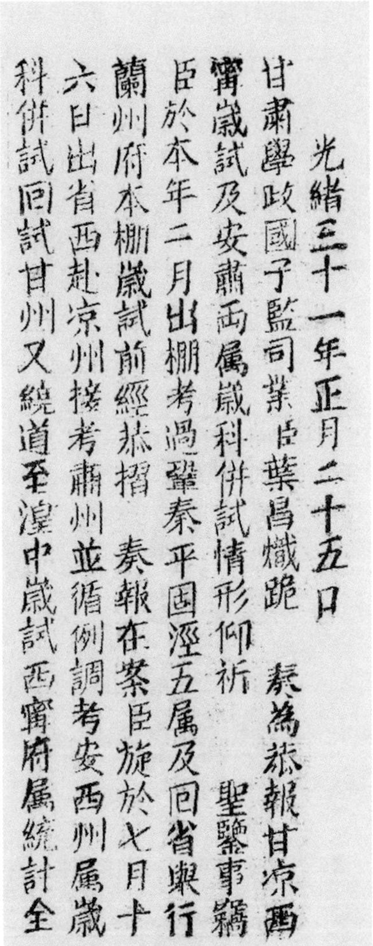

光緒三十一年正月二十五日
甘肅學政國子監司業臣葉昌熾跪 奏為恭報甘涼西
寧歲試及安肅兩屬歲科併試情形仰祈 聖鑒事竊
臣於本年二月出棚考過鞏秦平固涇五屬及回省輿行
蘭州府本棚歲試前經恭摺 奏報在案臣旋於七月十
六日出省西赴涼州接考肅州並循例調考安西州屬歲
科併試回試甘州又繞道至湟中歲試西寧府屬統計全

图23　清末《京报》，木活字印刷。

列；字体经过多次改良，渐趋美观，符合时人审美习惯；电镀铜版技术也已引进，可以长久保留版型，随时铸版印刷。就像苏精指出的那样，“在这段时期，西式活字已充分具备了和木刻竞争的技术与生产条件”[①]。

从需求方面看，“从同、光之际到戊戌变法期间，中国内外局势的变化日亟，知识分子渴望获得及时讯息并表达意见，但传统木刻无法满足新式媒体大量而快速生产的需求，这让西式中文活字获得加速发展的机会”[②]。西式活字的效率和成本优势，正好迎合了新知识大量涌入中国带来的新式媒体出版需求。1872年《申报》在上海创刊出版，可看作铅印技术本土化的又一个“象征性”事件，为苏先生此论增添注脚。

在《申报》之前，清代虽然也有《京报》等类似报纸的连续出版物，但内容简略，篇幅不大，用木活字排印勉强可以应付，但印刷质量实在不敢恭维。若用雕版，一个熟手工人一天最快能刻一百多字，根本无法达到每天按时出版报纸的要求。而且报纸内容庞杂、信息量大，从成本考虑，需要使用尽可能小的字号，这也是雕版不

①② 苏精：《铸以代刻：十九世纪中文印刷变局》，导言第3页。

能胜任的工作。因此,《申报》从创刊起就采用铅印,并对铅印的优势深有体会。1873年12月13日《申报》头版发表《铅字印书宜用机器论》,号召出版业使用机器铅印。其文略云:

> 中国之刷印,尚藉人工,西人之刷印,则用机器。以机器代人工,则一人可敌十人之力,若改用牛,其费更省。近日上海、香港等处中西诸人以此法刷印书籍者,实属不少,其功加倍,其费减半,而且成事较易,收效较速,岂非大有益世之举哉!……试以本馆之新闻纸而论,每日八板,纸大且薄,若以人工刷印,力颇难施,因购机器全架,每日刷印四千张,仅用六人,不过两时有余,即能告竣。诸君之欲以铅字集印书籍者,曷为惜此区区机器之费,以致旷日持久,不能成功哉!古人有言,成大功者不惜小费,诸君曷不详细三思之。本馆原不必效丰干饶舌,但至圣训人'君子成人之美',故不敢惮烦,为诸君借箸而代筹也。诸君其采纳焉。

由此可见铅字的效率和成本优势,非雕版能望其项背。只有这样的技术,才能满足知识爆炸时代的巨量出版需求。

报刊印刷是晚清刚刚产生的新需求,而对那些习惯了刻本的中国作者,此时若要采用铅印,还须尽快克服活字印本不正规、不体面的成见。从现存书籍实物和《铸以代刻》提供的印书目录看,在光绪之前,主动采用铅印的中国人很少,不能不说没有成见存在。甚至在铅印已大行其道、雕版奄奄一息的民国时期,仍有人认为铅印"不雅",雕版才算正规,所以王揖唐为其父出版《童蒙养正诗选》,在铅印一册后,又原式改用雕版再印一次;陈垣撰成《释氏疑年录》,也选择雕版刊行。他在给陈乐素的信中说:"(《释氏疑年录》)现写刻已至六卷,未识年底能否蒇事。需款千余元,辅仁本可印,但不欲以释氏书令天主教人印。佛学书局亦允印,但要排印，我以为不雅。给商务，商务亦必欢迎，且可多流通，但我总以为排印不够味。脑筋旧，无法也。”[①]此时已是1939年，成见依然存在，遑论同治年间。铅印要从便捷印刷技术升级为主流技术，还需要有力者为其“加冕”。

同样在1873年，一项重大的官方出版行动为改变成见提供了契机，这就是总理各国事务衙门下属的京师同文馆建立印刷所，首先用铅字排印了《钦定剿平粤匪方略》《钦定剿平捻匪方略》两部大型官书，随后几年又排印了列朝圣训和御制诗文集。

同文馆建立印刷所，据丁韪良晚年回忆，是光绪二年（1876）的事。而根据《铸以代刻》引用的教会档案，1872年5月，北京的总理各国事务衙门经由总税务司赫德购买两副活字，并要求英华书院代为从英国进口整套印刷机具。这些活字在1872年底铸造完成，于次年运抵北京。可见当事人的回忆也有不准确的时候，这是《铸以代刻》纠正前人之误的又一例子。

1873年6月20日《申报》刊登《京都设西法印书馆》消息说：

> 现闻京师已开设西法印书馆，其馆在武英殿衙门前，由香港英华书院购置大小铅字两副，其价值计二千余金，黄君平甫亲赍之至京师，呈于总理衙门。兹者总税务司赫公、丁君韪良先生又在上海美华书馆代办第一号正体铅字暨字盘、字架一切物件及机器印书架二架，已由轮船寄送至京，想不日可以开工。所雇印书、摆字，皆四明人。

此文对同文馆印刷所的创建言之更详，也说其建成于同治十二年，但馆舍实际上不在武英殿前，而是在东堂子胡同总理衙门东侧。

---

① 陈垣：《陈垣来往书信集（增订本）》，生活·读书·新知三联书店，2010年，第1107页。

印刷所厂房设备建造安装好后，先于八月开机试印，排印了总理各国事务大臣董恂集句的楹联集《俪白妃黄册》四卷。此书使用了大中小三号铅字，即购于英华书院的台约尔字（美华一号字）和香港字（美华四号字），购于美华书馆的改良柏林字（二号字；《申报》消息谓“一号正体字”，不确），书名叶题“同治癸酉年同文馆集字板刷印”。董恂自序说：“同治癸酉孟夏，游朗润园，时落成未久，奉教集古句为八言联，恂以谫陋辞，不获，遂集以应教……同人见而嘉之，适同文馆购集珍铅字自海上来，怂付刷印，装就各携数册以去。佥以为是役也，一以藉试新字，一以便偿书债，一举而两善备焉。”《俪白妃黄册》可以说是现存最早的中国官方机构使用铅印机器印刷的书。

儷白妃黃冊
同治癸酉年同文館集字板刷印

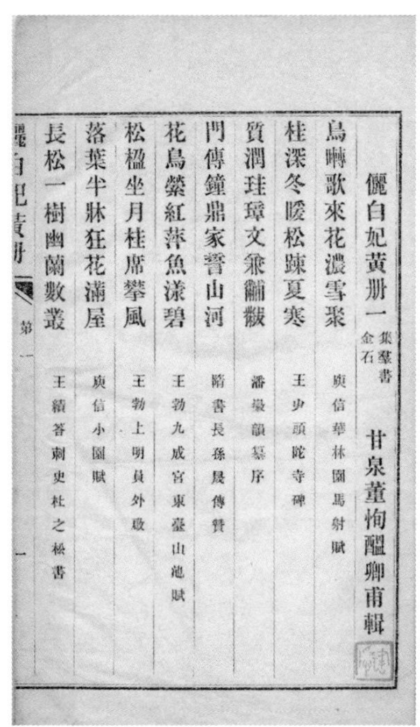
儷白妃黃冊一 集璽書 金石　甘泉董恂醞卿甫輯
烏囀歌來花濃雪聚　庾信華林園馬射賦
桂深冬暖松踈夏寒　王屮頭陀寺碑
質潤珪璋文兼黼黻　潘徽韻纂序
門傳鐘鼎家誓山河　隋書長孫晟傳贊
花鳥縈紅蘋魚漾碧　王勃九成宮東臺山池賦
松楹坐月桂席攀風　王勃上明員外啟
落葉半牀狂花滿屋　庾信小園賦
長松一樹幽蘭數叢　王績答刺史杜之松書
儷白妃黃冊　第一　一

图24　同文馆铅印本《俪白妃黄册》。左图为封面，右图为内叶，大字为美华二号字，小字为四号字。

有趣的是，《俪白妃黄册》四卷排印完成后，董恂又续集了四卷楹联，但他没有继续在同文馆用铅字排印，而是在十一月付诸雕版。刻本《俪白妃黄册》封面后有牌记说：“八册统成于同治十有二年。前四册先于秋八月以集珍铅字刷印，旋付奇厥，于仲冬月与后四册一并开雕，次年三月既望讫工。”这部书的两个版本有力地说明，至少对同文馆的领导者董恂来说，铅字印刷尚未被认可，他心目中的最佳印刷方式仍是雕版。

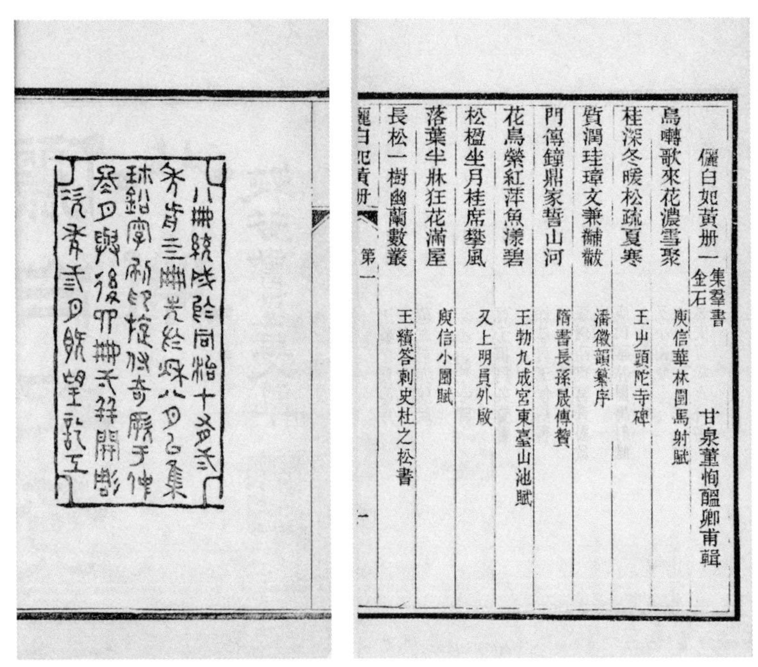

八冊統成於同治十有二年前四冊先於秋八月以集珍鉛字刷印旋付奇厥于仲冬月與後四冊一并開彫次年三月既望訖工

儷白妃黃册一 集羣書金石　甘泉董恂醖卿甫輯
鳥囀歌來花濃雪聚　庾信華林園馬射賦
桂深冬暖松疏夏寒　王屮頭陀寺碑
質潤珪璋文兼黼黻　潘徽韻纂序
門傳鐘鼎家誓山河　隋書長孫晟傳贊
花鳥縈紅萍魚漾碧　王勃九成宮東臺山池賦
松楹坐月桂席攀風　又上明員外啟
落葉半牀狂花滿屋　庾信小園賦
長松一樹幽蘭數叢　王績答刺史杜之松書
儷白妃黃册　第一　一

图25　同治十三年（1874）董氏刻本《俪白妃黄册》。左图为牌记，右图为首叶。

但总理衙门王大臣奕䜣对同文馆印刷所的作用有更多考虑。同治十一年（1872），奕䜣担任总裁的《钦定剿平粤匪方略》和《钦定剿平捻匪方略》纂修完成，按例需要刊刻，而不巧的是，内府刻书处武英殿在同治七年（1868）被火焚毁，而这两部书合计七百三十三卷，它们的刊印是一项大工程，需要另筹善策。据同治十二年九月二十九日《京报》，恭亲王奏称“前办《方略》进呈本，本应送交武英殿照缮本开雕，臣等现筹办法，另行附片具奏”。其附片《京报》未载，但所筹办法现在知道，就是由同文馆印刷所用铅字排印，提出这一建议的，是《方略》提调兼纂修朱智和许庚身，部署这一工作的，则是军机处。

《李鸿章全集》录有一则同治十二年（1873）军机处档案：“再，准办理军机处方略馆咨开剿平粤匪、捻匪方略改用集字板刷印，所需粉连纸、毛太纸，奏请敕臣采买，陆续解交，价银作正开销等因……因津市价昂无货，又于上海觅购，陆续运解。前由轮船运到粉连纸七千九百五十刀、毛太纸二千七百刀，已解送总理衙门照收，余俟运到续解。”

两书排印用时两年有余，至光绪二年（1876）二月告竣，首先颁赐王大臣及各部尚书、侍郎。现在的书目均将两《方略》的印行时间定为同治十一年（1872），可那时同文馆印刷所尚未建立，这是以序定年造成的错误，应更正为“同治十二年至光绪二年铅印本”。

《方略》的印刷得到朝廷认可，同文馆又被赋予更重要的任务。从光绪二年到七年，同文馆奉旨排印了清朝各皇帝的御制诗文集和圣训计二千多卷，这让同文馆成为事实上的内府印书处，铅印也藉由印刷这些大部头的御制书得以正名，登上皇家出版的大雅之堂，成为正规、专业的主流印刷技术。皇家率先使用铅印，当然会改变国人对活字印刷、铅字印刷的认识，加

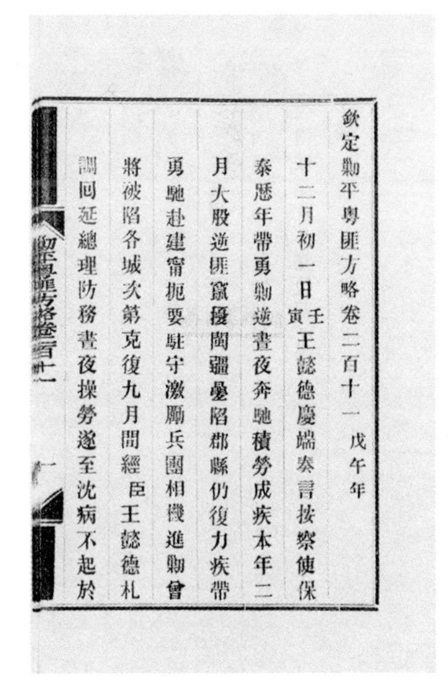
欽定勦平粵匪方略卷二百十一 戊午年
十二月初一日壬寅王懿德慶端奏言按察使保
泰歷年帶勇勦逆晝夜奔馳積勞成疾本年二
月大股逆匪竄擾閩疆疊陷郡縣仍復力疾帶
勇馳赴建甯扼要駐守激勵兵團相機進勦會
將被陷各城次第克復九月間經臣王懿德札
調回延總理防務晝夜操勞遂至沈病不起於

图26　同文馆铅印本《钦定剿平粤匪方略》

速铅印取代雕版的进程。

同治末年，朝廷用铅字印刷官书，大背景是经过传教士多年努力，中文铅印技术渐趋完善，足堪应用。不过回头看，也有偶然因素。首先是内府雕版印刷场所武英殿失火焚毁，不得不另筹计策；其次是管理同文馆和纂修《方略》的大臣恰好都是奕䜣。他负有刊刻《方略》的责任，又熟悉西方事务，能就近利用同文馆的铅字和机器，也许还怀有满人常见的那种对新奇事物的喜爱。假设《方略》由其他大臣纂修，就未必知道同文馆新添置了铅字；即使由同样管理外交事务和同文馆、并最早接触铅字的董恂纂修，以他对铅印的态度，也未必会采用铅字来刊印。在朝廷做出决定的背后，想来还有不为人知的故事，但无论如何，在使用铅印方面，清廷走在了中国社会的前面。

在1873年，中国人收购英华书院，《申报》创刊成功并倡导机器印书，朝廷决定采用铅字印刷官书，同文馆印刷所成为事实上的皇家印刷所，这些都是西式活字印刷本土化的标志性事件。如果要给“铸以代刻”提出一个“象征性”时刻的话，1873年实在是个恰当的年份。

（原刊于2018年11月19日《澎湃新闻·上海书评》）

清末雕版翻刻石印本和铅印本现象

作为近代印刷技术的主要代表，石印与铅印自19世纪中叶传入中国，引发了中国的印刷革命。在其后一个世纪，中国应用了一千多年的以雕版印刷为主的传统印刷术逐步被取代，最终退出历史舞台。在这一进程中，外来技术对传统技术的影响几乎完全是单向的，在出版新书、翻印旧书等几乎所有印刷领域全面替代雕版印刷。传统印刷技术在这场生死搏斗中毫无招架之力。

近代印刷术取代传统印刷术的一个重要手段，便是大量翻印雕版印刷的书籍，高质量、低成本、方便地使善本珍籍化身千百，特别是照相制版，可使翻印本与原本不爽毫厘。这是令雕版印刷望尘莫及的优势。这种翻印或影印构成了中国近代出版史的重要内容，无须专门申说。我们在这里要举例说明的，是与这种翻印恰好相反的情形——清末出版者运用雕版技术，对石印本、铅印本书籍进行翻印的现象。

这一现象，是近代印刷技术变革浪潮中溅起的一朵小浪花，既体现了新技术潮流的巨大推动力，也反映出传统技术在大潮面前的挣扎。在对近代印刷史和出版史的研究中，它似未被研究者充分注意，因此，虽然这是一个微小的现象，还是有必要提出来讨论。

相对于用石印、铅印技术影印、翻印的雕版书，用雕版翻刻的石印、铅印书的数量不成比例，但也并非绝无仅有。笔者从2004年注意到这种现象，开始搜集资料，两年中看到数十种这样的书，并收集了十余件标本。而且这些资料仅是在当今古书日少的书摊、书店中发现的，并不包括图书馆的藏书。推想如果对图书馆收藏的海量文献进行甄别、统计，此类翻刻本应该有一些数量。

依笔者所见，这类翻刻本分两种形式，一种是有明确文字依据的，另一种没有明确文字依据，但可以根据字体、版式的特殊形式、风格来判定。为便于说明问题，本文只举有明确证据的例子，并按己意略加分类。

一、画谱碑帖

《芥子园画传》，封面题绣水王安节摹古，李笠翁先生论定。封面后有牌记，题“光绪十三年秋七月上海鸿文书局石印”。卷前有光绪十三年何镛序，称“鸳湖巢君子余为张子祥先生入室弟子，间尝与其师谈及《芥子园画传》之妙，欲就先生所藏之善本重加校刊，未果而先生捐馆。今先生文孙益卿茂才克成先志，以付石印”；卷六有巢勋的跋，称“将此书付诸泰西石印”。若单从刊记或是序跋看，此书为石印本无疑，但据实物，却是雕版刷印的。《芥子园画传》确有光绪间上海鸿文书局石印本传世，故

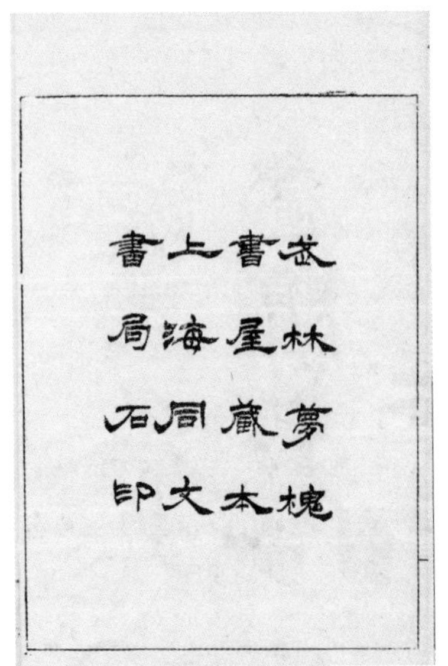
芸林夢槐書屋藏本
上海同文書局石印

图27　雕版翻刻的《海上名人画稿》。左图为牌记，右图为内叶。

此本是据石印本翻刻的。

另有一些石印画谱，也有雕版翻刻本，如《海上名人画稿》，题“武林梦槐书屋藏本，上海同文书局石印”，实为刻本。此外，笔者还见过木刻本碑帖而题石印、影印者，均应为从照相版印刷品翻刻而来。

二、蒙学及科举读物

《史鉴节要便读》，卷端题“和州鲍东里古村编辑”。封面后刊记题“光绪辛丑仲冬上海书局石印”，实为雕版刷印。

《三才略》，封面题“光绪辛丑冬月镌，上洋焕文书局石印”，实为雕版刷印。

《宋十一家四书义》，封面题“光绪癸卯春镌，周村三益堂梓”。版心下题“山东书局排印”。按此书封面称“梓”，观察实物也是雕版刷印，版心所题“排印”，是依照排印本原式翻刻下来的。此周村当为今淄博周村。

《东莱博议》，卷端题“崇明冯泰松云伯重刊”。封面后刊记题“光绪戊戌六月仿泰西法石印”，实为雕版刷印。

三、经史读物

《切韵指掌图》，司马光撰序。封面题“光绪九年孟秋”，背面题“上海同文书局石印”。观察实物，也是雕版刷印的。此书写刻精良，原石印底本为宋绍定三年（1230）越之读书堂刻本，也可以说是一种特殊形式的覆刻宋本。

《尔雅音图》，袖珍本。封面后刊记题“光绪十二年春王月上海石印”。此书刻印精良，虽题石印，仔细观察实物，却是蚀刻铜版印刷的。此书根据嘉庆六年影宋本的缩印本翻刻，现存光绪十年上海同文书局的袖珍石印本，或即此翻刻本的底本。

《平定粤匪纪略》，封面后刊记题“光绪辛巳仲夏月仿洋板重刊”。此记所言“洋板”，实为上海申报馆铅字版，所谓仿，即照原书雕版翻刻，连版心鱼尾上的斜线都照刻不误，可称忠实。

此外，尚见有大部头书的翻刻，如《后汉书》等。

四、小说及通俗读物

《第一才子书》，茂苑毛宗岗序史氏评。封面题“三国志演义”，后有刊记题“光绪九年三月筑野书屋校印”。每叶版心下题“筑野书屋校印”。此书刊记虽未写明印刷方式，但“筑野书屋校印”的《三国演义》在印刷史上是有名的活字本，被看作是“铜字”排印的。所以此书也是据排印本翻刻的。

《儿女英雄传》，燕北闲人著。封面后刊记题“上海申报馆仿聚珍版印”（图28），实为雕版刷印。

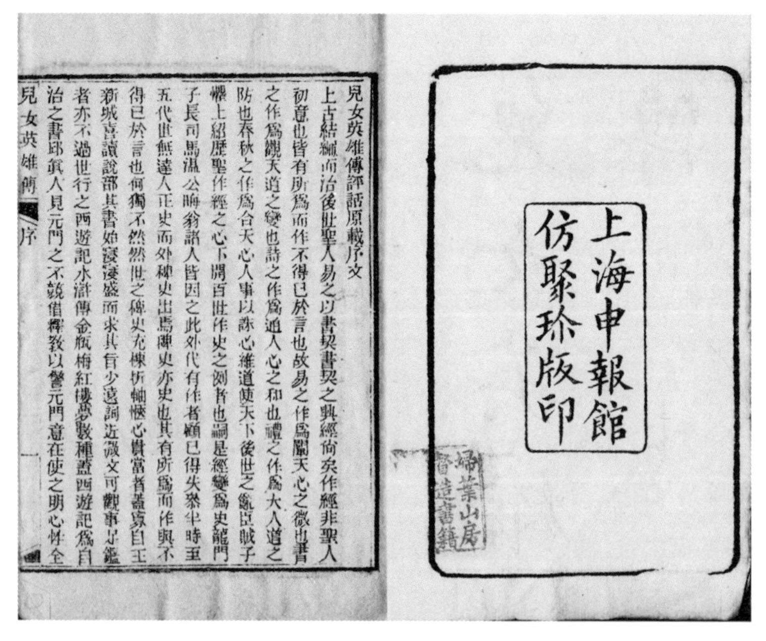
上海申報館仿聚珍版印

兒女英雄傳評話原載序文

上古結繩而治後世聖人易之以書契書契之興經尙矣作經非聖人初意也皆有所爲而作不得已於言也故易之作爲闡天心之微也書之作爲觀天道之變也詩之作爲通人心之和也禮之作爲大人道之防也春秋之作爲合天心人事以誅心維道使天下後世之亂臣賊子懼上紹歷聖作經之心下開百世作史之例者也嗣是經變爲史龍門子長司馬溫公晦翁諸人皆因之此外代有作者顧已得失參半時至五代世無達人正史而外稗史出焉稗史亦史也其有所爲而作與不得已於言也何獨不然然世之稗史充棟折軸愜心貴當者蓋寡自王新城喜讀說部其書始寖寖盛而求其旨少遠詞近微文可觀事足鑑者亦不過世行之西遊記水滸傳金瓶梅紅樓夢數種蓋西遊記爲自治之書邱眞人見元門之不競借釋教以警元門意在使之明心性全

兒女英雄傳 序 一

图28　题为“上海申报馆仿聚珍版印”的刻本《儿女英雄传》

《圣谕广训》，封面后刊记题“光绪六年仲春铅版校印”。仔细观察实物，为整版刷印，并非排印本。早期的铅字排印本有时自称“铅版”，此书应当也是据铅印本翻刻的。

五、西学书

《天演论》，英国赫胥黎造论，侯官严复达怡。封面后刊记题“光绪辛丑仲春富文书局石印”（图29），实为雕版刷印。

《群学肄言》，英伦斯宾塞尔造论，侯官严复几道翻译。封面后题“光绪二十九年五月上海文明编译书局印行”，卷后复有文明书局版权页。按文明书局出版的《群学肄言》为铅印本，这个本子实为雕版翻刻。

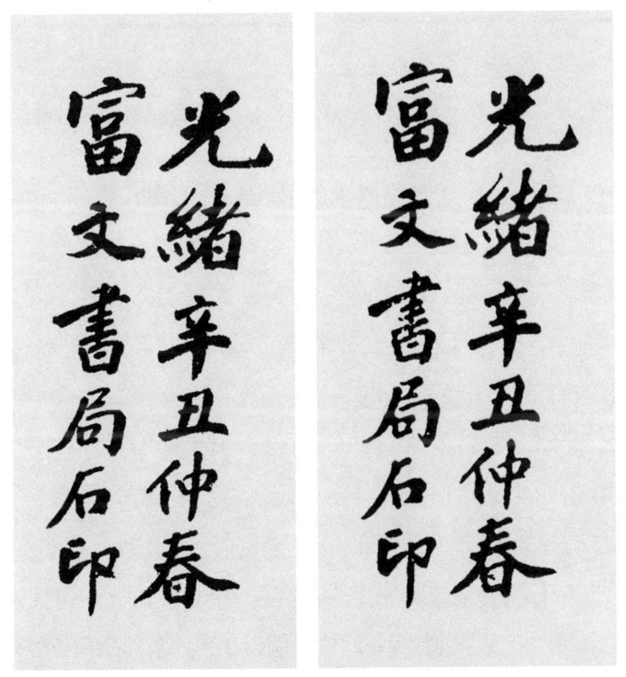

图29　左为石印本《天演论》牌记，右为雕版翻刻本的牌记。

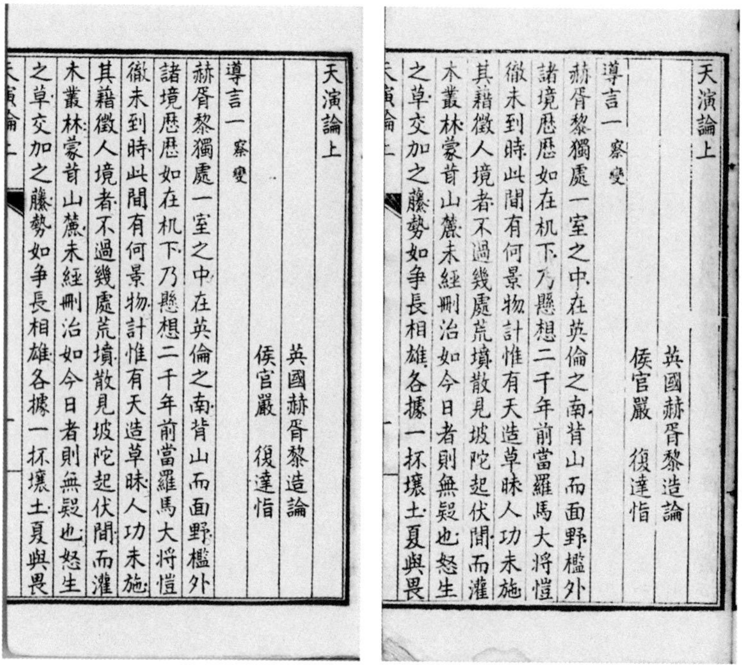
天演論上

英國赫胥黎造論

侯官嚴復達恉

導言一 察變

赫胥黎獨處一室之中在英倫之南背山而面野檻外諸境歷歷如在机下乃懸想二千年前當羅馬大將愷徹未到時此間有何景物計惟有天造草昧人功未施其藉徵人境者不過幾處荒墳散見坡陀起伏間而灌木叢林蒙茸山麓未經删治如今日者則無疑也怒生之草交加之藤勢如爭長相雄各據一抔壤土夏與畏

天演論上

英國赫胥黎造論

侯官嚴復達恉

導言一 察變

赫胥黎獨處一室之中在英倫之南背山而面野檻外諸境歷歷如在机下乃懸想二千年前當羅馬大將愷徹未到時此間有何景物計惟有天造草昧人功未施其藉徵人境者不過幾處荒墳散見坡陀起伏間而灌木叢林蒙茸山麓未經删治如今日者則無疑也怒生之草交加之藤勢如爭長相雄各據一抔壤土夏與畏

图30　左为石印本《天演论》首叶，右为雕版翻刻本的首叶。

以上所列的书都是我们要讨论的翻印石印、铅印本的雕版本，其中有一部是蚀刻铜版印本，有纪年的都出版于光绪年间。可以看出，这些书的内容还是比较广泛的，而要找出它们之间的联系点，可以发现，它们要么是畅销书，如西学书、小说，要么是常销书，如经史著作、课本、蒙学书等。这对揣测出版者的动机会有帮助。

这些翻刻本既然都是雕版书，为什么要标明石印、铅印？直接的理由是，这是翻刻时照葫芦画瓢刻下来的。但接下来的问题是，为什么有人努力依照原样去翻印石印、铅印的书呢？首先我们想到，这有可能是原石印、铅印各书的书局为吸取雕版印刷的某些优点（如版片可保存、可随时刷印等），在石印之外另刻雕版刷印的，但仔细探究，则知不然。

一是我们凭借目前对近代出版史的研究成果，知道一些出版机构采用的是近代技术,并非雕版,如申报馆为外商创办,从一开始就使用铅印、石印,未闻其使用雕版刷印书籍。二是这些翻刻本,特别是那些蝇头小字的,校雠不精,舛误满纸,不应是正规出版机构的作为。三是有的翻刻本可以证明并非原出版机构所印,如《宋十一家四书义》,版心虽题"山东书局排印",但封面题"周村三益堂梓",显非山东书局所印。又如《平定粤匪纪要》,题"仿洋版重刊",明言仿刻,并抹杀申报馆名号,可知非申报馆出版。笔者还曾见到两部光绪间教科书《代数备旨》,一部是刻本,题美华书院第六次刊版;一部是铅印,题美华书院第十一次刊版,也很能说明问题。刻本显系根据铅印本的第六版翻刻的,如果是为便于长久刷印,那么存一部书版随时按需刷印就足够,不必再用铅字排以后的五个版;既然又多次排印,说明美华书院并未存有这样一副雕版。

那么,我们就可以提出另一个解释:这些书都是当时经营雕版印刷的书坊翻刻的,是仿冒翻印以射利的结果。仿冒翻刻在中国传统出版业中是常见的行为,弥久不衰。在近代印刷技术兴起、泰西各法印刷的书籍畅销的新环境下,那些以翻刻为业而又不具备石印、铅印能力的传统刻书铺,把目光投向石印本、铅印本,是可以理解的。他们在自己翻刻的书中努力保留原书的版式特征和刊记,与其说是对底本的忠实,不如说是一种误导——他们有意让购买者认为自己买到的就是风行的"洋版"。这种"与时俱进"的翻刻没有多少竞争力,可能是这类书数量稀少的原因。也许可以说,雕版翻刻石印本、铅印本,是传统印刷术在生存空间被外来先进技术挤压得越来越小时的自救行为,是一种末路挣扎,它折射出清末印刷术变革时期,石印、铅印书籍在行业、社会和读者中的巨大回响。

上面简要介绍了清末出现的雕版翻刻石印、铅印书现象。了解这一现象,可以在几个方面对我们有所帮助:

一是可以增加对我国印刷业近代化过程的了解,加深对传统印刷术在走向消亡时的处境和状态的理解。

二是在研究出版史时，对一些问题可以考虑得更加周全和慎重。如商务印书馆的新式教科书当时风行全国，因供不应求，也出现了很多翻印本，其中就有雕版翻刻的。如果我们看到一部雕版的商务教科书，就应想到它可能是某地翻刻的，而不是急于认定商务印书馆当时有雕版印刷部门和业务。

三是对研究印刷史也会有帮助。例如，上举“光绪六年仲春铅版校印”的《圣谕广训》，很容易就可看出，其版面并非活字排印，而是整体雕刻的。也许我们会根据刊记中的“铅版”二字，认为它的版是由整块铅版刻成的，是一种新的印刷类型。了解了翻刻情况，就可以进行深入考索，避免轻率得出结论。

四是在版本学方面，它提醒我们，古书的刊记、序跋等记载的版本信息，并不总是真实可靠的，在翻刻盛行这样的特殊情况下，这些信息甚至大多数都是不真实的。这就要求我们在鉴定版本时，要从印刷技术角度出发，从书籍实物出发，把不同印刷技术形成的版面特征作为主要依据，把文字资料作为辅助依据。

（原刊于《中国印刷史学术研讨会文集（2006）》，
中国书籍出版社，2006年）

一张“檄文”背后的技术竞争

2015年10月，在复旦大学举行了一场藏书家集会，会议成果辑为《国际藏书家古籍收藏与保护研讨会论文集及珍本图录》，由复旦大学出版社在2018年10月出版。在珍本图录部分，有一件清末刻的《逐卖洋板夹带书贾檄文》，单页，从版本上看未见稀奇，但从印刷史角度看，值得发掘一番。

逐賣洋板夾帶書賈檄文
國家開科取士以詩書爲經濟之本以制藝爲進身之階所以拔眞
才而黜僞士崇正學以勵人才又豈有弊竇出於其間哉乃不謂
士風日趨而日下書賈愈出而愈奇聚輯雜文編成小本名曰洋
板夾帶方寸之紙可印數篇數寸之函約文二萬攜入場屋準可
遇題鈔錄一篇定許必售嗟乎士存僥倖之心而買夾帶無恥之
甚坊圖苟且之利而罔愚人藐法已極若不從嚴懲辦　國體何
存若不驅逐他鄉王法安在京師若容此輩貽患豈淺鮮哉伏讀
科場條例乾隆五十四年翁方綱奏新出小本等書以希捷獲者
及套語策畧等類刊刻發賣嚴行禁止奉　上諭令其繳出
銷燬所有京城坊肆等處著各直省順天府五城步軍統領一體
嚴拏以杜僥倖而端士習欽此又道光十一年奉　上諭軍
機大臣會同禮部都察院議奏給事中王雲錦條陳請禁書肆小
本一摺此等不肖惡習朕亦夙知若祇於出示嚴禁令其自行銷
燬仍屬有名無實著直省順天府五城步軍統領明查暗訪將書
肆小本板片槪行銷燬及國子監錄科務各嚴行搜檢遇有不肖
士子帶小本文策者立予褫革並嚴究書本買自何鋪將板起出
銷燬如有公然售買小本文策者枷責嚴辦槪行斥逐欽此試觀
煌煌　聖謨有天子之命在昔也外省盛興今也京師發賣　祖
似此洋板夾帶十數家書鋪竟公然發賣肆無忌憚違
訓而害士林若容在此擾亂　國家掄才之典豈不貽笑於天下
耶果能拔去根株力除惡習將見士風爲之一振文運爲之一興
斯億萬人仰我　聖朝之鴻規拜首上承平之頌也

图31　《逐卖洋板夹带书贾檄文》，清光绪刻本。

“檄文”的全文如下：

逐卖洋板夹带书贾檄文

国家开科取士，以诗书为经济之本，以制艺为进身之阶，所以拔真才而黜伪士，崇正学以励人才，又岂有弊窦出于其间哉！乃不谓士风日趋而日下，书贾愈出而愈奇，聚辑杂文，编成小本，名曰洋板夹带，方寸之纸，可印数篇；数寸之函，约文二万；携入场屋，准可遇题；钞录一篇，定许必售。嗟乎！士存侥幸之心，而买夹带，无耻之甚；坊图苟且之利，而罔愚人，藐法已极。若不从严惩办，国体何存？若不驱逐他乡，王法安在？京师若容此辈，贻患岂浅鲜哉！伏读《科场条例》，乾隆五十四年翁方纲奏，新出小本等书，以希捷获者，及套语策略等类，刊刻发卖，严行禁止。奉上谕令其缴出销毁。所有京城坊肆等处，着各直省、顺天府、五城步军统领，一体严拿，以杜侥幸而端士习。钦此。又道光十一年奉上谕：军机大臣会同礼部、都察院议奏，给事中王云锦条陈，请禁书肆小本一折。此等不肖恶习，朕亦夙知，若只于出示严禁，令其自行销毁，仍属有名无实。着直省、顺天府、五城步军统领明查暗访，将书肆小本板片概行销毁。及国子监录科，务各严行搜检，遇有不肖士子带小本文策者，立予褫革，并严究书本买自何铺，将板起出销毁。如有公然售买小本文策者，枷责严办，概行斥逐。钦此。试观煌煌圣谟，有天子之命在。昔也外省盛兴，今也京师发卖，似此洋板夹带，十数家书铺竟公然发卖，肆无忌惮，违祖训而害士林，若容在此扰乱国家抡才之典，岂不贻笑于天下耶？果能拔去根株，力除恶习，将见士风为之一振，文运为之一兴，斯亿万人仰我圣朝之鸿规，拜首上承平之颂也。

这篇“檄文”没有发起人，在京师匿名散发，殆即《水浒传》中所谓“没头帖子”。那么，作者会是什么人呢？今天只能从其内容来分析推断。

“檄文”针对的是售卖“洋板夹带”的“书贾”，理由则堂而皇之，以维护圣谕祖训、拔除作弊恶习为说辞，涉及的利益人群有出版、售卖洋板夹带的商人和购买、使用夹带的士人。“小本夹带”是清代科举中的痼疾，从“檄文”中也可看出，自乾隆至道光间屡禁不止，原不分“洋板”“土版”。如果这是痛恨夹带的正派举子发起的行动，就应针对所有“夹带”，而不是只针对“洋板”，更不是只针对“书贾”。因此，这是一场书贾间的斗争，洋板书贾若被驱逐，受益者只会是他们的竞争者，即出版售卖传统小本夹带的雕版书商。

“檄文”中“洋板夹带，方寸之纸，可印数篇；数寸之函，约文二万；携入场屋，准可遇题；钞录一篇，定许必售”几句话，其实已经道出问题的实质——这篇“檄文”反击的，是新技术对传统印刷市场空间的无情挤压。

19世纪下半叶，包括石印、铅印等在内的西方印刷技术陆续进入中国，开始与中国传统技术进行市场竞争。这些工业时代的技术，具有手工技艺无可比拟的成本和效率优势，在半个世纪内就基本淘汰了传统的雕版印刷和木活字印刷。在这一过程中，由于新技术的功能需要完善，读者的心理接受程度也需要逐步提高，传统技术在各个分类市场遇到的压力有所不同。雕版在刚开始面临石印、铅印的挑战时，并非毫无优势，如其不用建工厂、买机器，只需几个匠人就可随地开雕，又可保存版片以备随时刷印，再加上多少代人形成的审美习惯等，都使其在不注重成本和效率的领域如家刻本市场，短期内保持一定的竞争力。但在高度重视成本和效率的领域，新技术对旧业态的冲击是碾压性的，传统业者面对挑战完全没有招架之力，“小本夹带”或者说举业书市场正是这样的领域。

在清末，为科举考试服务的举业书是一个利润丰厚的市场，是无数雕版书坊的利润来源，也是新技术垂涎的“兵家必争之地”。新加坡学者沈俊平曾对此有深入研究。[①]光绪三年（1877）六月，申报馆采用铅字推出一部收录“近时新出”制艺文的《文苑菁华》，从中获得丰厚收益。该馆后又购置石印机，设立点石斋，于光绪六年三月刊印《康熙字典》，“第一批印四万部，不数月售罄。第二批印六万部，适某科举子北上会试，道出沪上，每名率购备五六部，以作自用及赠友之需，故又不数月而罄”，成为点石斋“第一获利之书”。

在盈利效应的带动下，光绪间各地石印书局蜂起，纷纷出版科举考试用书，据沈俊平统计，点石斋将重心投入在举业用书的出版上，在二十多年的时间里，生产了逾七十种举业用书；同文书局光绪十一年（1885）的石印书目收录图书六十种，其中举业用书计三十二种，占总量一半以上；从光绪初年到科举废除之间，扫叶山房所印一百零三种石印书籍中，诸如《四书院课艺》《直省乡墨》之类的书籍共五十五种，也占总量的一半之上；一些书局如鸿文书局等，甚至专印举业用书，如《五经汇解》《大题文府》等类，不下数百种，在科举改制前曾风行一时，儒生几乎人手一编。

《逐卖洋板夹带书贾檄文》内称“似此洋板夹带，十数家书铺竟公然发卖”，清末京师书业繁盛，“十数家”书铺数量并非很多，说明这张“檄文”散发的时间，是在光绪间石印举业书进入市场不久，但它对原有市场的冲击力已经很大。

石印举业书在市场上拥有的优势，一是成本低廉，只有雕版的几分之一；二是成书迅速，“百页之书，五日可完”；三是文字可以极度细小，“字迹虽细若蚕丝，无不明同犀理”，每一项都是对雕版的沉重打击。特别是夹带作弊用书，必须开本小、文章多。科举考试存在的最后几十年，考场规矩松弛，夹带之风盛行，于是“方寸之纸，可印数篇；数寸之函，约

① 沈俊平：《晚清石印举业用书的生产与流通：以1880—1905年的上海民营石印书局为中心的考察》，《中国文化研究所学报》第57期，2013年7月。

文二万”的“洋板夹带”，成为赶考者的必备。《清稗类钞》说：“同治以后，禁网渐宽，搜检者不甚深究，于是诈伪百出，入场者辄以石印小书济之。”“禁网渐宽”本来是雕版“小本夹带”期待已久的机会，此时却被“洋板夹带”“石印小书”后来居上，打了个措手不及，而且绝无翻盘可能，经营雕版夹带的店主也只能散发檄文，试图通过政治力量来解决竞争问题了。这张“檄文”的背后，反映出技术变革时期传统业态的抗争。

雕版印刷的一个优势是，如果不惜工本，可以刻出各种漂亮随心的字体。不过，雕版刻大字容易，刻小字却有难度。受版材、工具和手工操作的限制，雕版上的文字过于细小，即无法保证雕刻质量，也无法印出合格的书籍。现在能见到的雕刻的小字，最小的多在清代钱庄、票号发行的钱票上（图32），用小字雕刻《千字文》《增广贤文》等长篇文字，以作防伪之用。小字可用来防伪，从另一侧面证明其雕制的艰难，而且这种细小的文字是作为图案使用的，并不追求每个字的印刷质量。印书则不同，必须保证每一个文字清晰可读，如果非要雕刻，那就需要不惜工本，精雕细刻。1861年，美国传教士姜别利在上海聘请刻工王凤甲雕刻小号活字，作为铸造铅字的木模。王凤甲使用黄杨木刻字，字号相当于今天的五号字和六号字，每天只能刻成七个。[①]而清代刻工雕刻书版，一人每天通常能刻一百多字，从这里也能看出雕刻小字的不易。

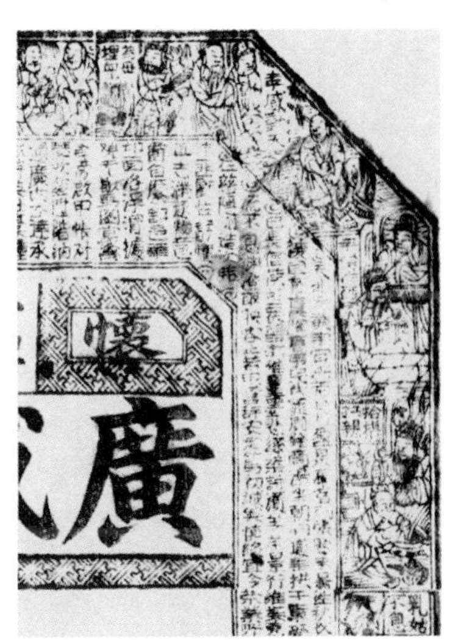

图32　清末怀邑广成裕钱庄的钱票（局部），以《二十四孝图》和《千字文》作为防伪图案。

① 苏精：《铸以代刻：十九世纪中文印刷变局》，中华书局，2018年，第464页。

有了木模，铅印机构就可以翻铸大量小号铅字用于印书，一劳永逸。石印机构则通过照相制版技术，任意缩小文字。这不仅极大降低了印刷成本，又构成了雕版翻刻铅印本、石印本的技术壁垒。

翻刻同业的畅销书，本是清末书坊的经营常态，其选取底本，只看是否畅销，无关雕版洋版。清末西学东渐，民智大开，西学书在市场上最为畅销，而这些书多使用洋版印刷。洋版书商为压低成本，大量使用小字，在客观上给雕版翻刻造成障碍。

那些低档雕版书坊既在举业书上被洋版抄了后路，又在畅销书上被洋版断了前程，要想获得一线生机，只有勉力翻刻小字洋版。像《小题三万选》那种每叶多达四五千字的小本夹带，书坊无能为力，他们只能选取字号稍大的洋版书来翻刻。如严复翻译的名著《原富》和《群学肄言》，在出版后的一两年间，即有七八种翻版，其中不乏木版翻刻者。《群学肄言》于光绪二十九年（1903）五月由文明书局排印出版，至十一月不过半年，就查到五种盗版书，现在可见的雕版翻刻本有两种，均相似度很高。文明书局《群学肄言》的注释用五号字，有一个雕版翻刻本尽力模仿原版，连这样的小字也刻得清清楚楚，其刻工可说尽了全力。从技术角度说，这

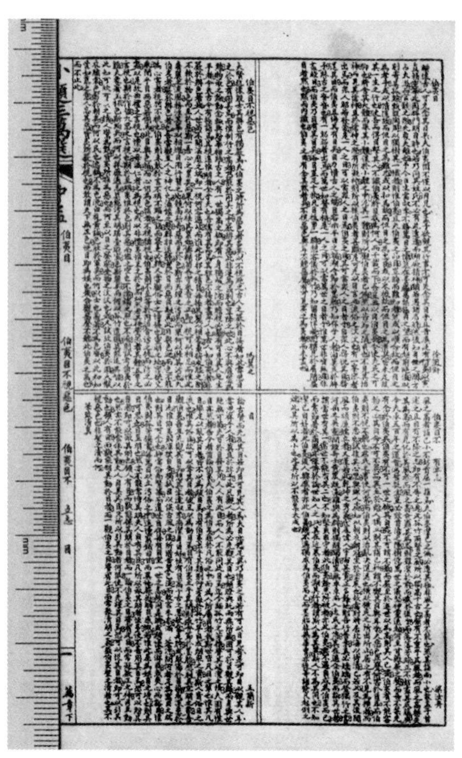

图33　清光绪石印本《小题三万选》，每半叶写满可达3 510字。

是雕版在与石印、铅印(还有昙花一现的铜版印刷)的竞争中获得的进步,即增强了刻字能力,但这种状况显然不可持续,因为即使基本忠实地仿制出“洋版书”,成本也要比真正的洋版书高得多,况且大多数刻工并不能高效地刻好小字。因此,这种雕版翻刻铅字本和石印本的现象,在清末也只是昙花一现。

图34 清光绪铅印本《策府统宗》,半叶字数可达817字。

图35 日本明治十五年(1882)乐善堂铜刻《四书合讲》,半叶字数可达1 161字。

无论是提高雕刻能力、翻刻洋版书拓展市场空间,还是散发“檄文”、借助政治力量打击威胁最大的“洋板夹带”,都说明传统印刷业态在面临生死攸关的技术和市场竞争时并不想束手待毙,还在努力抗争。只是在中

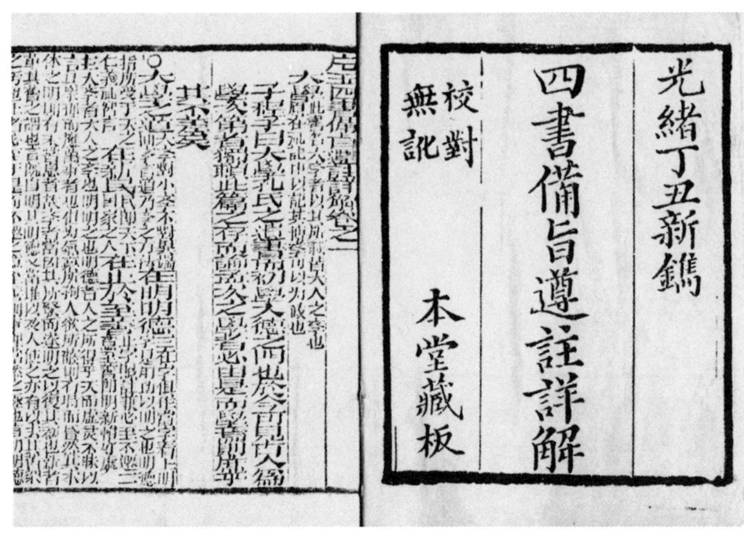
光緒丁丑新鐫

四書備旨遵註詳解

校對無訛

本堂藏板

图36　清光绪三年（1877）刻本《四书备旨遵注详解》，半叶小字字数为560字。

国进入工业社会的大背景下，手工让位给机器，在各行各业都是难以抗拒的潮流，传统印刷业的这些努力，终究无法改变雕版印刷退出历史舞台的命运。

（原发表于第四届中西比较文献学与书籍史研究工作坊，北京印刷学院，2021年7月）

中国早期油印与《宗室觉罗八旗高等学堂图画科范本》

现在的中年人，只要上过学，大都会对用蜡版印刷的考卷、课件留有印象，说不定自己还动手帮助老师用铁笔、钢版刻印过复习题。作为一种便捷印刷方式，以铁笔刻蜡版为代表的油印印刷术，在桌面电子打印机普及之前应用了整整一个世纪。通过简单到人人可以操作的器材和方法，油印技术普及到单位、班级、家庭，应用之广泛、对社会的介入之深，在印刷史上前所未有。

但相对于油印的普及，我们对油印的历史了解得还不够深入。油印技术清末从日本传入中国，这在印刷史界已是常识，但对它的早期历史，包括油印技术的发明与改良、进入中国并广泛应用的过程，目前的研究不算细致，甚至存在一些错误，有必要加以订正。而对中国早期油印本的搜寻研究，也还在进行之中。现借助一部早期油印本《宗室觉罗八旗高等学堂图画科范本》引出的话题，对相关问题进行探讨。

一、油印技术的发明人

油印属于孔版印刷技术，制作孔版有多种方法，最早进入中国的有两种，以清人的叫法，一是利用铁笔刻写蜡纸形成的“誊写版”“钢笔版”，二是利用沾有弱酸的毛笔直接写字、腐蚀胶纸形成的“真笔版”。两种技术各有源头。

先说誊写版即铁笔版。

用铁笔写字的誊写版印刷，是美人爱迪生(Thomas Alva Edison，1847—1931)于1886年所发明。他在蜡纸上用带电的金属笔写字时，金属笔因电气作用不断震动，发现蜡纸上的字迹形成无数微孔，能漏过油墨，可以印刷。他并没有给这一方法起过誊写印刷的名称。

1894年，日本人堀井新治郎(1856—1932。按：原作[1875—?]，不确。)把爱迪生的方法加以改进，他把蜡纸放在有细网纹的钢板上，用尖锥状的钢笔(为区别另一种书写工具自来水钢笔，称此笔为铁笔)书写，由于接触网纹高凸部分的蜡纸被铁笔尖刮破，露出纸张纤维间细孔，可以印刷，命名为“誊写版”。后来，堀井新治郎开设堀井誊写堂，制造生产誊写设备和材料。早期，中国所需誊写器材多由日本进口。[①]

这是万启盈编著的《中国近代印刷工业史》中对用铁笔刻写蜡版这一最常见油印技术发明和应用史的说明，也是后来诸多类似文字的源头。但这个说法存在错误，因为铁笔并非堀井氏的改良成果，而是爱迪生一开始就使用的方法。

维基百科对“Mimeograph(油印)”历史的介绍比较准确，它提示了爱迪生与油印技术有关的两个专利，一是1876年8月8日获得的誊写印刷专利，方法是用电驱动铁笔刻写蜡纸。再一个就是1880年获得的手工制备印刷用蜡版的专利，其核心工具包含铁笔、钢板和蜡纸，与后来的铁笔油印基本相同。因此，这个专利毫无疑问地属于爱迪生，而且发明于1880年，并非1886年。

爱迪生发明钢笔油印技术后，于1887年将专利卖给美国人迪克

① 万启盈编著，郭宝宏助编：《中国近代印刷工业史》，上海人民出版社，2012年，第31页。

(Albert Blake Dick)。迪克于1889年生产出爱迪生牌油印机,后来大获其利。

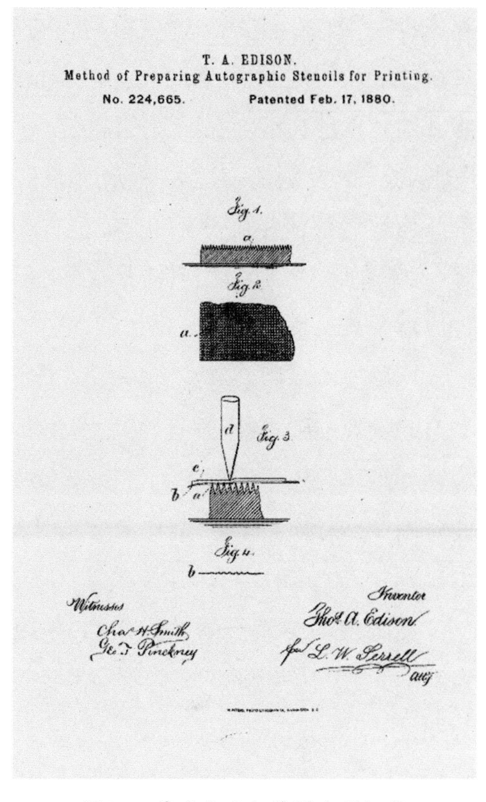

图37 爱迪生油印装置专利证书

堀井新治郎是油印史上的又一位关键人物,在日本也被认为是重要的发明家。他让铁笔油印在世界特别是亚洲得到普及。1893年,他赴美参加芝加哥万国博览会,将油印法引进日本,并作了一系列改良,最初、最重要的改进其实是蜡纸的制作方法。他于1895年获得的特许(专利)公布于明治二十八年三月二十九日的《官报》,特许番号为二四九九,发明名称为"誊写印版纸",特许年限为十五年。当时正值甲午中日战争,日本军方大量采购他的油印器材来印刷复制文件,随后文教机关、政府部门也纷纷跟进,使得堀井誊写堂的产品迅速占领日本市场,接着大量出口海外。后来堀井父子又发明了轮转机等油印机械,使油印形成一大产业,堀井新治郎也成为行业象征人物,被誉为"誊写印刷之父"。

爱迪生的专利是一个简单发明,经过堀井氏的持续改良和发展,油印技术日趋完善,实现了印刷阶段机械化及油印印刷产业化。如果从这个角度看,称崛井氏为"誊写版之父"也无不可。但在日本,对爱迪生专利与堀井新治郎改良之间的关系,很早就语焉不详,如1932年堀井新治郎去世后，日统社编著出版《誊写版的发明家堀井新治郎苦斗传》，在列举堀井氏获得的四百三十三件专利时，作者说关于誊写版的发明从铁笔版开始。正是这种含混不清的说法误导了后世研究者。除了中国学者将“刻钢板”的发明权归之堀井新治郎外，现在日本山形誊写印刷资料馆、维基百科等处的相关介绍文字，也有“1894年1月堀井父子发明了誊写版（铁笔制版）”等说法，其实是很不准确的。

再说真笔版。

这项技术是用毛笔沾上弱酸，在涂了胶的纸上写字，酸液将毛笔经过地方的胶膜蚀去，漏出微孔，然后在胶纸板上用油墨印刷。这个方法最初由在英国学习法律的意大利人Eugenio Zuccato于1874年发明，并得到商业应用[①]。在明治时期，堀井新治郎引入誊写版之前，此类印法已进入日本。堀井氏的专利中有“毛笔誊写印版纸”，对此也有所改良。

英国来华传教士傅兰雅（1839—1928）于光绪十八年（1892）在《格致汇编》上介绍美国的“印字便法”铁笔油印，并评论说：“用印西字甚觉为便，用印华字亦无不可，惟因笔硬，则书法难佳，不如胶板印法为便。盖胶板之稿可以华笔书写，笔劲如常。”[②]他说的“胶板”，应该就是真笔版。另有论者说：“真笔版的发明在金属笔誊写发明之后，因使用毛笔，为区别于铁笔书写，日本人给它起了个真笔版名字。真笔版的推广使用却在铁笔蜡纸油印之先。”[③]也不准确，真笔版的发明其实在金属笔版之前。

二、油印何时传入中国

以铁笔版油印来说，1880年爱迪生获得专利，1889年迪克生产出商

---

① 参见维基百科相关条目。

② 转引自苏晓君：《油印嚆矢：记孙雄清末的一套油印本书》，《中国典籍与文化》2009年第2期。

③ 万启盈编著，郭宝宏助编：《中国近代印刷工业史》，第29页。

品，1892年傅兰雅就在中国写文章介绍，可见中国人对此知道得并不算晚。而技术传入中国，则在堀井新治郎将其引入日本并改良之后。

是谁、于何时将堀井油印机带到中国，似无明论，笔者找到的较早记载是1903年的。《中国近代印刷工业史》中说：

> 第一位从日本购进油印机的不知是何人。在四川史料中，查得一位叫傅樵村的知识分子，于光绪二十九年（1903年）从大阪的一个博览会中购回真笔五色版一具，同时期，成都二酉山房也购回一具。之后，四川有人仿造，名钟灵油印机……光绪二十八年（1902年）二十九年（1903年）间，长沙乐中堂在用木活字排印学堂讲义的同时，也用油印补充生产能力的不足。以上这些，是真笔版还是铁笔版油印技术，不详。沿海城市接受油印技术的时间，理应比上述内地几省要早几年。[①]

樵村是简阳人傅崇矩（1875—1917）的号。他参加的博览会是日本"第五次国内劝业博览会"，参会及购买油印器具之事见其所著《成都通览》。[②]他当时购买誊写版和真笔版各一具，非如上述引文所言只有真笔五色版。

苏晓君在《介绍我国早期的一些油印本》一文中，揭出太平县教谕周尔润油印"文明与地理关系论"一事。周尔润《颐生文存》序自述其曾"采撷西书要旨及通人名论，以条分缕析之，成'文明与地理关系论'一篇，油印若干本，以为生徒研究地理之一助"，而他任教谕时在光绪二十二年（1896）至光绪三十一年（1905）之间。苏文推论说，"在这九年中，无论哪一年，都是目前已知最早油印本的记载。"但这是一个不明确

① 万启盈编著，郭宝宏助编：《中国近代印刷工业史》，第31页。
② 傅崇矩：《成都通览》，上册，巴蜀书社，1987年，第315页。

的记载，若以1905年论，又在傅崇矩之后，所以到目前为止，相关记载仍以傅氏所言最为明确。

从日本方面看，山形誊写印刷资料馆"誊写印刷的历史"大事记中说，1899年堀井堂誊印版海外市场扩大，不知是否包括中国市场。对油印进入中国的记载，还需要在中日文献中继续搜寻。

三、已知最早的中国油印本：《宗室觉罗八旗高等学堂图画科范本》

长期以来，版本学界对油印本不重视，基本未将其作为一个版本类型来看待。从版本角度专门研究早期油印本，还是近些年的事，其间以中国国家图书馆的苏晓君先生用力最勤，所得最多。他先是找到中国国家图书馆收藏的孙雄著作油印本二十一种，撰成《油印嚆矢：记孙雄清末的一套油印本》，后来又找到早期油印本五十二种，撰成《介绍我国早期的一些油印本》，先后发表在《中国典籍与文化》杂志上[①]。两篇文章除了在中国的油印印刷史方面揭示出许多重要资料，还把早期油印本的实物年代不断提前。

以前广为人知的早期油印本，以郑逸梅介绍过的孙雄始印于光绪三十四年（1908）的《道咸同光四朝诗史一斑录》为最早，而苏晓君发现孙雄另一本著作《北洋客籍学堂识小录》，印于光绪三十三年（1907）五月。在《介绍我国早期的一些油印本》中，他介绍的书有数种印于光绪三十二年（1906），其中最早的是周尔润《国民鉴戒录》，印于这一年的四月，苏文认为"是当下见到有明确纪年最早的油印本"。

再稍晚一些，就是当年仲冬月印的阮恩年《如积识别》和腊月印的《宗室觉罗八旗高等学堂丙午年图画范本》，后者转换成公历，已经进入

---

① 苏晓君：《油印嚆矢：记孙雄清末的一套油印本》，《中国典籍与文化》2009年第2期；《介绍我国早期的一些油印本》，《中国典籍与文化》2014年第1期。

1907年。

宗室觉罗八旗高等学堂的油印图画范本，我收藏了两册，计有光绪三十一、三十二、三十四年和宣统元年、二年、三年六个年份的课程，其中光绪三十一年的，题为《宗室觉罗八旗高等学堂图画科范本》，作者题滇姚赵鹤清松泉[1]。书前有自序详述由来：

岁乙巳，就铨京师，承乏八旗高等学堂图画科教员。自愧无教育之资格，然既荷输入技能之责任，不敢不黾勉从事，乃循旧章，毛笔、用器二法兼授。登讲席时，演说画理之外，复据黑板手制一图，为诸生范，亦旧章也。若用器画，则有仪器以绳之，但

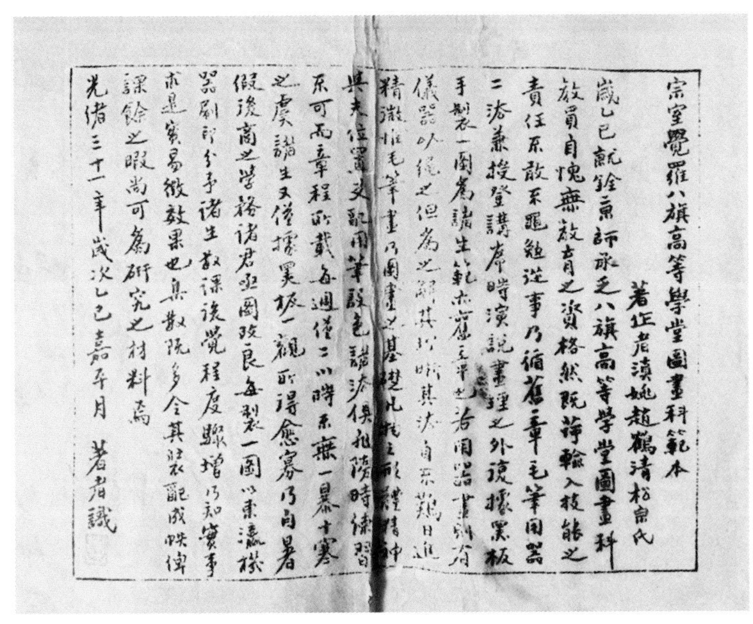
宗室覺羅八旗高等學堂圖畫科範本
著作者滇姚趙鶴清松泉氏
歲乙巳就銓京師承乏八旗高等學堂圖畫科
教員自愧無教育之資格然既荷輸入技能之
責任不敢不黽勉從事乃循舊章毛筆用器
二法兼授登講席時演說畫理之外復據黑板
手製一圖為諸生範亦舊章也若用器畫則有
儀器以繩之但為之解其理明其法自不難日進
精微惟毛筆畫乃圖畫之基礎凡[illegible]形體精神
與夫位置之配用筆設色諸法俱非臨時練習
不可而章程所載每週僅二小時不無一暴十寒
之虞諸生又僅據黑板一觀所得愈寡乃自暑
假後商之學務諸君亟圖改良每製一圖以[illegible]
器刷印分予諸生於課後覺程度驟增乃知實事
求是實易收效果也集數既多令其裝訂成帙俾
課餘之暇尚可為研究之材料焉
光緒三十一年歲次乙巳嘉平月 著者識

图38 《宗室觉罗八旗高等学堂图画科范本》序

① 赵鹤清（1865—1954），字松泉，号瘦仙。姚安人。举人，官澜沧知县，充八旗学堂教师。工诗词书画，画《墨兔》曾获巴拿马万国博览会一等金质奖章。出版有《滇南名胜图》。

为之解其理，晰其法，自不难日进精微。惟毛笔画乃图画之基础，凡物之形体精神与夫位置支配、用笔设色诸法，俱非随时练习不可，而章程所载，每周仅二小时，不无一暴十寒之虞。诸生又仅据黑板一观，所得愈寡。乃自暑假后商之学务诸君，亟图改良，每制一图，以东瀛机器刷印，分予诸生。数课后觉程度骤增，乃知实事求是，实易征效果也。集数既多，令其装配成帙，俾课余之暇，尚可为研究之材料焉。光绪三十一年岁次乙巳嘉平月著者识。

若以序的署年看，光绪三十一年嘉平月即腊月，为1905年12月26日至1906年1月24日，此序已有可能印于1905年。而从书的性质看，它是将学生在一学期中每堂课领到的范画集成一册后，加序装订而成的，因此内页一定印于1905年。可贵的是，书中有十数页当时听课学生荫锡有（名佑）的题记，记下每课的时间，最早为光绪三十一年（1905）七月十七日。如此，这本书该是现在见到的明确纪年最早的油印本了。

中国国家图书馆也有收藏的丙午年图画范本即合装于此书之后，也有一篇自序，略谓：

自客岁创用印刷以来，颇适于用，故犹仍之。今春新招师范及中等三班，俱未从事于斯，故不能不从初等入手。窃喜各班皆能黾勉前进，甫两学期，竟有能施水彩者。年假在迩，诸生以所得课篇集已成帙，共来请序，故略举中西之门径如此。光绪三十有二年嘉平朔日滇南赵鹤清松泉氏识。

苏晓君曾分析“自客岁创用印刷以来”句义，以为“似应是指在中国用真笔版来油印的时间，这是目前所知比较早的真笔版油印传入时间记录”，又说他可能因游历过日本而知晓油印之法。现在看到前本乙巳年的序，乃知其不然，“创用印刷”指的是赵鹤清“商之学务诸君，亟图改良，每制一图，以东瀛机器刷印”，学校是油印机最堪用武的地方，宗室觉罗八旗高等学堂在赵鹤清来校之前，就已经用油印机写印其他学科的教材了。

光绪三十四年（1908）下学期，湖北人何正熙开始担任宗室觉罗八旗高等学堂的图画教员①，他也是每日上课发一张油印的范画，学期结束后装订为一册。第一学期的范画完整保存下来，装册时还加印了目录，题为《八旗高等学堂图画范本》，注明光绪三十四年下学期。此册后面还附有整个宣统三年的范画，从数量上看不一定完整，但赵鹤清开创的油印图画课篇的做法，在这个学校很好地延续下来。

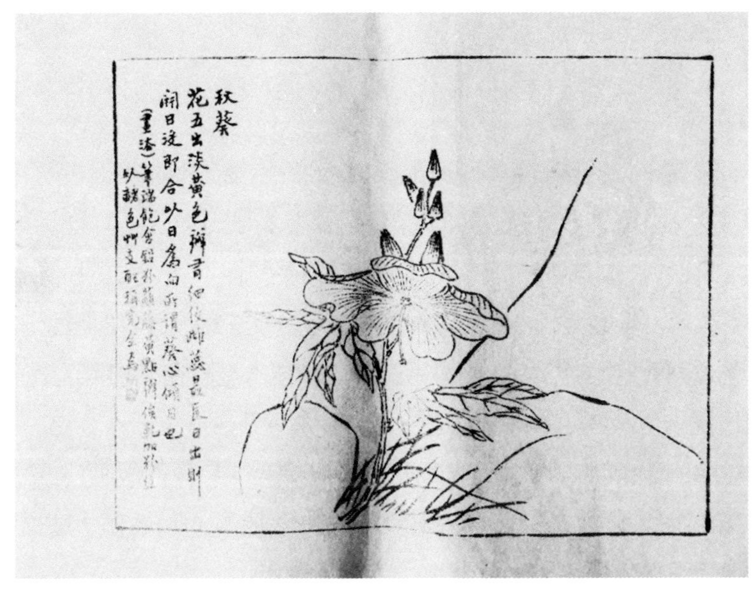

图39　赵鹤清图画范本

① 何正熙（1873—1944），字景汉，号北墉，湖北嘉鱼人。毕业于湖北简易师范学堂，应聘为宗室觉罗八旗高等学堂国文、图画教员。辛亥革命后学校改为京师公立第一中学，仍留校任教。1920年辞职，寓居北京，专攻画业。1944年逝世，遗著有《变学斋诗文集》等。

图40　何正熙图画范本

油印属于便捷印刷，其印成品具有一次性、临时性、非正式的特点，因此不受公私藏书者重视，很难保存下来。实际上从油印的广泛用途看，即使在早期，它的印品数量也是巨大的，可惜经过百年飘零，已搜寻不易，而且多数印品未必装订成书，更未必署以年份，这就使寻找早期油印本变成一个长期而有趣的工作。如上所述，油印技术至晚在1903年已来到中国，相信一定会有早于1905年夏的油印本被发现。

在印刷业，油印被归类为丝网印刷。在美术界，丝网版画自成一类。因此，宗室觉罗八旗高等学堂美术教员刻印的画谱，也可看作中国最早的丝网版画作品了。

从技术角度研究解析印刷史

印刷史是一门技术史，研究的是古代印刷技术的兴废变革，因此它的研究对象和论证依据，按重要性排列，首先应是印刷工具，其次是技术说明，再次是印成品实物，最后是未涉及工艺的文献记载。

先举一个例子。清乾隆时武英殿聚珍版印刷，先用木活字排印文字，然后用木雕版套印行格，独具特色。我们在研究这种技术时，如果有木活字和行格雕版等印刷工具，只要操作一下这些工具，就能比较准确地知道它的技术特点和工艺流程。武英殿聚珍版的印刷工具未能保留到今天，好在当时负责此事的金简写了一部《武英殿聚珍版程式》，详细记载了聚珍版从制版到刷印的全过程。看过这本书，我们也可以了解基本技术情况。

假设《武英殿聚珍版程式》也失传了，但聚珍版书传本不少，我们通过分析书的版面特征，也可反推其印刷技术，如看到文字排列不齐、墨色浓淡不一，会想到这是活字印本；看到行格与文字叠压，会想到这是套印本等等，虽然不足以了解全部技术，但也能得其大概。

这些书的目录卷端都印着"武英殿聚珍版"字样，构成文献记载。不过单凭这几个字去研究武英殿的技术，恐怕就难以深入了。因为"聚珍版"这个比喻性的名词，并不能提供多少技术信息，而且武英殿聚珍版丛书有多个翻刻本，卷端也照样刻着这几个字。假如有人仅凭书中的"武英殿聚珍版"记载去研究，拿到的恰好又是翻刻本，他说不定会得出"聚珍版"就是"木雕版"的结论，那真叫南辕北辙了。

除去翻刻造成的内容失真，古汉语喜欢用美称、成语来指代事物，也会导致内容失真。再举两个例子。

一是北宋初年，朝廷组织校勘儒家经典，并由国子监刊刻，颁行天下，这就是北宋监本。担任屯田员外郎、直集贤院的李直参加了这项工作，时人杨亿在写给他的信中赞扬此事说："正石经之讹舛，镂金版以流传。"[①] 如果仅从"镂金版"字面看，我国在宋初的咸平、景德间（998—1007）就有了印刷大套书的金属雕版，但实际上北宋监本用木版印刷，这是非常明确的。杨亿所说的"镂金版"云云，只是对雕版的美言，颂扬朝廷刻书的高贵和完美。

二是清道光年间，福建人林春祺铸造四十万枚铜活字，印刷了顾炎武《音学五书》等几部书。林春祺为此作《铜版叙》，内称"岁乙酉捐资兴工镌刊"，《诗本音》卷末又印有"古闽三山林春祺怡斋捐镌"字样。从字面看，这四十万枚铜活字都是镌刻的，但这不符合铜难以雕刻而易于铸造的特性，潘吉星先生已指出这一点，认为必是铸造而非镌刻。通过对这批铜活字印书的观察，可以确定同一个字均出自同一个模子，确实是铸造的字。林春祺所谓"镌刊"，只是借用了雕版时代的一个常用名词，而非对他的铜活字制作技术的真实记录。

举出上面的例子是想说明，在中国乃至东亚历史上，产生过多种印刷技术，但印刷工具、技术说明保留下来的不多，甚至很多技术连印成品都未流传下来。印刷史研究更多地依赖文献记载，而文献记载往往又很疏略，甚至有歧义，会对研究产生误导，在使用的时候务必要加一分小心。研究印刷史，在引用文献时，应尽可能结合实物和其他资料，辨析词义后再加使用，即使这些文献材料来自实物本身。

中国印刷史中有一些聚讼纷纭的问题，往往是因为对语焉不详的史料解读不同造成的，如五代"铜版《九经》"、明代"活字铜版"等。而在

---

① 《答集贤李屯田启》，《武夷新集》卷十九。

更大范围内的印刷史研究中，也有偏重文字资料、忽视实物资料的倾向，如在“中韩印刷术起源之争”中常被提起的两部书，就存在过于看重书证、对实物研究不足的问题，这些不足也造成研究结果的不可尽信。

一部书是1966年在韩国庆州佛国寺释迦塔内发现的《无垢净光大陀罗尼经》。有韩国学者认为释迦塔建于公元751年，封藏于塔内的经卷刊刻必在此前，因而说它是8世纪上半叶的新罗印刷品，进而认作世界上现存最早的雕版印刷品。中国学者多认为它是武周长安二年至四年（702—704）的刊本，由中国传入新罗，理由是经中出现“武周新字”。其实这两个鉴定依据都不充分。首先经中出现“武周新字”，只说明此经文本整理的上限不早于武周时期，而无法证明其刊刻下限也在武周时期，因为它很可能是后人根据武周时期的文本刊刻乃至翻刻的。武周新字虽已废除，但后世佛教徒若采用武周时的文本作底本，一般也不敢擅改佛经。其次，释迦塔虽建于公元751年，却曾在三百多年后的高丽显宗时期重修。随着《无垢净光大陀罗尼经》一起出土的还有一些粘连损毁严重的写本文书，其中一篇是撰于辽圣宗太平四年（1024）的《释迦塔重修记》，在2005年被韩国学者识读出来，文中记录重修后安放于塔室的物件里，就有两卷《无垢净光陀罗尼经》。因此，现在看到的这部经，很有可能是在1024年才安放进去的，那时已经是雕版印刷非常发达的时代了。[①]显然，对《无垢净光大陀罗尼经》，还应从书卷实物入手，通过分析其字体、纸张等技术特点，结合更多文献记载，判断其时代、国别以及原刻还是翻刻。在这一工作完成之前，对此经是否是“世界最早印刷品”乃至何国是雕版印刷术发明地的争论，均无从谈起。

另一部书是法国国家图书馆收藏的《白云和尚抄录佛祖直指心体要

① 详见辛德勇著《中国印刷史研究》中《韩国庆州佛国寺释迦塔秘藏的〈无垢净光大陀罗尼经〉》章，生活·读书·新知三联书店，2016年。

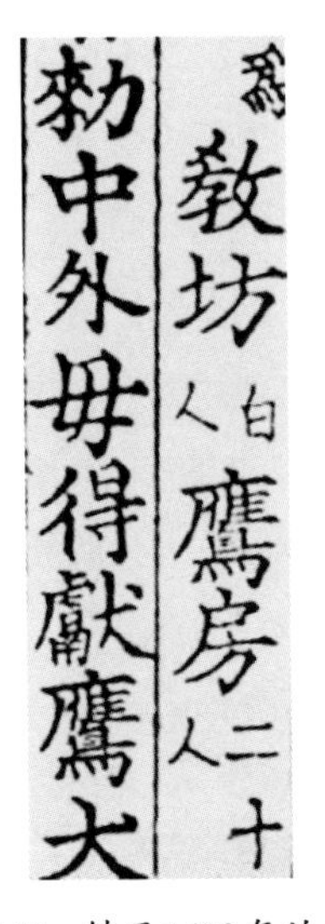

图41 铸于1403年的癸未字，两个“鹰”字同出一模。

节》(下文简称《直指》)，卷后印有“宣光七年丁巳七月□日清州牧外兴德寺铸字印施”一行题记。宣光七年为公元1377年，这部《直指》从版面特征看，确为活字版，再加上“铸字印”的记载，因此被认定为世界上最早的金属活字印本，我国的印刷史、书籍史著作，往往将其称为“铜活字本”。

实际上，从活字形态看，印刷《直指》的活字与朝鲜半岛古代的铜活字大相径庭。自太宗三年朝鲜内府铸造“癸未字”(1403)开始印书，朝鲜的铜活字印本传世很多，铜字实物保存下来的也不少，其字印都是翻砂铸造制成的，即先刻一个字模，然后大量翻铸，在印成品版面上表现为同一个字的字形完全一致，都是从一个模子出来的。同模铸字是鉴定古代铜活字本的最重要依据，一部书具有这一特征，就可以自证为铜活字本。

但印刷《直指》的活字不是这样，这些字形状各异，无一相同。如果说它们是铸造的，那只能是每个字都刻一个模子，然后一一浇铸：这不符合人们对唐宋以来需要批量复制的小铜件铸造的认知和当时的生产实践。古代中国和朝鲜都有高超的翻砂铸钱技术，铜钱上也要铸造文字，其技术完全适用于铸造铜活字，而且除《直指》外，朝鲜古代铜字均系翻砂铸成。1377年与1403年相去不过26年，技术差别不应如此之大。对于《直指》活字的铸造方法，韩国学者认为是用失蜡法逐字制造蜡模、烧制陶范后浇铸的，但这样不仅工作量巨大，成本畸高，质量也难保证，所需时间比翻砂长得多，没有一个理由是合理的。

《直指》无法自证为铜活字本，逐字浇铸的“铸字”又不合常理，因此也应结合版面印迹反映出的印刷技术特征，进行认真辨析，确定它使用了何种活字，所谓“铸字”是实指还是虚指，抑或只是翻印本从原印本沿袭下来的。首先应分辨出活字是铸造的还是雕刻的。如果确为铸造，就要对兴德寺为何采用逐字制模、逐字浇铸这样非常规的技术给出一个合理解释(失蜡法铸造可能性极低，但不排除是以一套完整的木活字为模一次翻铸成金属活字的)；如果是雕刻的，那么就需要辨析活字的材质是金属还是木头。对此，韩国学者根据高倍显微镜下的墨痕，判断它们是金属活字①，这又会引出是哪种金属的问题。明初的朝鲜半岛和中国一样，铸造铜器使用青铜，而青铜是当时最坚硬的物质，难以雕成阳文小字，因此这些活字不大可能是青铜的。锡、铅或还有红铜质地稍软，较易雕刻，也许《直指》活字的材质是这些金属，倘若如此，所谓“铸字”就像林春祺说的“镌刊”一样，只是一个另有所指的代名词，而不构成技术说明了。总之这部《直指》的版面特征与“铸字”的记载是矛盾的。其实韩国学者虽然认为这些字是铸造的，但对其材质的判断也比较谨慎，故将《直指》称为金属活字印本，而未确定其材质。在这种情况下，我们的研究更不宜径直将此书称为“铜活字本”。

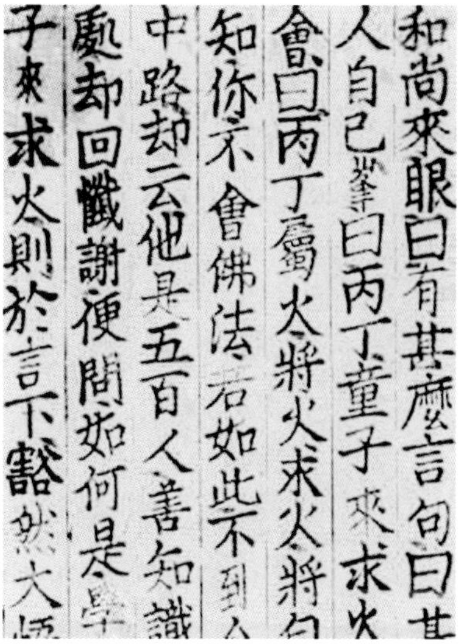
和尚來眼目有甚麼言句曰
人自己峯曰丙丁童子來求火
會曰丙丁屬火將火求火將
知你不會佛法若如此不到
中路却云他是五百人善知識
處却回懺謝便問如何是
子來求火則於言下豁然大

图42　印刷《直指》的活字，同一个字的字形并不相同。

《无垢净光大陀罗尼经》和《白云和尚抄录佛祖直指心体要节》都是重要的早期印刷品，又牵涉雕版印刷和金属活字发明权之争，理应进行科

① 韩国学者对《直指》活字的鉴定意见可参见曹炯镇：《中韩两国古活字印刷技术之比较研究》，台北学海出版社，1986年。

学、细致的研究，给出令人信服的结论。但现有中国学者的研究，都未见到实物，只是根据文字记载来立论；韩国学者的研究，虽见过实物，也未能解决上述问题，目前的研究结果难称定论。因此对这两部书，还应在实物鉴定的基础上，从技术还原角度进行深入研究。

（原刊于2018年9月28日《中国新闻出版广电报》）

活字印刷篇

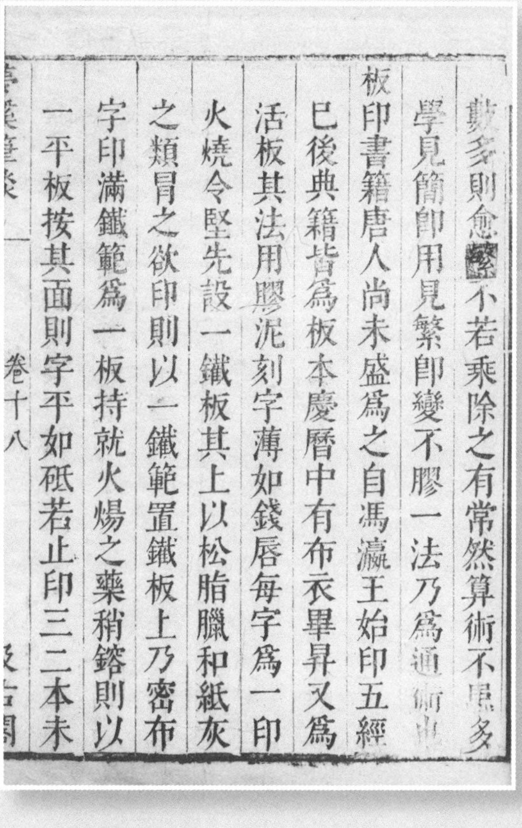
數多則愈繁不若乘除之有常然算術不患多
學見簡即用見繁即變不膠一法乃爲通術也
板印書籍唐人尚未盛爲之自馮瀛王始印五經
已後典籍皆爲板本慶曆中有布衣畢昇又爲
活板其法用膠泥刻字薄如錢唇每字爲一印
火燒令堅先設一鐵板其上以松脂臘和紙灰
之類冒之欲印則以一鐵範置鐵板上乃密布
字印滿鐵範爲一板持就火煬之藥稍鎔則以
一平板按其面則字平如砥若止印三二本未
夢溪筆談　卷十八　汲古閣

从排印工艺特征谈活字本鉴定中的几个疑难问题

不同印刷技术会在版面上留下不同痕迹，呈现出各自的工艺特征。活字本鉴定就是要依据活字排印工艺的独有特征，结合有关文献记载对书的印刷方式作出判断。研究并把握活字排印的各种工艺特征，既可以鉴别活字本，也可以解决一些与活字印刷有关的疑难问题。

一、传统活字本鉴定依据偏重于拼版特征

对古活字印本鉴定，版本界已提出多种方法。综合各家观点，大略从以下几方面着眼：

1. 序、跋、牌记是否记载；

2. 栏线拼接是否严密；

3. 界行着墨是否均匀；

4. 版面长短是否一致；

5. 版面有无断裂；

6. 字行是否整齐或歪斜、有无卧字倒字；

7. 字的大小和笔划粗细是否一致；

8. 字与字之间笔划是否交叉；

9. 墨色是否均匀；

10. 是否用贴补方式勘误。

除了“1. 序、跋、牌记是否记载”属于书籍印刷前的文字处理，“10. 是否用贴补方式勘误”属于书籍印刷后的文字处理，两者与印刷无关外，其

余鉴定方法的着眼点都是观察印刷品的版面特征，通过印痕墨迹反映出的版面特征是否符合活字印刷工艺，来反推印刷方式和过程。而这些鉴定方法所依靠的版面特征，又主要是活字印刷“拼版”工艺形成的。

活字排印有两大工序，即“拼版”与“拆版”。先用单字拼排成整版，刷印完毕拆散，再排下一版。“拼”的过程，给书叶留下几大特征：版框、栏线拼合，多数情况下不易做到严丝合缝，会在衔接处留有缝隙；排字，会造成单字横置、倒置；活字拼成整行整版，会造成字体不一、墨色不匀，等等。

一位有经验的鉴定人员综合运用上述特征，可以对大多数活字本作出判断。但对那些特征不明显或印制方法特殊的活字本，在鉴定中可能会产生疑问，其结果也容易引发争议。而对一个经验不足的鉴定人员来说，仅依据这些特征未必能作出准确判断。因为一些雕版印刷书籍的版面也会出现类似上述“活字特征”的现象，虽然成因不同，表现各异，但足以混淆是非，形成误导。单纯依靠“拼版”特征来鉴定活字本，有其局限性，因此需要更全面地把握版面反映出的活字印刷的工艺特征，特别是独有的“拆版”工艺形成的特征。

二、版面组件重复使用是活字印刷独有特征

拆版——恰当的说法是拆后重排，给版面留下重要特征：活字印刷是用少量字模印多量文字，其组版零件如活字、版框、界栏、夹条、顶木都是重复使用的，这必然使同一枚活字、木条、木块印成的文字或线条、色块出现在同一书中的不同书叶上。这是活字印刷的独有特征，是雕版印刷没有的。简单直白地说，活字本的“字”是“活”的，鉴定者只要在一本书的不同书叶中找出同一版框、界行和活字印成的边框、栏线和文字，就能确认该书为活字排印本。运用这个方法，即使初学者也可以准确地判断一本书是否活字印刷。

在鉴定活字本、比对不同书叶的版框、栏线、文字时,可以从几个地方入手:

一是版框。版框的面积相对大,带有特征如断裂、缺陷等的地方也多。古时活字排印书籍,由于人手和活字字数限制,一般只用二三个版框轮流排印,多的也不过五六个,寻找相同的版框还是很容易的。

二是可以看版心等处的字。为了排版省力,活字版在拆版时往往把要继续使用的文字留下,只重排变化了的字,这样就会使同一组版框排成的不同书版版心位置的书名、卷数等使用相同活字。

三是可以下工夫在文本中寻找相同的字,不妨也像看雕版的断版一样,从断裂、残缺等处着手。

这样的证据将使活字本的鉴定结果变得准确而无异议。试举一例以见其意:

北京大学图书馆藏《雅诵》,古代朝鲜刊本。卷首义例称:"上(正祖)在春邸,壬辰铸十五万字,元年丁酉又铸十五万字,皆以甲寅字为本,藏于内阁。经史诸书,后先印行。此编新印,亦用是字。仍命翻刻藏板,与殷盘周彝同寿其传。"可见,朝鲜内阁当时刊印了活字和雕版两种版本。那么,北京大学所藏的是活字本还是雕版本呢?观察此书的版面,字列整齐,无歪斜之字,边栏四角无缺口,墨色均匀,版印精致,传统所谓"活字特征"并不明显。但翻检书叶,可以发现某些有明显特点的版框,每隔十余叶便重复出现一次。如图43的左边栏,有数处明显的"白点",表明这几叶用了同一副版框。版框重复使用,是典型的活字排印特征。细审字体,某些出现于同一叶的同一字,不仅字形一致,而且也会有相同缺陷,说明是用同一个字模翻铸而成的,而其字模就带有缺陷。以上版面特征为确认此书系铜活字排印提供了直接证据。参以文献记载,我们可以得出结论,这部书是朝鲜李朝正祖元年(1777)用义例中所说的"壬辰字"与"丁酉字"混合排印的活字本。

我们可以把这种方法用在各种难以决断的活字本鉴定过程中。如我国现存最早的活字印刷品是西夏印书，已成公论，但有些西夏“活字本”究竟“活不活”，专家们还有不同意见。一些形成共识的本子，其鉴定过程也很复杂。像1991年宁夏贺兰县拜寺沟方塔废墟出土的西夏文佛经《吉祥遍至口和本续》的鉴定，就使用了各种传统方法，结论当然是正确无疑的，但仍有人表示疑问[①]。实际上，如果用本文讨论的方法，在书中找出重复使用的版框或文字，鉴定过程就会变得简便准确明了，即使不认识西夏文，也能令人信服，而寻找“活字”和“活框”是很简单的事。鉴定西夏文印本如此，鉴定其他文字的活字本也如此。

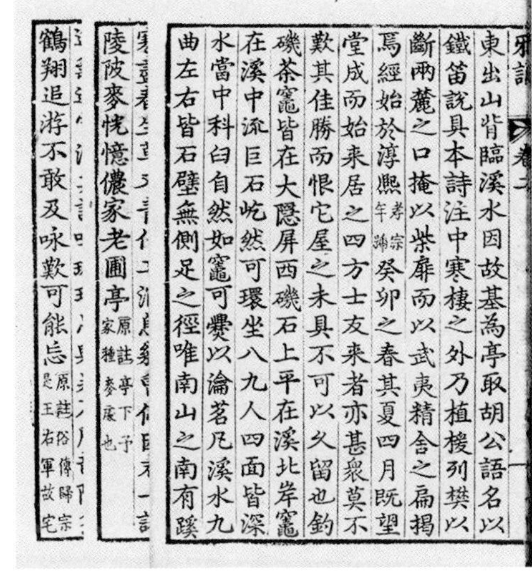

图43 《雅诵》左侧版框的相同缺陷与叶面上字形相同的字

根据拆版重拼的工艺特点，查找重复使用的版框、文字、界行等版面组件以确定活字排印本的方法方便易懂，并无神秘可言。不过世间难有十全之事，这一方法首先对单叶印刷品无效；其次比起传统方法来似欠直观，最好（或说应该）与传统方法配合使用。对大多数活字本，用传统方法鉴定就可解决问题，但不妨再用这个办法加以验证；对那些有疑惑而难决断的，或“看上去”是活字本而没有过硬证据的，我

① 张秀民著、韩琦增订《中国印刷史（插图珍藏增订版）》在引述《吉祥遍至口和本续》和其他西夏活字本的鉴定过程后说：“假使以上几部西夏文著作真的是活字印，那当然是现存最早的活字本了。”称“假使”，显然对鉴定结果有所保留，没有被完全说服。

们讨论的方法是一个能提供最终答案的方法，而这在鉴定中无疑是重要的。

三、运用版面特征解决疑难问题

版本学和印刷史研究中有一些长期众说纷纭的问题，一直争论不下。要给这些问题寻出科学答案，除了依据文献记载，还必须依据活字印刷的各种版面特征特别是版面组件重复使用的特征。

（一）含有排印工序的书——泰山磁版

有些书的印制使用了活字排印技术，但又不仅限于活字，而是在排字基础上再运用其他技术形成印版来印书，通过我们讨论的方法，可以判断这类书在印刷中是否运用了排印技术。此外对近现代影印古籍，还可以判断其底本是否为活字本。

清康熙间用"泰山磁版"印制的两部书——《周易说略》和《蒿庵闲话》的印刷方法，一直是版本界喜欢讨论的问题。王献唐在民国间初见《蒿庵闲话》时即提出，它们是用范造磁活字排印的[①]，张秀民赞成此说，并力辟磁版说[②]。近年来磁版说渐占上风，并有人认为系用"吕抚法"制成泥版然后再烧制成磁版印刷的。[③]

在用本文所述方法对两部书进行观察时，可以看到几个现象：

第一，很多具有相同特征和缺陷的字在不同叶都有出现，证明其版确由活字排成；

第二，这些具有相同特征和缺陷的字在同一叶也有出现，证明这些字是用同一个范母制造出来的，显然不是木活字（图44）；

---

① 见中国国家图书馆藏《蒿庵闲话》王献唐跋。

② 张秀民著，韩琦增订：《中国印刷史（插图珍藏增订版）》，浙江古籍出版社，2006年，第575页。

③ 见张树栋等著《中华印刷通史》的相关章节，印刷工业出版社，1999年。

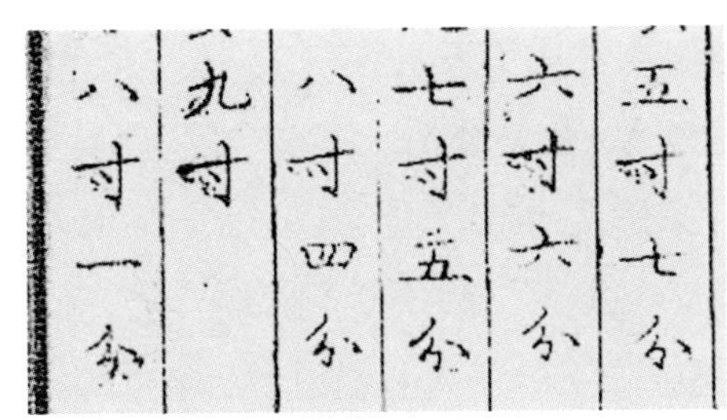

五寸七分

六寸六分

七寸五分

八寸四分

九寸

八寸一分

图44 《蒿庵闲话》卷一第32叶，具有相同字形和缺陷的“寸”字。

第三，有两处版面的行间空白处露出正方形的字钉痕迹，证明空白的地方是用一个个高度低于活字的字钉填满的。这就可以推论，书版的制作方法，是排列活字形成整版，而不是用“吕抚法”，即用“阴文字母”在事先制好的整块泥版上压制出文字，再用工具剔除空白处的泥。

桂萼上言小學之教本古庠序

图45 《蒿庵闲话》卷一第45叶，版面中的字钉痕迹。

第四，版面出现大量从版框和文字中间穿过的断裂线，证明最终印书使用的版已非活字版。因为如果使用的是已焙烧坚硬的磁活字，它们是不会沿着某种轨迹一起从中间断裂的，只有湿泥整版入窑烧制时才会出现这种龟裂现象。这点已有多位学者加以阐明。[①]

根据这些特征，结合书中“磁版”“磁刊”的文字记载，笔者认为，泰山磁版的制作过程是这样的：先用阴文范母将磁土制成湿泥单

① 如陶宝庆：《是磁版还是磁活字版？》，上海新四军历史研究会印刷印钞分会编：《活字印刷源流》，《中国印刷史料选辑》之二，印刷工业出版社，1990年，第251—255页。又如张树栋等著《中国印刷通史》里的有关论述。

字，排成版面后再将其入窑烧成磁质，然后用来印书。

（二）印刷过程问题——程印本《红楼梦》

既然可以根据组件重复使用来确认活字本，那么反过来，就可以根据已知活字本研究与书版的拼、拆等印刷过程有关的问题。

程甲本、程乙本《红楼梦》是乾隆末年萃文书屋用木活字排印的书，本来不存在问题。但近年来红学界有一种观点很是流行，认为萃文书屋排印《红楼梦》，并非排完一叶即拆版排下一叶，而是全书排版完成后整体刷印的，甚至甲、乙两个版同时存在、同时印刷。持这种观点的人以杜春耕为代表，他还称“证明了下列两个与传统说法有异的事实”：

其一，木活字版不是印了百十来部就要拆散重排的，它可以非常长久地连续使用，当然在漫长的使用过程中整修与加固是必要的。

其二，木活字版可印的书的数量相当可观，或许其运用寿命可以与雕版不相上下。①

活字版能印多少书暂且不论，认为刷印《红楼梦》这种字数近百万的大书，用活字排版后不拆版而能够“非常长久地连续使用”，是违背常识的，完全与活字排印高效率低成本的采用理由不合，一个印书铺也不可能备有这样多的活字。其实，程印本《红楼梦》中的版面组件都是重复使用的，“活字”证据俯拾即是，如程甲本好多回目中都使用了上面缺损一竖画的“梦”字（图46左），说明此书在刷印完一叶后，立刻拆版排印了下一叶。

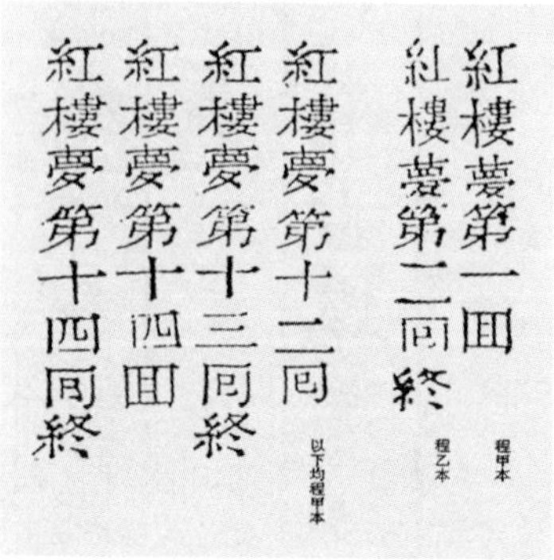

图46 程印本《红楼梦》中重复使用的活字。左为程甲本，右为程甲本与程乙本。

① 杜春耕：《程甲、程乙及异本考证》，《红楼梦学刊》2001年第4辑。

对版框、文字重复出现的位置和频率进行研究，还有可能了解活字本《红楼梦》的更多排印情况，如同时排印多少版，排完全书大致需要多长时间等。

(三) 同一套活字排印不同书籍——程甲本与程乙本

活字版面组件重复使用，不仅体现在同一部书中，也体现在同一套活字排印的不同书中。抓住这个特点，我们就可以对同一批字排印的不同书进行更深入的鉴定和研究。还是举《红楼梦》的例子。

从20世纪50年代开始，就有观点认为，排印程甲本和程乙本《红楼梦》，用的不是同一套活字。至近年这一说法更是成了"活字版不拆版"论的证据。[①]事实证明，这一说法也不正确，萃文书屋就是用同一套活字，排完甲本以后，再排印乙本的。证据同样是版面组件重复使用：在两书中，可以找到大量相同的活字，在甲本使用过，又在乙本中使用，如上图中程甲本第一回与程乙本第二回的"梦"字(图46右)。

(四) 字间笔划交叉的活字本——《后山诗注》[②]

在此文的第一节我们说过，断版和字间笔划交叉是雕版印刷特征，常见的活字本字间笔划不可能交叉。[③]

但我们也发现了一种特殊的活字本，它的上下文字之间笔画有可能交叉。朝鲜印本《后山诗注》就是这样一本特殊的活字本书。

《后山诗注》[④]，《四部丛刊》曾影印，称底本为傅氏双鉴楼藏高丽活字本。影印时经过描栏，版框无法体现活字特征，而文字大小不一、墨色不匀、字画歪斜等现象明显，有类活字。但是，此书上下文字之间出现一些

---

① 杜春耕：《程甲、程乙及异本考证》，《红楼梦学刊》2001年第4辑。

② 最先注意到《后山诗注》笔划交叉现象的是好友王洪刚先生。不敢掠美，专此致谢。

③ 如李致忠《古书版本鉴定》第176页写道："活字印书每版文字与文字之间都是由一个一个的单字拣排而成的，因此字与字之间绝无彼此下上笔划交叉的现象。"再如姚伯岳《中国图书版本学》第290页写道："活字本各字之间笔划绝不交叉、重迭。"

④ 《后山诗注》，中国国家图书馆藏。

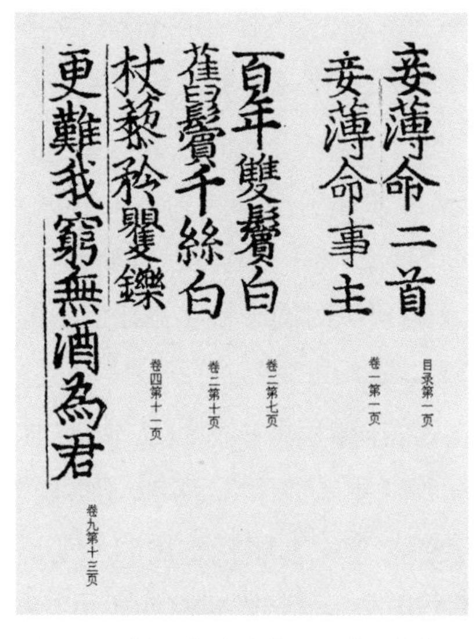

图47　朝鲜活字印本《后山诗注》中的字间笔划交叉现象

笔划交叉现象，有的还比较严重，一个字完全插入另一个字体内（图47左）。按照传统观点，发现交叉就否定了活字的可能，那么，是不是前辈藏书家把刻本误认成活字本了呢？循此思路，我们仔细观察了原书，发现除了交叉，其他活字本特征明显。我们又想，交叉的字会不会是连刻在一起的？但很快发现，在某叶与甲字交叉在一起的字，又会在其他叶出现，并与乙字组合在一起，说明此字是单体并重复使用的（图47中“妾薄命”的“薄”字），证实了此书确是活字排印本。

根据曹炯镇《中韩两国古活字印刷技术之比较研究》一书提供的资料，此《后山诗注》用字或为朝鲜古木活字“训练都监字”中的“甲寅字系列”，印书时间可能在1650—1659年之间。活字本为何会出现笔划交叉现象？可以推测，这种活字不同于我们常见的正立方体活字，其形状不规则，遇有两字凹凸互补，就可能发生字画交叉。曹炯镇在书中也指出，早期朝鲜活字所印书有字画重迭现象，而那时的排版方法是将活字植入蜡中固定的。[①]

这种现象给我们提出了几个问题：

第一，“活字本字间笔划绝不交叉”的鉴定标准是有条件的，只适用

① 见［韩］曹炯镇《中韩两国古活字印刷技术之比较研究》一书的相关章节，台北学海出版社，1986年。

于那些用规则正立方体的活字排成的活字版印成的书。

第二，如果活字本身形状不规则，字与字之间就无法挤紧，把它固定在底盘上的方法，必然和常见的不同。若用某种黏合剂将活字黏在底盘上，其技术就与毕昇发明的活字技术类似，那么，倒推用毕昇活字印的书，会不会也具有字间笔划交叉的特征？对这种现象，有必要深入研究。

第三，有一种观点认为，如果一枚活字形状不整齐，“既非正方形，亦非长方形”，就是“根本不具备活字应有的形状”，因而不是活字，并以此理由来否定这类古代铜活字实物[①]。现在看来，还需要再斟酌。

四、顶木、夹条痕迹在活字印刷品鉴定中的作用

至此为止，我们重点讨论的问题，都是围绕着活字“拆版”工艺进行的。而“拼版”工艺特征虽然在传统鉴定方法中已得到多方面揭示，但仍有一些特征没有受到重视。如一些隐藏的版面组件，像顶木、夹条，有时也会在印成品上留下痕迹，成为鉴定活字本的依据。

按照金简《钦定武英殿聚珍版程序》的记载，武英殿聚珍版书排版时需要使用夹条和顶木。夹条用来分隔两行活字，同时夹紧活字；顶木则在活字不满一行时放在空白处顶住活字，填满行格。这也是古代绝大多数活字排版使用的方法。

夹条和顶木的高度比活字低，以避免把它们印在纸上。一般活字印刷，版上有边栏和界格，足以支撑纸面，不易留下顶木、夹条痕迹；那些无边无界的，在刷印时会因缺少支撑，纸面张力不足，把这些低于字面的部件印到纸上。下图（图48）为武英殿聚珍版《绛帖平》[②]的一叶，顶木、夹条的痕迹就非常明显。显然这也是活字印刷独有而雕版印刷或其

---

① 潘吉星：《中国金属活字印刷技术史》，第66页。
② 笔者自存。

他印刷形式没有的特征，熟悉了这些特征，就可用于活字本鉴定。特别是对那些没有边栏、界格的活字本以及无法寻找相同版框、文字来作比对的单叶印刷品，这些痕迹更是不能放过。

咸丰间排印的曾国藩《讨粤匪檄》(图49)①，单叶，无边栏、界行，无倒字，但看上去墨色不匀，文字不甚整齐。它的版面上方有一些等距离排列的规则小墨钉，正处于两行字之间，应为夹条印痕，这为确定它是活字印本提供了有力依据。

通过这一特征，我们还可以确定，一度被认为是“蜡版印刷品”的清公慎堂印《题奏事件》其实是木活字印刷品。对此问题笔者曾撰文讨论，

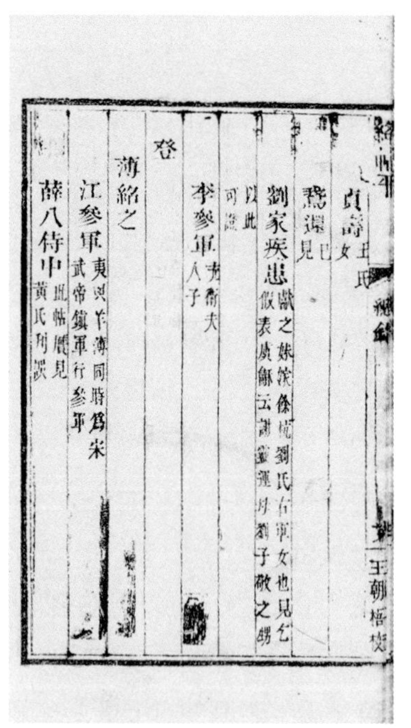
薛八侍中 黃氏刊誤
江參軍 武帝鎮軍行參軍
薄紹之
李參軍
劉家疾患

图48　武英殿聚珍本《绛帖平》版面上的夹条、顶木痕迹

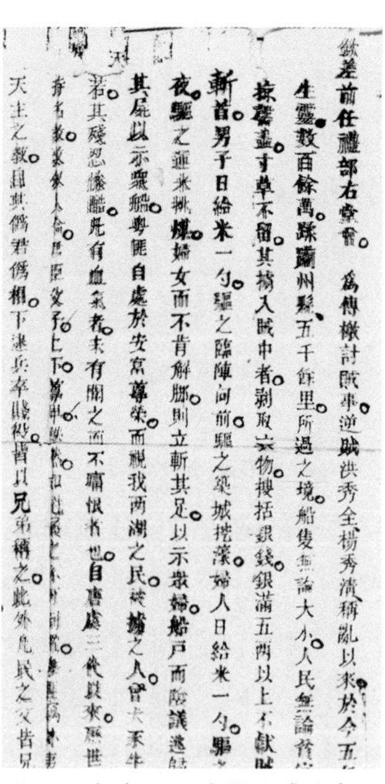
欽差前任禮部右堂曾。為傳檄討賊事。逆賊洪秀全楊秀清稱亂以來於今五
生靈數百餘萬。蹂躪州縣五千餘里。所過之境。船隻無論大小。人民無論貧
掠盡。寸草不留。其擄入賊中者。剝取衣物。搜括銀錢。銀滿五兩以上不獻賊
新首。男子日給米一勺。驅之臨陣向前。驅之築城挖濠。婦人日給米一勺。驅
夜。驅之運米挑煤。婦女而不肯解腳。則立斬其足以示眾婦。船戶而陰謀逃
其屍以示眾船。粵匪自處於安富尊榮。而視我兩湖之民被擄之人。曾犬豕牛
若其殘忍慘酷。凡有血氣者未有聞之而不痛恨者也。自唐虞三代以來。歷世

图49　咸丰间活字排印《讨粤匪檄》版面上方的夹条痕迹

① 笔者自存。

兹不赘述[①]。

五、结语

古代印刷技术在版面上通过墨痕呈现出的工艺特征，为印刷史研究提供了至关重要的实物资料。

活字排印的主要技术特点，是版面的拼与拆。拼版与拆版，都会在版面上留下与雕版截然不同的工艺特征。过去人们在鉴别活字本时，比较注重拼版形成的版面特征，而对拆版重拼形成的版面组件重复使用这一特征运用不足。实际上，这是活字排印区别于其他印刷方式的独有特征。构成活字版的里层部件，如顶木、夹条等有时也会在版面上留下痕迹，它们同样有助于鉴别活字本。

凭据这些版面特征，人们不仅能准确、明了地鉴别活字本，还可以尽量还原古代印刷工艺，解答诸多与活字排印有关的问题。如本文讨论的西夏古籍印刷、泰山磁版制作、《红楼梦》的排印过程、字间笔画交叉与毕昇法印书等问题，都可以依据版面特征找到答案。

（原刊于《北京印刷学院学报》2010年第6期）

---

① 见本书《〈题奏事件〉不是蜡板印刷品——兼谈“清代使用蜡版印刷”说法依据不足》一文。

运用雕痕特征鉴定金属活字本

在版本鉴定中，如何有效区别木活字印本和金属活字印本，是一个值得深入探究的问题。现在比较明确的金属活字本如明代“铜活字本”已有多种[①]，但多是前辈学者凭经验直接给出的结论，并未留下详细的论证过程和一目了然的判断依据，给验证鉴定的准确性以及发现新同类版本的可能性留下遗憾。

实际上，由于木头和金属的物性不同、木字与金属字的制作方法不同，它们在纸上的印痕也有明显不同，这应该是前辈们通过目鉴就能分辨出“铜活字本”的奥秘所在。因此在活字本鉴定过程中，如果能在版面上找到反映活字材质特点的印痕印迹，鉴定就有了客观依据，也就可以复验和推广。如金属活字若是翻铸的，则同一版上同一个字出自同一字模，字形会完全相同；又如金属活字若是雕刻的，有时会露出不同于木字的雕刻痕迹。本文就以明“铜活字本”《唐五十家诗集》为例，说明一下金属雕痕在活字本鉴定中的应用。

传世的明代“铜活字本”书，若以种数论，当以《唐五十家诗集》为最多。这些诗集散藏于各大图书馆，如中国国家图书馆藏有四十余种，天一阁藏有三十余种，统计各馆所藏，去除重复，共得五十家，作者均为初唐、盛唐诗人。各集均用活字排印，字体与版式也相同，因此被认为是同时印刷的一套丛书。1981年，上海古籍出版社汇集各图书馆藏本，冠以《唐

---

① 明嘉靖以前，中国主要使用青铜，青铜坚硬难以雕刻，并且当时禁止民间制作铜器，因此明代印书的活字很可能不是铜活字。本文言及“明铜活字本”，只是转述前辈学者观点。

五十家诗集》之名，影印出版。

这五十种书并没有总目或辑印者序跋，也未留下明确的刊印信息。研究者从版式、字体风格及相关文字旁证判断，它们是刊印于明代中期的"铜活字本"。出版于1961年的《中国版刻图录》在著录《岑嘉州集》时说："明铜活字印本……铜活字本唐人集，传世颇罕，前人多误认为宋刻本……观字体纸墨，疑弘、正间苏州地区印本。"《岑嘉州集》就是这批诗集中的一种。

1990年《中华文史论丛》第1期，发表陈尚君《明铜活字本〈唐五十家诗集〉印行者考》。文章据明何良俊《四友斋丛说》"今徐崦西家印五十家唐诗活字本"一语，以其所印唐诗家数与活字印刷方式均与今存《唐五十家诗集》相合，考出这些诗集的印行者是别号崦西的吴县人徐缙，印书时间在正德至嘉靖前期，比《中国版刻图录》推断的弘治、正德间稍向后延。

以收藏"铜活字本"著称的藏书家赵元方，藏有《唐五十家诗集》中的《杜审言集》。1963年，他在读《四友斋丛说》时，也从"今徐崦西家印五十家唐诗活字本"语中悟出此《杜审言集》为徐崦西于弘治、正德间所印，并于1966年3月22日在书中作跋详论，将《唐五十家诗集》的版本定为"明弘治间长洲徐崦西铜活字印本"。1984年，他将《杜审言集》捐献给北京图书馆。1991年的《文献》第4期，发表了王玉良的《明铜活字本〈曹子建集〉与〈杜审言集〉赵元方题跋》，介绍了赵元方的发现。赵、陈二人的研究殊途同归，从此《唐五十家诗集》为徐缙所刊成为定论，其版本为"铜活字本"也成为定论。

然而，这些书中并无刊印说明，前辈学者将它们定为"铜活字印本"的依据是什么？虽然他们未作说明，追溯起来，应该还是观察到这些书的版刻风格、版面特征与木活字印本不同。我们今天观察其版面，也会发现很多属于金属活字的独特印迹，特别是鲜明的金属雕刻痕迹。兹以这套书中的《武元衡集》[1]为例，试作说明。

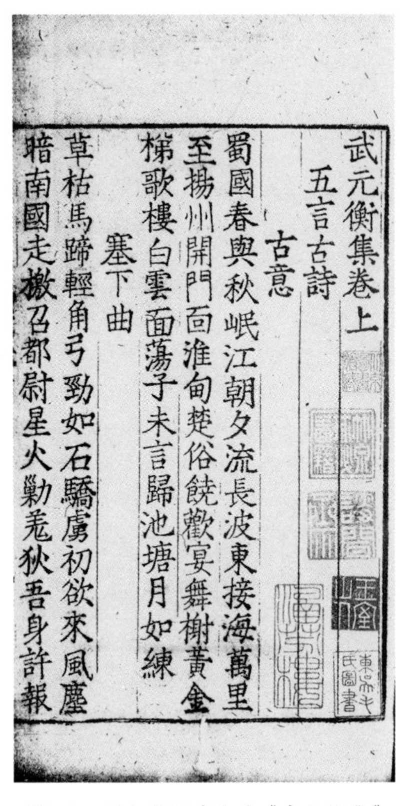
武元衡集卷上

五言古詩

古意

蜀國春與秋岷江朝夕流長波東接海萬里

至揚州開門面淮甸楚俗饒歡宴舞榭黃金

梯歌樓白雲面蕩子未言歸池塘月如練

塞下曲

草枯馬蹄輕角弓勁如石驕虜初欲來風塵

暗南國走檄召都尉星火勦羌狄吾身許報

图50　明金属活字印本《武元衡集》

从大处看，《武元衡集》的版面版框围合严密，未出现木活字常见的遇水膨胀进而导致版框四角散开的情况。而且版心鱼尾面积缩到最小，与弘治、正德时的大黑口对比强烈。这是为了避免因金属拒水导致墨色不匀。

从细处看，将文字放大，会发现一些活字的笔划被分成两段，并且左右或上下错位。如图51所示：图（1）“古”字，竖画断开，左右错位；图（2）“夫”字，长撇和下面横画均断开、错位；图（3）“生”字，一竖断为三截，连不成直笔；图（4）“东”字，竖画上端被刻成一个点；图（5）—（8），每个字的斜画都刻成两段且严重错位；图（9）“南”字，横竖多个笔划都被刻断，第二笔横画被刻成三段，连起来呈波浪形；图（10）“生”字，横竖画均错位；图（11）“堂”字，“土”的上横画错位，等等。而用木头雕刻的字，很少看到这种情况，究其原因，这是金属活字在雕刻时受物性和技术所限产生的瑕疵。

同是雕刻，木字在遇到笔划交叉时，往往刀锋会通过交叉点，将相对的笔划刻断。这对印刷并无大碍。一方面，刻刀的刃很薄，刻痕本身不明

① 《武元衡集》，中国国家图书馆藏。

图51　金属活字雕刻过程中形成的笔划错位、残损等瑕疵

显；另一方面，刷印时木头遇水膨胀，可以弥合刀痕。由于没有顾忌，木字的笔划基本上一刀刻成，放大了看也是直的，不会大量出现一笔断开特别是对接错位的情况。不过木字如果反复使用，最后木质失去弹性，断痕也会显露出来。这在雕版的所谓“漫漶”版面上能够清楚看到。这种刀痕也

有其特点，就是往往围绕交叉点四面皆断，构成木活字本的一个鉴定依据。

而雕刻金属，薄刃的刀无所用力，需要使用刀凿锤击錾刻，刀凿刃厚，行迹皆为楔形，特别是金属没有弹性，无法弥合刻痕，雕刻时必须避免将笔划刻断。这就需要在遇到笔划交叉时，将一笔分为两笔，绕着交叉点分别雕刻，形成对接。又因为錾刻需要两只手操作，比起只用一只手持刀的木雕难度更大，手眼稍不配合，就会使两个半笔无法对齐，形成错位。从这个原理看，上述《武元衡集》中活字的笔划断开、错位现象，符合金属雕刻的特点。

雕刻金属活字如果不慎刻断了笔划，会是什么样子？图（12）—（16）就是例子。图（12）—（14）的三个字，都有明显的缺陷，而且一个字还不止一处。图（15）、（16）是同一枚活字的两个印迹，前者取自中国国家图书馆藏书，后者取自北京大学图书馆藏书。这个字"土"的上端原有损伤，刷印国图藏本时笔画还完整，但在印北大藏本时，"土"字上端残失了一块，变成了一个点。这些笔划的残损都比较严重，也无法修补，所以才会在雕刻时力求避免。这种字画残损的形态，也与木活字有所不同，可以看作金属活字的另一个特征。

上述版面特征，都说明用来印刷《唐五十家诗集》的活字，不是木活字，而是金属活字，前辈学者的鉴定功力令人钦佩。

这些活字表现出来的金属雕刻痕迹，在其他"铜活字本"中也可以看到，如有一种也被认为是西崦徐氏排印的《曹子建集》[1]，使用的是另一套活字，雕刻质量较高，瑕疵没有《唐五十家诗集》这样明显。但放大仔细观察，也可以看到笔画中间的错位、断裂、缺损现象［图（17）—（20）］。这说明金属活字的雕痕作为一种直观的判断依据，可以用于更多活字本鉴定实践。

（原刊于《文津学志》第九辑，2016年）

---

① 《曹子建集》，中国国家图书馆藏。

《会通馆校正宋诸臣奏议》印刷研究

明弘治三年（1490）无锡华燧用活字排印的《会通馆校正宋诸臣奏议》一百五十卷，是中国现存有明确纪年的最早的活字本，也是最早的金属活字本，在中国出版印刷史上占有特殊地位。

长期以来，《会通馆校正宋诸臣奏议》被认为是铜活字本，是中国金属活字印刷的开山之作。从技术角度深入、全面研究这部书的活字材质、活字制作、排版固版等工艺，对了解古代金属活字印刷技术和鉴定相关版本有着十分重要的意义。

印刷史、版本学的研究对象是书籍实物。通过仔细观察书籍版面墨痕，寻找到不同技术、不同材料映印到纸上的不同特征，辅以辨析过语义的文字记载，可以反推印刷过程和工艺，最终确定其使用了何种技术。这些版面特征又可在鉴定同类版本时用来参照对比。遵循这一方法对《会通馆校正宋诸臣奏议》进行研究，可为解决华氏会通馆活字印刷乃至明代金属活字印刷的诸多问题提供基于技术的、客观的依据。

在中国，弘治三年印《会通馆校正宋诸臣奏议》只在几个图书馆存有零卷，不足以作全面观察研究。美国哈佛大学哈佛燕京图书馆收藏的本子，是一部只有少量抄配的完本。近年，哈佛燕京图书馆公布了此书的电子本，为相关研究提供了极大便利。[①] 本文拟通过观察哈佛藏《会通馆校正宋诸臣奏议》（下文简称《奏议》）的版面墨痕，寻找有代表性的技术特

① 哈佛大学藏《会通馆校正宋诸臣奏议》电子版可通过中国国家图书馆的“哈佛大学哈佛燕京图书馆藏善本特藏资料库”阅读。电子版自卷二开始，缺卷一。无锡朱刚先生数年前就鼓励笔者研究此书，并赠送清晰的电子版，本文所用图片即来自该版。在此对朱刚先生的鼓励和帮助深表感谢。

征，分析其形成原因、技术含义，再与不同技术对比辨正，参以文献记载，最后判断此书的印刷方法。

一、《奏议》的版面特征及技术含义

（一）版框

《奏议》的版框，是用四根框条拼合而成的，在顶点以45度角斜交。这说明此书确为活字印本。纵观全书，多数版框拼合严密［图52（1）］，但也有一些版框接角处缝隙较大，前面若干卷尤为明显［图52（2）、（3）］。每卷使用5—6个版框同时排版。卷二首叶框高24厘米，半框宽16.3厘米。

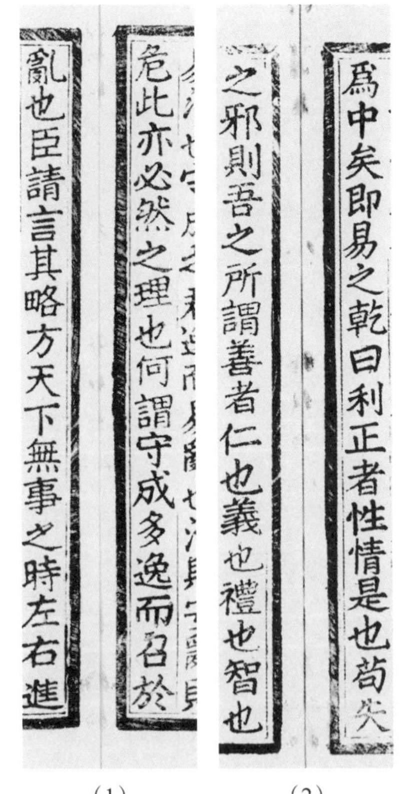

图52　版框拼合示意图。（1）为拼合严密的版框，（2）为有缝隙的版框，（3）为缝隙大的版框。

版框四周双边，内外边框线长短、角度一致，说明是在一根框条上一体制作的（图53）。

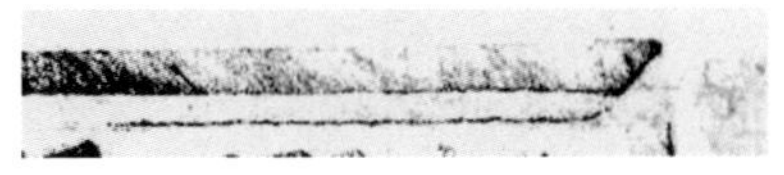

图53　一根框条的内外边框线示意图

边框上有气孔、砂眼等金属铸造瑕疵，说明框条是用金属铸造的（图54）。

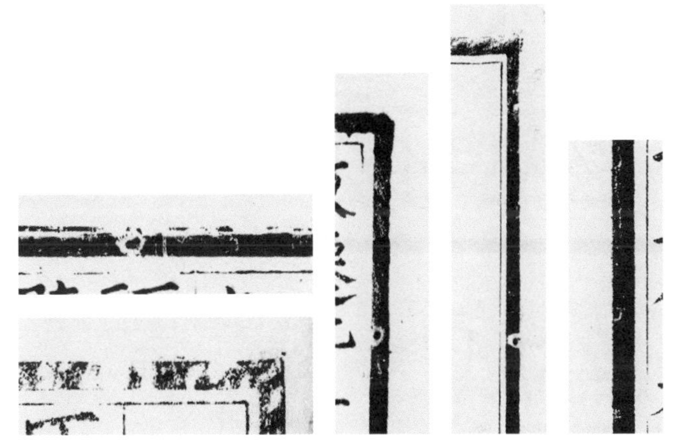

图54　铸造痕迹示意图

版心的鱼尾、象鼻与左右栏线连在一起，没有缝隙，说明是一体制作然后装配在版中的（图55）。版心、栏线与内边线有的拼接相对严密（图56），有的缝隙较大。

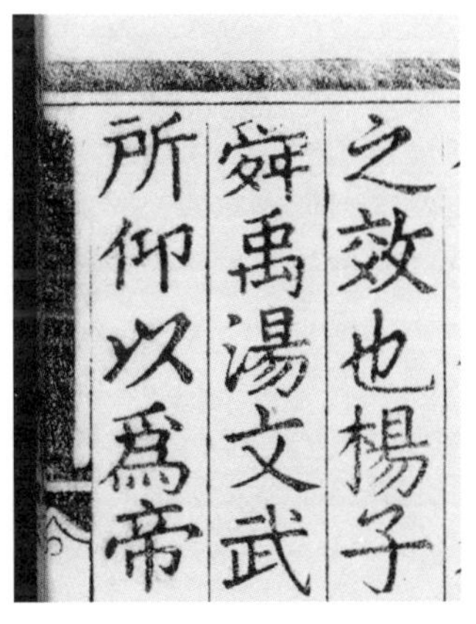

图55　版心、栏线与上边线之间的缝隙示意图

（二）活字

活字分大小两种，大字排正文，小字双行排注文，每个字字形均不相同（图57）。

通过用来涂改衍文的空白铜丁印迹，可以知道活字的规格。大字高1.35厘米，

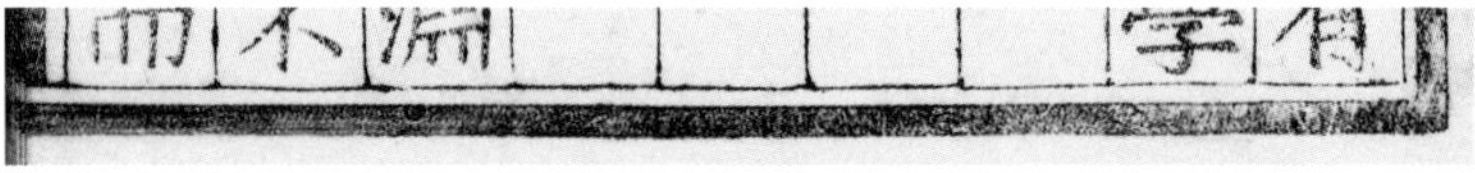

图56　栏线与底边相接处有容易忽略的接缝示意图

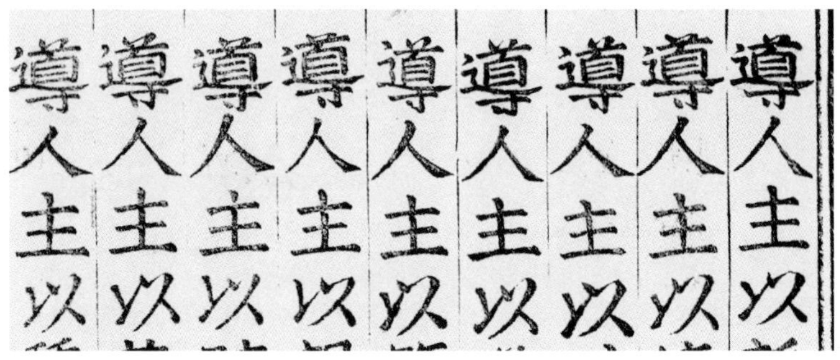

图57　同一字各不相同的字形示意图

图58　用来覆盖衍文的空白铜丁印迹示意图

宽1.45厘米，截面是略扁的方形（图58）。小字的高度与大字相同，宽度是其一半。

活字上有气孔、砂眼等铸造瑕疵，说明是金属活字。由于哈佛大学藏本的电子本像素较小，图像模糊，不足以看清文字笔划上的微小痕迹，我用弘治五年会通馆活字本《会通馆印正锦绣万花谷》[1]中活字的放大图像来代替。印这两部书使用的应是同一套活字。“山”字下部横画有典型的铸造气孔（图59左），“牛”“类”上面则满布这种气孔（图59右）。

① 《会通馆印正锦绣万花谷》，中国国家图书馆藏。

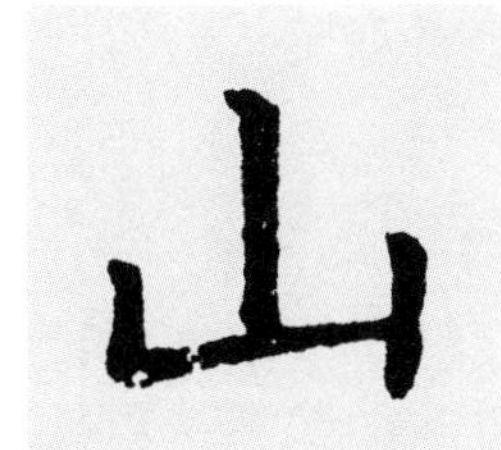

图59　活字笔划上的气孔和砂眼印迹示意图

（三）底层固版部件

大字行的空白处，有字丁印痕。说明文字不满一行，是用高度低于活字的字丁填满空格、挤紧活字、固定版面的（图60左）。

大字丁分两种，一种是长方形的，与用来涂改衍文的规格、形状相似；一种下方有拱形中空（图60右）。这应该是为了节省原料，去掉了实心的部分，也说明这些字丁是用金属铸造的。

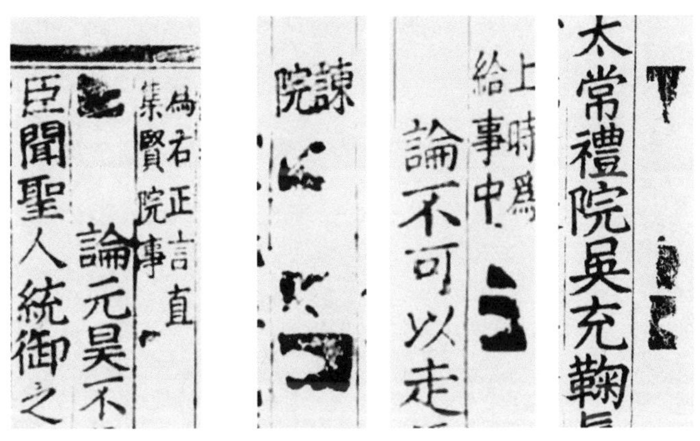

图60　字丁印迹示意图

小字行有时使用顶木（此处借用木活字概念，或许是金属条）而非字丁填充空白（图61）。

（四）行列

此前就有人提出，《奏议》版面文字、行列不整齐，这是工艺初创、缺乏经验所致。实际上对此现象，还可以进行更细致的观察。因为有界行，《奏议》纵行还是整齐的，但横列有时参差不齐（图62）。

图62（1）左侧文字横列不齐，第四行“体”字本应与左右的“君”“闻”二字平齐，却下错了半个字；图62（2）的“门”字也是下错很多，在上方形成半个字的空白。图62（3）的两行小字也是这样，到最后面

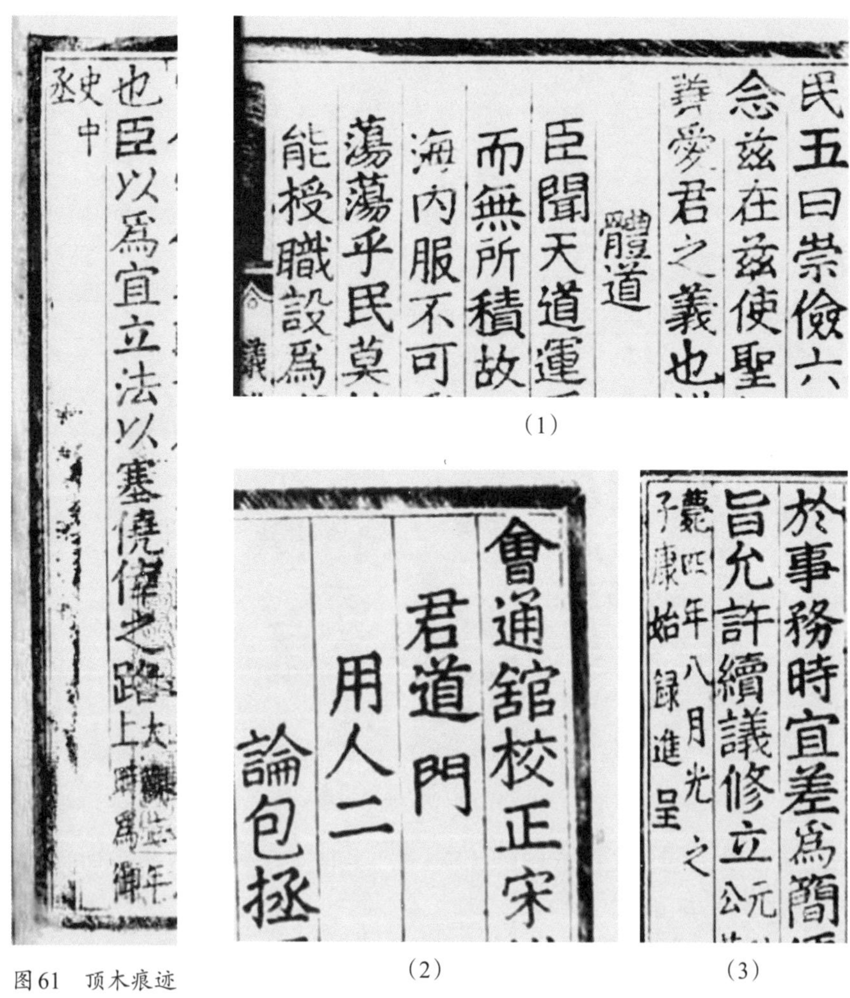

图61　顶木痕迹示意图

（1）

（2）

（3）

图62　横列不齐现象示意图

的“呈”字，要错出一个多字。这种现象说明，《奏议》版上的活字并没有挤紧，字与字之间会有空隙，但字又没有倾倒，仍然可以刷印。这是后来活字本中罕见的现象，如何解释？

从活字印刷已知的固版技术来说，有三种情况可能造成这种现象：

一是像毕昇的胶泥活字版、朝鲜早期的铜活字版那样，用蜡、松香等黏结剂从活字底部黏结固定，这样不用考虑活字是否挤紧。但此书使用字丁排版，显然没有用这种办法。

二是像元代人那样，将活字纵向贯穿起来。

元人王祯在《农书》附《造活字印书法》中说：“近世又有注锡作字，以铁条贯之作行，嵌于盔内，界行印书。但上项字样难于使墨，率多印坏，所以不能久行。”[①]朝鲜学者李圭景（1788—1856）在《铸字印书辨证说》（《五洲衍文长笺散稿》卷二十四）中说：“中原活字，以武英殿聚珍字为最，字背不凹而平，钻孔贯穿，故字行间架如出一线，少不横斜矣。”[②]元代“贯之作行”的金属活字排印工艺，因锡活字刷印技术不成熟而作罢，李圭景的生活年代又较晚，所述或得之传闻。

明代文献中，张朝瑞《宋登科录后序》叙述《宋登科录》版本源流时说：“嘉靖壬午，汀守巴陵胥君文相刻于郡之学宫，汴有宗室西亭者，联活字为板，印二录行于世。”[③]“联活字为板”，似有将活字串联为整体之意，但语焉未详。使用贯穿的办法，活字之间即使有空隙，也不会倒下。但《奏议》有双行小注，排双行字时，大字的孔应无法使用，因此可能性不大。不过，明代金属活字究竟是否借鉴元代工艺，使用过“钻孔贯穿”的办法，值得探讨。

第三个可能性，是活字及字丁规格未能完全一致，字有大小，排版时

---

① （元）王祯：《农书·农器图谱》集之二十，明嘉靖九年（1530）山东布政使司刻本。

② 转引自潘吉星《中国金属活字印刷技术史》，第96页。

③ （明）张朝瑞：《宋登科录后序》，载董斯张编：《吴兴艺文补》卷三十九，明崇祯六年（1633）刻本。

无法排满挤紧，导致活字松动。在这种情况下，如果活字低矮且重量较大，也不至于对刷印造成重大影响。综合各种情况，这种可能性要大一些。究竟如何，需要继续观察研究。

（五）刷印

《奏议》刷印品质不高，墨色浓淡不一，特别是版框，经常刷不上墨（图63），应与金属拒水有关。

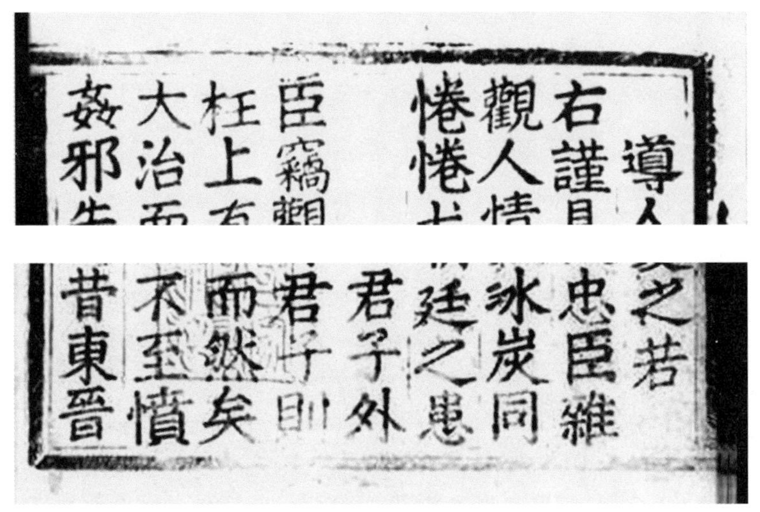

图63　墨迹不匀现象示意图

有时因刷印时纸张移动，将书叶印坏（图64）。

（六）校订

《奏议》印刷完成后进行过校对，用两个办法改正错误。一是前面说过的，用字丁沾墨涂改衍文，二是将误字挖下来，另纸补上正确的字，如图65中的“冢”“浸”二字。

二、从版面特征看会通馆活字的制作方法和材质

上文列举了从哈佛大学藏本《奏议》版面上观察到的主要印刷特征。

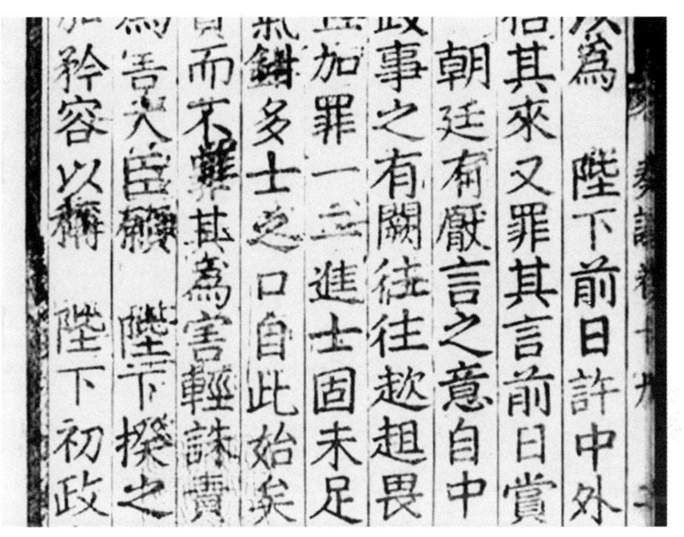

图64　刷印时纸张移动形成的重影示意图

图65　挖改误字现象示意图

根据这些特征，可以得出一些直观的结论，即《奏议》确实是金属活字本，使用的版框是拼合的，用字丁填充空白并挤紧活字。但一些深层次问题尚不能仅就此一本书的观察结果得出结论，还需要进行对比研究。

在中国印刷史研究中，有几个长期争论不休的问题，其中就包括明代金属活字的材质究竟是铜还是锡，以及这些活字究竟是铸造的还是雕刻的。引发这些争论的，就是包括《奏议》在内的会通馆所印书。

华燧在《奏议》印书序中说："书行既久，板就湮讹。吾邑大夫荣侯忧其失传，欲重锓梓而重民费，乃俾燧会通馆活字铜版印正，以广其传。"序中说到"活字铜版"[①]。他后来在《容斋随笔》的印书序中也说："今活字铜版，乐天之成。"又华燧所印书，如《会通馆印正锦绣万花谷》等，多在

① 转引自沈津：《美国哈佛大学哈佛燕京图书馆中文善本书志》，上海辞书出版社，1999年，第157页。

版心印有“会通馆活字铜版印”八字，明代其他人的活字印本，也有标榜“活字铜版”或“铜版”的。华燧同时代人邵宝作《会通君传》，收入《容春堂后集》，内云华燧“既而为铜字板以继之，曰吾能会而通矣”[①]。这些似乎都在说明，华氏印书使用的是铜活字，故清人瞿中溶认为：“明会通馆活字铜板校正音释春秋十二卷……此云活字铜板者，盖以铜铸字聚成一板印之。”[②]到清末，很多藏书家的书目，都把写明“铜版”的明代活字本著录为“明铜活字本”，一直延续到现代。

其实，这种仅凭“铜版”二字就将“活字铜版”书认定为“铜活字本”的做法是草率的。在明代，一种书标榜“铜版”，并不一定说明其制版材料使用了铜或其他金属。因为前文论证过的，在中国出版史上，“铜版”多用来表示“监本”“定本”之义，是一个书商惯用的广告词，明人也使用这个词义。

至晚在宋元之际，人们就认为国子监最初颁行的儒家经典是用铜版印刷的。坚固是青铜的本性，铜版不会像木版那样日久损坏导致缺笔少划、文字讹误，读这样的书，也就不会因为错字导致科举失败而葬送前程。这本来只是一个传说，但经常有出版商拿“铜版”来作广告，夸赞自己的书特别是科举用书品质精良、没有错误，与国子监校刊的“铜版”书一般无二，于是就有了“铜版《九经》”“铜版《四书》”等说法[③]。

除了刻本会被称为“铜版”本，明代的木活字本也会被称为“铜版”本。如万历十八年(1590)，魏显国所著《历代史书大全》用活字排印出版，郭子章序中说：“剞劂则举赢而力诎，缮写则事庞而日费，无若捐俸醵金，合铜板枣字印若干部。”许孚远序中则说：“阅岁之半而其书以枣版活字摹印而行。”[④]“铜板枣字”，明确说明其字是枣木所刻，并非铜活字，其

① 邵宝：《容春堂后集》卷七，《明别集丛刊》影印明正德刻本，黄山书社，2013年。

② 瞿中溶：《古泉山馆题跋》，载缪荃孙编：《藕香零拾》，中华书局，1999年，第700页。

③ 对“铜版”词义的辨析，见本书《谈铜版》和《再谈“铜版”一词义同“监本”》两文。

④ 二序转引自杨翼骧编著，乔治忠、朱洪斌订补：《增订中国史学史资料编年(元明卷)》，商务印书馆，2013年，第374—376页。此项材料承李开升先生提示，谨致谢忱。

版也不是真正的铜版。

在这种语境下，明代使用金属活字乃至铜活字的出版者，更有可能使用这个广告词，毕竟他们的书版材质与铜或金属有关，用起来理直气壮。这也应是华燧印书多在书名中标明“会通馆印正”的一个原因。因此，明代活字本标榜的“活字铜版”或“铜版”，词义复杂，需要逐一辨析，不能直接根据“铜版”二字来认定“铜活字本”。

回到华燧的会通馆。20世纪80年代，潘天祯先生提出，明代无锡会通馆印书用的是锡活字，引发对华氏活字材质的大讨论[①]。潘天祯的理由是，一些华氏家族文献中记载，华燧的活字乃是“铜版锡字”，或“范铜为版，镂锡为字”，包括上引邵宝《会通君传》，收入《华氏传芳集》的文本，“铜字版”也作“铜版锡字”，因此华家的活字版应是用铜铸造承摆活字的版盘，用锡镂刻活字，版盘和活字的材质不同。随着研究深入，其他否定铜字的理由也被提出，如华氏活字同一个字的字形、笔划位置均不相同，并非用同一个模子翻砂铸造，只能是逐字雕刻的，而青铜坚硬、难以雕刻；明代法律又禁止民间用铜，等等。至辛德勇先生则认为，明代并没有铜活字[②]。

从争论双方的论据看，主要是围绕文献记载，而相关记载又言辞简略、兼有异文，很难说服对方，以至于反复辩难，迄无定论。

印刷史是一门技术史，研究对象应以印刷工具和印刷产品为主，以文献记载为辅。目前明代金属活字印刷工具如活字、版盘等均未保存下来，要解决相关问题，分析、研究现存活字本的版面印迹以推断其印刷工艺就变得更加重要。

前面说过，《奏议》活字，每个字都是不一样的，所以它们不会像朝鲜

---

① 潘天祯为此写过一组文章。他的主要观点见《明代无锡会通馆印书是锡活字本》一文，《图书馆学通讯》1980年第1期。

② 辛德勇：《罗振玉旧藏铜活字字钉观览记》，《中国出版史研究》2018年第2期。

内府铜活字、清林春祺福田书海铜活字那样，是用同一个模子翻铸出来的。在此前的认识中，这就说明活字不是铸的，而是雕刻的，我也持这种观点。但将《奏议》的活字与已经确认的雕刻的金属活字对比，发现它们的形态完全不一样，“刻字”一说需要重新考虑。

明代徐缙印刷《唐五十家诗集》(图66)和安国印刷《吴中水利通志》(图67)使用的活字，均带有明显的笔划缺损和笔划错位的特征，应是雕刻的金属活字。[①]

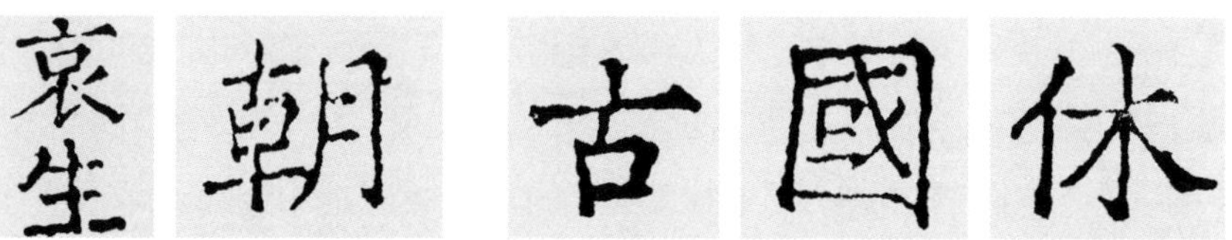

图66 《武元衡集》中金属活字的笔划缺损、错位现象

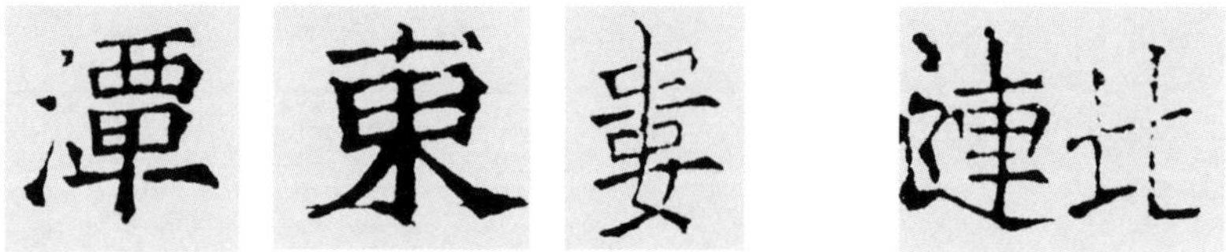

图67《吴中水利通志》中金属活字的笔划缺损、错位现象

从上列《武元衡集》和《吴中水利通志》的文字可见，金属活字的雕痕可分为两类，一是不顾品质，将笔划刻断，给活字造成严重损害，如图66左的“生”字刻竖画时误断三横画；“朝”字刻竖画时误断五横画；图67左的“娄”字一长竖两侧的横划几乎全被刻断，断痕宽阔。二是为避免刻断笔划而造成错位，图66右、图67右中的字都非常典型。

① 雕刻的金属活字，其特征及成因可见本书《运用雕痕特征鉴定金属活字本》一文。

与徐氏、安氏的字对比，《奏议》的文字基本不见这两种情况，其活字笔划整齐完好，没有严重损坏和错位的现象（图68）。同时，《奏议》活字上的气孔，基本都完整地出现在笔划之内，显示它们是在铸造笔划时产生的，而不是在铸造刻字所用坯料时产生的。因为若是坯料上的气孔，雕刻时随机遇到，会被刀凿所伤，就不能这么完整而有规律地出现在笔划上了。这两个证据，足以表明印刷《奏议》的金属活字，是铸造而非雕刻的。

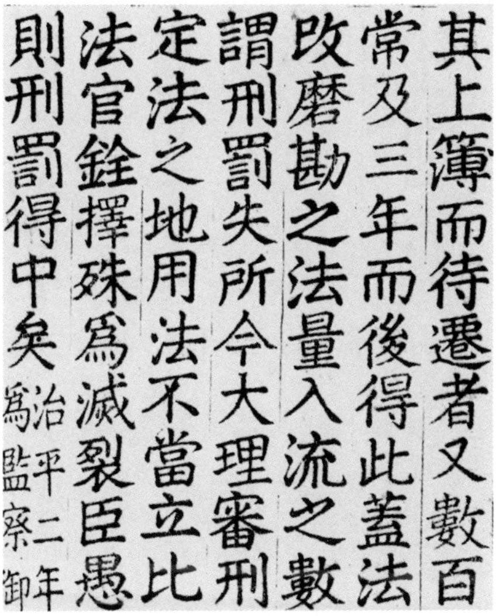

其上簿而待遷者又數百
常及三年而後得此蓋法
改磨勘之法量入流之數
謂刑罰失所令大理審刑
定法之地用法不當立比
法官銓擇殊爲滅裂臣愚
則刑罰得中矣治平二年爲監察御

图68　随机截取的《奏议》版面，活字笔划整齐完好。

金属活字不是刻制的，那就只能是铸造的；用的不是同一个模子，那就只能是每个字都有一个独立的模子。可以推论，华燧雕刻或借用了一副足够印书的木活字，一次性翻铸成金属活字。

对整体铸字这一推测，还有一个验证机会，即铸造时总会有次品，或使用时数量不足，这都需要补铸。补铸不可能严格使用原来的模子，这会造成少数活字同模。体现在版面上，就是同一叶出现同样的字，那将是铸造活字的铁证。目前寻找同模字的工作还没有来得及做，期望以后能够找到。

青铜活字难以雕刻，是否定“铜活字”说的重要依据。确定会通馆活字并非雕刻的，这个依据不再有用，也说明“镂锡为字”的记载不尽属实，“铜锡之争”又回到起点。

铜活字和锡活字均可铸造，二者的印本又如何区别？目前也没有成熟的办法，还是从墨痕对比上尝试寻找它们的不同特点。

图69　锡活字本《陈同甫集》的墨痕示意图

现在已知的锡活字印本，有清道光、咸丰之际岭南寿经堂所印“三通”及《陈同甫集》等书[①]。取《陈同甫集》锡活字放大观察，其笔划上的气孔印痕较少，不像《会通馆印正锦绣万花谷》活字那样典型而密集（图69）。

与《奏议》年代相同、大小相似的金属活字，有嘉靖初年无锡安国的活字。取安国活字印本《吴中水利通志》中的活字放大观察，可以看到它们有两个特点：一是具有明显的金属雕痕，且刀口锐利爽快；二是字上也很少有气孔。从直观印象来说，华家的活字与安家的活字，用的不是同一种材料（图70）。

图70　左为华氏会通馆活字，右为安氏桂坡馆活字。

弘治年间，中国的日常铸造还使用青铜，青铜是当时世上最坚硬的物质，很难雕刻阳文文字，因此那些雕刻而成的金属活字，用的应是锡一类的软质金属。明代印书数量多的金属活字，如徐缙印《唐五十家诗集》、安国印《吴中水利通志》、游榕印《太平御览》的活字，均有明显的雕刻痕迹，可证不是铜字。《奏议》活字不取雕刻而用铸造，或说明使用了难于雕刻的材料。

从文献角度看，明中期使用铜活字的记载虽然不多，也有数条，而且集中在弘治前后。除了邵宝说的“既而为铜字板”，还有唐锦《龙江梦余

① 参见本书《锡活字本〈陈同甫集〉与历史上的锡活字版印刷》一文。

录》卷三说："近时大家多镌活字铜印，颇便于用。"[①]陆深《俨山外集》卷八说："近时毗陵人用铜铅为活字，视板印尤巧便。"[②]刘献刍《谈林》说："计宗道……其家有铜铸字，合于板上印刷，如书刻然。"[③]唐锦是上海人，弘治九年（1496）进士；陆深是松江人，弘治十二年（1499）进士；计宗道是广西马平人，也是弘治十二年（1499）进士，十五年（1502）任常熟知县，直到正德三年。这几条记载涉及的年代，正是无锡华氏用"活字铜版"印书之时，应非空穴来风。

因此，结合活字印痕及文献记载来看，华燧印制《奏议》的活字有可能是铜活字。

现在简单概述一下本文的观点：根据对《会通馆校正宋诸臣奏议》版面印迹的观察和分析，可以确定此书为金属活字本，使用围合版框和字丁排版、固版，活字整体铸造而成，有可能是铜活字。明代其他金属活字本大多数带有明显的雕刻痕迹，使用的应是铅、锡等软质金属。明代金属活字的材质和制作方法复杂多样，对其印本的研究鉴定应逐一进行，不能一概而论。

（原刊于《文津学志》第十二辑，2019年）

---

① （明）唐锦：《龙江梦余录》卷三，《续修四库全书》影印明弘治十七年郭经刻本。
② （明）陆深：《俨山外集》卷八，《景印文渊阁四库全书》本。
③ （清）汪森：《粤西丛载》卷二十三，《景印文渊阁四库全书》本。

清康熙内府铜活字铸造初探

康熙末年，清内府设立铜字馆，制作一百余万枚铜活字，用来印刷《古今图书集成》。这是中国古代最大的活字印刷工程，其活字制作和书版排印质量也堪称传统活字印刷技术的高峰。

铜活字印本《古今图书集成》传世尚多，但铜活字等印刷工具早已销毁净尽，当时也未留下相关档案或记载。一直以来，人们对这套铜活字的具体情况了解甚少，已有的知识也不尽准确。

如对活字的数量，就有二十三万、二十五万和一百万三说，对其制作方法，有铸造和雕刻两说[①]，皆无定论。对铜活字最后的去处，过去人们相信乾隆皇帝的说法："康熙年间编纂《古今图书集成》，刻铜字为活版，排印藏工，贮之武英殿。历年既久，铜字或被窃缺少，司事者惧干咎，适值乾隆初年京师钱贵，遂请毁铜字供铸，从之。"[②]但现在看，也不准确。

近几年，项旋先生等对清代官方档案爬梳整理，获得有关康熙内府铜活字的一手材料，据此破解了活字字数、去处的历史谜案，也提供了活字制作、排印技术的重要信息。这是中国印刷史研究的重大突破。

项旋的《清代内府铜活字考论》[③]，用清内务府档案等文献交互参证，考出清康熙五十五年（1716）设立图书集成馆（亦称铜字馆）制作铜活字，至五十八年（1719）基本完成。雍正间印刷《古今图书集成》工作

---

① 各种说法可见张秀民著，韩琦增订：《中国印刷史（插图珍藏增订版）》，浙江古籍出版社，2006年，第606页。

② 《御制题武英殿聚珍版十韵》"毁铜昔悔彼"句自注。

③ 项旋：《清代内府铜活字考论》，《自然科学史研究》2013年第32卷第2期。

完成后，这批铜活字被收贮起来，由铜字馆移交给武英殿铜字库管理。“乾隆九年十一月初六日武英殿将铜字板二万七千八百六十斤查明具奏，奉旨著佛保销毁备用……十年正月二十三日因铸造雍和宫三世佛，复经奏请此项铜板销毁应用”，铜活字就这样在乾隆十年（1745）被改铸为佛像。两万七千八百六十斤“铜字板”，包括七百个“大小铜盘”和一百零一万五千四百三十三枚“有字铜子”。经雍正十一年（1733）和乾隆九年（1744）两次清点，“有字铜子”即铜活字的数量都是一百零一万五千四百三十三枚，这是铜字退出使用后的数量。

至此，康熙内府铜活字的数量和去处两大问题均得到解决。

武英殿铜字库在移交铜字时，发生了不法事件。原本铜字库收贮“有字铜子一百一万五千四百三十三个，无字铜子十八万八千四百四个。后经乾隆九年奏交铸炉处时，永忠、郑三格只将有字铜子一百一万五千四百三十三个奏交铸炉处，其无字铜子十八万八千四百四个并未入奏”。乾隆十八年（1753）此案发作，审问下来，乃是办事官员永忠等将无字铜子隐匿下来送给了和亲王弘昼，最后将永忠治罪革职、限期赔补了事。

永忠等隐匿的无字铜子十八万八千四百零四枚，是从何玉柱家抄没而来的。何玉柱为康熙第九子允禟的心腹太监，在康熙六十一年（1722）十二月被雍正帝下令抄家发配。项旋认为，何玉柱可能是内府铜字馆制作铜活字的办理人员，其家所得无字铜子系从内府铜字馆流出。

对于“无字铜子”，项旋分析说：

> 大量有字铜子和无字铜子的并出，无疑是探索清代内府铜活字制作方法的关键性信息。数量巨大的无字铜子若要一个个镌刻而成，操作甚难，费时费力，而采用中国传统技术最为成熟的铸造工艺制作最为合理。铜子从无字到有字的显著变化，不

仅证明了内府制作铜活字过程中制作了大量的备用铜子，可随时增补不敷所用的铜活字，保证刷印进度，同时也证明了内府铜活字的制作流程系先铸造成无字铜子，再从无字铜子上刻字。这与朝鲜铸造铜活字的工艺显著不同，内府铜活字的制作工艺先后有铸造和镌刻两道工序，有自己的鲜明特点和独特创造。文献记载中清代内府铜活字有铸造和镌刻的不同说法，这两种说法并不矛盾，而是对铜活字制作流程中不同阶段的说法，其应是先铸造成无字铜子，后在无字铜子镌刻成字，先后用到了铸造和镌刻两种工艺。

由于没有铜字留存，也没有信实的文献记载，自乾隆间，人们对内府铜活字的制作方法就众说纷纭。上引乾隆帝说“刻铜字为活版”，是为“雕刻说”。同为乾隆时人的吴长元说：“活字板向系铜铸，为印图书集成而设。”[①]嘉道间人包世臣说：“康熙中，内府铸精铜活字百数十万排印书籍。”[②]清末刘锦藻说：“聚珍版创行之始，出于廷臣金简，然较康熙朝范铜铸字排纂《图书集成》，法较简矣。”[③]刘锦藻此论似本金简所言。金简在《武英殿聚珍版程式》中说：“爰以活字法奏请，得旨允行，锡名曰武英殿聚珍版，系以睿制。简乃率属鸠工，行之三年，事省而功速，较胜于镕铅埏泥而成。”其“镕铅埏泥”似暗指康熙内府铜活字的制作方法。以上为“铸造说”。在现代印刷史研究中，张秀民先生等大多数学者主张铜字是雕刻的[④]，潘吉星先生则主张是铸造的[⑤]。项文得出的“铜子从无字到有字的显著变化……证明了内府铜活字的制作流程系先铸造成无字铜子，再

① 吴长元：《宸垣识略》卷三，《续修四库全书》影印清乾隆五十三年刻本。

② 转引自张秀民著，韩琦增订：《中国印刷史（插图珍藏增订版）》，第602页。

③ 刘锦藻：《皇朝续文献通考》卷二百七十，《续修四库全书》影印本。

④ 张秀民的相关论述见张秀民著，韩琦增订：《中国印刷史（插图珍藏增订版）》，第602—606页。其余主张“雕刻说”的学者，观点和论据多本张秀民。

⑤ 潘吉星的相关论述见氏著：《中国金属活字印刷技术史》，第99—105页。

从无字铜子上刻字”结论，加强了铜活字制作的“雕刻说”。

清人语出多歧，今人无法通过这些记载确定铜字的制作方法，新见内务府档案中的记载就显得非常重要。不过，从印刷史和金属史角度看，认为“无字铜子”可以证明铜活字系“镌刻成字”的结论，难以成立。

对武英殿铜字库所藏铜活字的情况，杨虎先生《乾隆朝〈古今图书集成〉之铜活字销毁考》一文所引档案有更多细节[①]。乾隆六年至九年（1741—1744）任武英殿铜字库库掌的崔毓奇，除了证实库存铜活字确为一百零一万五千四百三十三枚外，还说明当时铜字库保存的铜字版组成计有：“大小铜盘七百个、饰件条线重九百八十斤，连字大称称得二万九千八百斤有零，又有何玉柱家交来铜子三十万八千五百二十个，重七千五百斤。”除了铜盘和铜字、铜子，组成铜活字版的还有“饰件条线”。何玉柱家交来的铜子有三十万八千五百二十枚，比永忠所述多出十二万余枚。

这也是非常重要的信息，让我们可以了解康熙时内府铜活字版的原貌和排版技术。排版用的全套工具，计有“铜盘”，用来承托活字，并刷印边框；“饰件条线”，用来刷印版心鱼尾和界行；“字”即铜活字，分大小两种，用来印刷文字；“铜子”即铜丁，用来填充空白，顶住活字使其不能移动。

活字印刷中，字丁是不可或缺的印版组件，它低于活字，印刷时不露痕迹，没有它却无以成版。《武英殿聚珍版程式》说：“凡书有无字空行之处，必需嵌定，方不移动，是谓顶木。用松木做成方条……俱自一字起至二十字止，量其空字处长短，拣合尺寸嵌于无字空行处。”武英殿聚珍版是木活字版，故使用“顶木”。将顶木锯成活字大小，就是字丁；将字丁排列起来，还是顶木，二者功能一致。康熙内府活字是铜活字，故使用铜字丁。

---

① 杨虎：《乾隆朝〈古今图书集成〉之铜活字销毁考》，《历史档案》2013年第4期。

根据崔毓奇的记录，铜盘、饰件条线和活字总重两万九千八百斤，除去铜盘、饰件条线重九百八十斤，一百零一万五千四百二十三枚铜活字的重量为两万八千八百二十斤。三十万八千五百二十枚无字铜子重七千五百斤，折合成一百零一万五千四百三十三枚，则重两万四千六百八十五斤，比相同数量的铜活字轻四千一百多斤。如果说无字铜子是“备用”来刻字的，它们一定会比刻好字的活字重，如今不重反轻，符合填版字丁的特点——高度低，体积小，重量轻，也说明它们不是用来刻字的。

乾隆间，金简奏请雕刻十五万枚活字，并配制两千枚备刻木子，后来实际刻成二十五万字，制备一万枚木子。以此比照，康熙内府的一百余万枚铜活字，无论如何都不需要三十余万枚备刻铜子。远超实际用量的庞大数量，再次说明这些无字铜子不是用来刻字的。

而从排版角度看，这些铜子就能派上用处。《古今图书集成》是一部一万卷的大型类书，文字多为断简零篇，每篇前面还有标题，特别是卷数最多的职方典、氏族典等，内容多是地名、人名，每叶往往空白多于文字。综合统计，《古今图书集成》版面空格占比在30%以上。三十余万枚无字铜丁和一百余万枚活字的比例与此相似，它们应是造字的时候按比例配制的。

各种情况都表明，内府铜字版的“无字铜丁”不是用来刻字的，也就证明不了铜活字是雕刻的，要解决“刻”与“铸”问题，需要另寻办法。

印刷史的主要研究对象是实物，对内府铜活字本，我们可以通过观察书籍版面，寻找具有铜活字特征的印迹，再分析这些特征产生的原因，反推其制作方法。

从金属史角度看，康熙时鼓铸使用黄铜，而黄铜在当时的技术条件下，很难雕刻出高质量的阳文文字。康熙末年，朱象贤在谈到篆刻所用铜料时说：

> 铜内和以青铅则色淡，古人造器亦用之。和以白铅则黄而

质硬，古无用者，铸字、凿字则可，刻则费力耳。[①]

青铅即锡，与铜的合金为青铜；白铅即锌，与铜的合金为黄铜，它们都只能铸字、凿字，难以雕刻。这是当时掌握刻铜技术者的现身说法，也符合今天的考古学和金属学认知。

中国有超过三千年的铜文化史，历代均有大量铜器流传下来，除了晚近的铜印章，要找到一个刻有阳文文字的铜器却不容易。带文字的铜器当然很多，阳文的也有，但字都是铸成的。

明代也有金属活字带有雕刻特征，表现为笔划缺损和笔划错位[②]。

再看《古今图书集成》，活字笔划精致完好，没有上述情况，并且其字

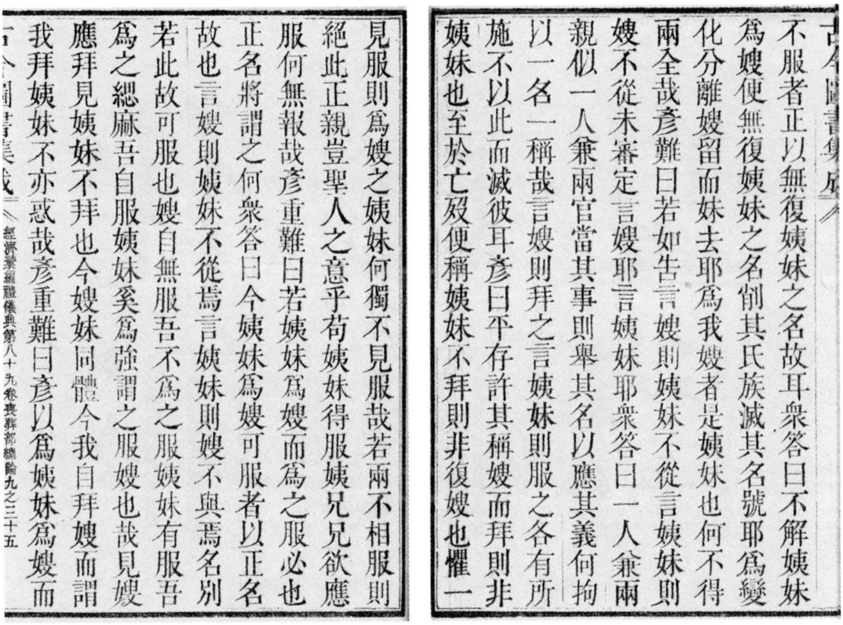

見服則爲嫂之姨妹何獨不見服哉若兩不相服則絕此正親豈聖人之意乎苟姨妹得服姨兄兄欲應服何無報哉彥重難曰若姨妹爲嫂而爲之服必也正名將謂之何衆答曰今姨妹爲嫂可服者以正名故也言嫂則姨妹不從焉言姨妹則嫂不與焉名別若此故可服也嫂自無服吾不爲之服姨妹有服吾爲之緦麻吾自服姨妹奚爲強謂之服嫂也哉見嫂應拜見姨妹不拜也今嫂妹同體今我自拜嫂而謂我拜姨妹不亦惑哉彥重難曰彥以爲姨妹爲嫂而

古今圖書集成　經濟彙編禮儀典第八十九卷喪葬部總論九之三十五

古今圖書集成

不服者正以無復姨妹之名故耳衆答曰不解姨妹爲嫂便無復姨妹之名倘其氏族滅其名號耶爲變化分離嫂留而妹去耶爲我嫂者是姨妹也何不得兩全哉彥難曰若如告言嫂則姨妹不從言姨妹則嫂不從未審定言嫂耶言姨妹耶衆答曰一人兼兩親似一人兼兩官當其事則舉其名以應其義何拘以一名一稱哉言嫂則拜之言姨妹則服之各有所施不以此而滅彼耳彥曰平存許其稱嫂而拜則非姨妹也至於亡歿便稱姨妹不拜則非復嫂也懼一

图71　《古今图书集成》经济汇编礼仪典卷八十九第35页A面（左）和B面（右）

① 朱象贤：《印典》卷七，清康熙六十一年（1722）吴县朱氏就闲堂刻本。

② 见本书《运用雕痕特征鉴定金属活字本》等文。

体规格比明代金属活字要小，笔划更细，特别是横划，仅留一线，使用的铜料又是坚硬的黄铜，即使勉强雕刻，要让一百多万枚活字的笔划基本不受损伤，这是当时的技术无法做到的。两相对比，只能说清内府铜活字不具备雕刻特征，不是雕刻而成的。

对铜字来说，不是雕刻的，就只能是铸造的。将《古今图书集成》的文字放大观察，可以看到活字笔划上存留诸多金属铸造痕迹。现随机抽取其经济汇编礼仪典卷八十九第35叶一个整版，进行观察分析。

一是很多文字有流铜印痕。铸铜时铜液会因各种原因渗流到型腔之外，形成流铜，也就是铸件外表会有很多毛刺。铜活字铸成后，一定会加以修整去除毛刺，但仍难免有“漏网之鱼”，印到纸上，原本应是空白的地方，出现各种纤微的墨痕。雕刻的字，空白处的材料被全部铲除，无从留下这种印迹。

图72　活字上的流铜印痕示意图

二是气孔和砂眼相对完整地出现在笔划中间（如“妹”），或聚集在笔划一侧（如“便”），说明它们是在铸造笔划时产生的，而不是在铸造刻字所用的坯料时产生的。因为若是坯料上的气孔，雕刻时随机遇到，就不能这么完整、有规律地出现在笔划上了。

图 73　活字上的气孔痕迹示意图

三是一些笔划呈弯曲状，应是铸造时型砂移动带来的瑕疵。如“答”的中心两横，“悽”的中心三横（此字取自卷九十第11叶）。

图 74　活字上型砂移动形成的瑕疵示意图

四是一些字上带有木刻的刀痕。雕刻木字的时候遇到笔划交叉之处，刻工往往会直刻过去，将相对的笔划刻断。但因刀刃薄、断痕窄，不会给文字造成大的损伤，而且木头遇水膨胀，又能弥合刀痕，这种雕刻瑕疵印到纸上，痕迹不明显，也不影响美观。下例的“若”字草头的两竖与横划交叉处均有细微刀痕，“而”字横竖转折处也有细微刀痕，这是木模的瑕疵被翻铸到活字上。

图 75　翻铸到铜字上的木模雕刻瑕疵示意图

上举各例仅为对一叶版面粗略观察所得。如果扩大观察范围，将能得到更多活字铸造形态的印迹。清内府铜活字上的文字乃铸造而成，应无疑义。

按照过去的认识，铸造铜活字应该先刻一个木模子，然后辗转翻铸，得到一套足够多的活字。朝鲜古代铜活字和清道光间林春祺福田书海铜活字都是这样制造的。从《古今图书集成》印本中可以看出，书中同一叶的每一个字都不相同，说明这些字并不是用同一个模子翻铸的。那么，它们是怎样铸造的？可能性只有一个，就是先刻一副足够印书的木活字，然后整体翻铸。

也许有人会反对这个观点：内府铜活字总数一百多万枚，每字都刻一个模子，未免太过笨拙。但分析实际情况，清内府并不一定要刻一百多万枚字模，即使刻这么多，也是一个“多快好省”的办法。

先算一下刻一百万枚活字木模的账。

光绪间纂修的《钦定大清会典事例》，记武英殿铜字库刻铜字人工价为每字白银二分五厘。[①]过去人们认为铜字是刻的，铜字库雇有“刻铜字人”也是一个重要依据。张秀民先生就说：“当时不说铸铜字人，而说‘刻铜字人’，可见铜字是刻的。”铜字库雇用排字工人，每月工银三两五钱，刻字人的月工银也应相差不多，刻一个铜字工价二分五厘，三两五钱银子平均到每天，还不够刻五个字的。假设“刻铜字人”的工作就是刻这一百多万枚铜活字，三年刻完，每年要刻三十多万字，每天要刻一千字，这就需要二百个人同时雕刻。问题是，在康熙朝，社会上并没有刻铜字这一行当，清内府到哪里才能找到二百个熟练的刻铜字工人来连干三年，高质量地按时完成连篆刻家都感到棘手的任务呢？从人工和效率角度也可看出，用雕刻的办法制作巨量铜活字不切实际。武英殿铜字库雇用的刻铜字人到底有几个，究竟做什么事，需要重新认识。

康熙时，武英殿雕版工人刻一百个宋字的工价为白银八分，如果月工银也按三两五钱算，每月能刻四千多字，若雇用一百名雕版工人刻一百万个活字木模，只需要不到三个月时间，而且这一百名雕版工可以召之即来，没有任何困难。

说完人工和效率，再算一下成本。假设这一百多万枚活字都是用铜丁雕刻的，不算铜料和铸造铜坯的成本，仅刻字一项，就需要白银

① 《钦定大清会典事例》卷一千一百九十九，《续修四库全书》影印光绪石印本。

两万五千多两。乾隆间武英殿刻枣木活字二十五万多枚，用银不到一千七百五十两。刻一百万个枣木字做铸造用的模子，所费不过七千两，与刻铜字相比，节省70%还多。康熙朝规定，刻枣木字工钱加倍，则字模不用枣木，其成本又下降一半，只有三千五百两。若再不计木料成本，只按当时刻木版宋字每百字八分的工价，刻成一百万枚活字木模，只需白银八百两，相对于雕刻铜字所费，简直可以忽略不计。

前面说，清内府并不一定要雕刻全部一百多万枚木模，因为也可以只雕刻足以印书的数量如聚珍版木活字的二十五万枚，然后用这套木模分几次铸出几套活字。从《古今图书集成》的叶数看，仅正文就排了四十一万四千零一十九个版，这是在三年内完成的，平均每天要排四百多个版。这么多版同时排字，不可能集中到一个地方去捡字、归字，必然要分若干工作场地，铜活字也需要分为若干组。在此情况下，用十万、二十万枚数量级的木模，每铸成一套活字即分配给一处场地使用，是合理的办法。这样的话，虽然从总体上看模子重复使用，铸成的字有相同的，但每个场地使用的活字仍不同模，表现在版面上，也是所有的字都不相同。如此，刻木模的成本就更低了。

现在还剩下一个问题，就是为何清朝不像朝鲜那样，每字只刻一个模子，连续翻铸成一套活字，岂不是更能降低成本吗？我想，雕刻大量木字翻铸，也是当事者结合技术、质量和成本、效率等因素进行综合考量的结果。

从技术上来说，古代铸铜精度不高，难以保证每个字的字划都完整、饱满，清朝此前并不使用铜活字印书，在铸字方面也没有经验，用翻铸的方法，只要一个字有缺陷，后面铸出的字就都无法使用。康熙末年是传统印刷业的高峰时期，内府印书极为精美，《古今图书集成》的印刷面临极高质量要求，必须保证每个活字清晰完好。在这种情况下，尽量使用原模初铸的活字，减少翻铸的次数，是提高质量的有效办法，而且所费人工、成本也未必比翻铸更多、更高。道光时林春祺铸造铜活字，使用的是同模翻铸的办法，据他自己说，他用了二十年时间，耗资二十多万两白银，铸成大小活字各二十多万枚[①]，算下来用半两银子才能铸成一枚活字，可谓天价。不知他说的银数是否有所夸张，但翻铸铜字，时间和金钱成本巨大，应无疑义，其中辗转翻铸造成次品过多、补铸频繁，应是重要原因。康熙内府活字多达百万，如果铸造时也面临这种情况，那真叫事倍功半了。

要在同模翻铸的情况下提高铸造质量，像朝鲜内府那样，把活字做大、笔划加粗，也算一个办法。但对清内府来说，那样又会增加印刷成本。《古今图书集成》是一部一亿多字的巨著，仅正文就排印了四十多万页。如果将活字制得与朝鲜内府活字同样大小，书版面积就要增加三分之一以上，由此会带来巨大的纸墨成本，这还不算多耗的铜材。而且当时刻书字体已经形成竖粗横细的审美习惯，这种字体也难得翻铸完美。各种情况权衡下来，清内府雕刻木字翻铸铜字，实属合理、可行的最优选择。

总之，近年来从清内务府档案中发现的新史料，对研究清康熙内府铜活字和《古今图书集成》的印刷出版十分重要，据此不仅了解到这批活字的数量、去向，也了解到其排版工艺使用铜字丁填充空格、固定版面。根据《古今图书集成》版面印迹反映的活字铸造特征，可知铜活字是连字一体铸造的，其方法则是先雕刻一套木模，再整体翻铸成铜字。这是中国活字印刷史上一项空前绝后的大工程。

（原刊于《中国出版史研究》2019年第2期）

① 林春祺：《铜板叙》，见道光间福田书海铜活字版《音学五书》卷首。林春祺说他的铜活字系“镌刊”，实则翻铸。

《题奏事件》不是蜡版印刷品

——兼谈"清代使用蜡版印刷"说法依据不足

清代曾用"蜡版"来印刷报纸等临时出版物，是在西方来华传教士和外交官中间流传的说法，至今未在中国书籍中发现相关资料。在印刷史研究领域，张秀民先生首先指出这种技术，韩琦先生又根据西方人士的记载作了深入研究。2006年出版的张秀民著、韩琦增订《中国印刷史（插图珍藏增订版）》，专辟"广州蜡版"一节，对"蜡版印刷"问题作了大篇幅论证，肯定了这一技术的存在，称："有清一代蜡版印刷使用得比较普遍，不只道光时用蜡印，雍正之前就已使用。除广州外，北京与其他省府也使用这种简便的印刷方法，现在仍有蜡版印刷品流传下来。"该书还提供了一些"蜡版印刷品"的书影，即道光三年（1823）广东印《辕门钞》、雍正九年（1731）印《题奏全录》、咸丰五年（1855）聚恒号印《题奏全稿》和乾隆三十八年（1773）公慎堂印《题奏事件》①。

这几种"蜡版印刷品"都是专门刊载政府动向的公报类出版物，均藏于国外图书馆，但属于同类的《题奏事件》国内还有留存，如中国国家图书馆就藏有乾隆、嘉庆年间公慎堂出版的《题奏事件》多份②。这为我们通过印刷品实物还原印刷技术，确定《题奏事件》的印刷方法乃至重新审视"蜡版印刷"问题提供了方便。

---

① 张秀民著，韩琦增订：《中国印刷史（插图珍藏增订版）》，浙江古籍出版社，2006年，第407—412页。

② 《乾嘉题奏事件》，中国国家图书馆藏。

一、《题奏事件》是木活字印本

20世纪90年代，潘天祯先生研究过南京图书馆所藏的《题奏事件》，认为它是木活字印本①，当时尚无蜡版一说。至《中国印刷史（插图珍藏增订版）》，则认为它们属于蜡版印刷品，并提出若干鉴定依据。然而，当我们看到中国国家图书馆所藏实物时，立刻断定公慎堂《题奏事件》是用木活字排印的，因为它们具有活字印刷技术独有的特征。

首先，很容易观察到的是版面上有大量夹条、顶木印迹。按清代活字排印技术，在排版时要使用夹条和顶木。一行字的两侧要用夹条夹紧；文字不足一行时，要用顶木填在空格内，顶住活字。这些都是固版措施，以防止活字移动。夹条、顶木的高度低于活字和版框、栏线的高度，刷印时一般不会在纸上留下印迹。但《题奏事件》没有版框和栏线，版面对纸的支撑不足，在没有字的地方，刷印时稍有不慎，纸就会塌下去，从而把夹条和顶木印到纸上，表现为有序排列的墨线和墨块。这种排版技术瑕疵痕迹，在《题奏事件》中比比皆是（图76）。

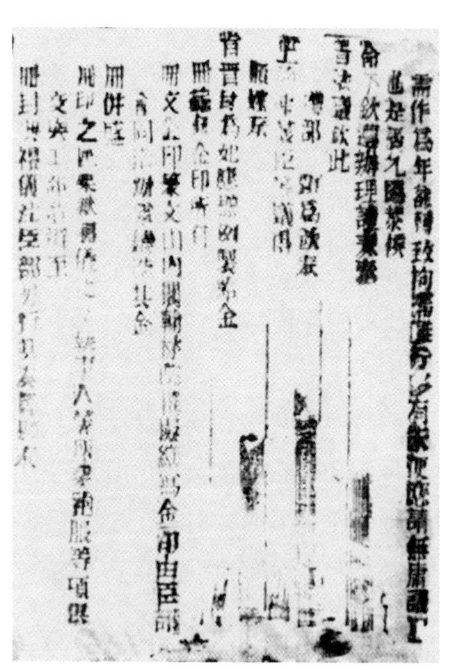

图76　公慎堂版《题奏事件》的夹条、顶木痕迹（中国国家图书馆藏）

其次，仔细观察，我们还能在书中找到活字本的根本特征，

① 潘天祯：《乾隆、嘉庆间所印日报〈题奏事件〉的发现》，《文物》1992年第3期。

即字是“活”的，是重复使用的，同一枚活字印出的字会出现在不同书叶上。在中国国家图书馆所藏《题奏事件》中，嘉庆六年（1801）十一月初七第3叶第17行、十二日第1叶第15行、二十四日第3叶第22行的“旨”字，可以看出都是用同一枚活字印成的（图77）。更容易看到的是，一段时间内不同日期出版物首叶卷端的“题奏事件”“公慎堂”以及年月日等字，也是同一组活字印成的，这是为节省工力，在拆版时把它们留在了原位。实际上在版本鉴定时，只要抓住这一特征，就可以判断一部书是活字印刷的。因此，完全可以确定公慎堂印刷《题奏事件》使用的是活字版，而非蜡版或木版。

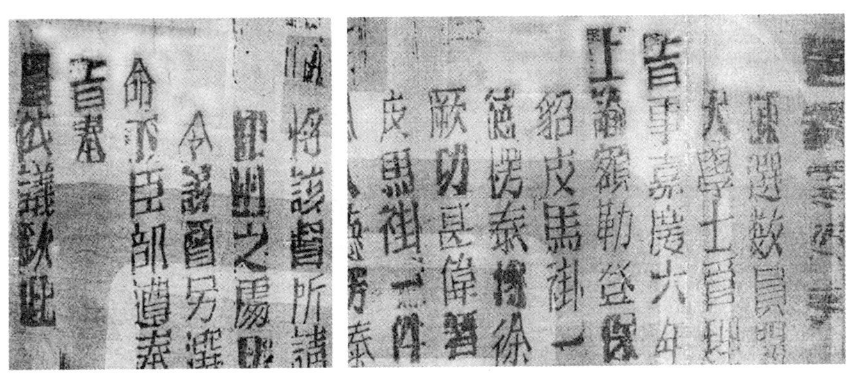

图77　公慎堂版《题奏事件》相同的“旨”字。左为嘉庆六年（1801）十一月二十四日第3叶，右为十二日第1叶。

对《中国印刷史（插图珍藏增订版）》提示的另外几种收藏在国外图书馆的“蜡版印刷品”，笔者虽尚无条件鉴定实物，但从书影呈现的版面特征看，极有可能也是木活字排印本。如维也纳奥地利国立图书馆收藏的咸丰五年（1855）聚恒号《题奏全稿》，其卷端一行字中，“咸丰五年”四字损坏严重，“丰”字已无法辨识，而下面“十一月二十九日”七字，却相当清晰。这是因为对报纸而言，年号的使用频率比月份高得多，印年号的字磨损自然也严重得多。文字新旧羼杂是鉴定木活字本的一个重要依据。又如维也纳奥地利国立图书馆收藏的雍正九年（1731）《题奏全录》，虽然图片较小，但仍能看出某些活字特征，如第6行第7字“著”，左侧有一条竖的墨痕，这应该是活字边沿的印迹。这种印迹在质量不高的木活字印刷品中较为常见，如图77中的“旨”“上”“钦”“此”等字。当然，版本鉴定的对象是书籍实物，要最终确定它们的印刷方式，有赖于对实物进行观察研究。

二、从中国古代文献中的用蜡事例看蜡版印刷的可能性

另一方面，从与出版印刷密切相关的各种因素中，我们也难以找到上述出版物是“蜡版印刷品”的有力理由。

从成本和效率角度看，在清代，木活字排印是便捷印刷的主流技术，操作简便，印刷迅速，质量可靠，成本低廉，是印刷报纸类出版物的最佳选择。比《题奏事件》更有影响的《京报》，年代跨度大，存世量也大，虽然有传教士说外省曾用蜡版翻印，但笔者见到的《京报》都是木活字本，没有所谓蜡版印本。《题奏事件》《题奏全录》《题奏全稿》等，与《京报》性质相同，其出版是一项商业经营活动，出版者很难脱离时代技术主流和经济规律，选用“蜡版”这种成本更高、质量无法保证的印刷方式。

根据《中国印刷史（插图珍藏增订版）》综合的多位传教士和外交官的说法，清代蜡版印刷的技术流程大致如下：取蜂蜡和松香混合，涂在小片木块上，使其足够硬；在蜡上刻阳文反字；用木销把小片木版拼合在一起；把烟墨与菜油混合，经研磨制成印刷油墨；用蜡版印刷；印完后将版面文字抹平，供再次使用。但笔者认为，从材料角度看，蜡能否制版，制版后能否刷印，也是一个问题。

我国铸币史上有一个故事，讲到“背月”开元通宝的来历。这种钱的背面有一道月牙形铸痕，据《文献通考》卷八引述郑虔《会粹》说：“（欧阳）询初进蜡样日，文德皇后掐一甲迹，故钱上有掐文。”开元通宝上的月

牙形痕迹，事实上是由翻砂铸造的技术瑕疵造成的，说它是皇后的甲痕显属附会，但反映出蜡制品硬度不足的物理属性。这样的例子还有。《重修宣和博古图》卷六在谈及召公尊时说："此彝有五指痕……今此指痕以蜡为模，以指按蜡所成也。"反映了宋代人对蜡的属性的把握。蜡即使硬化为铸模，仍掐之成文，按之有痕，这样硬度的物质能用来刻版刷印么？

到清代，人们对蜡的认识和利用，除了可受控转换液体与固体形态外，还有其熔化时的柔软特性。康熙年间朱象贤撰《印典》谈拨蜡法铸印时说："拨蜡之蜡有两种：一用铸素器者，以松香镕化，沥净，入菜油，以和为度……一用以起花者，将黄蜡亦加菜油，以软为度，其法与制松香略同。凡铸印，先将松香作骨，外以黄蜡拨钮刻字，无不尽妙。"[①]蜡为固体时，质地松脆，难施刀凿；用菜油熔化变软，则可随意塑造。铸造起花印章所用的蜡模，为何不用通体黄蜡，而要"将松香作骨"？应是蜡柔软有余，强度不足。书版在刷印时要用棕刷来回刷墨、刷纸，即使蜡可以雕版，以《中国印刷史（插图珍藏增订版）》所列各书的字号之小，笔画之细，用蜡刻成的字无论如何是经不起棕刷反复冲击的。

朱象贤的说法还带来另一个问题。蜡拒水性特强，用水调和的墨汁显然无法使用，所以有人说要用菜油调和油墨。但黄蜡加菜油即变软，说明蜡熔于菜油，用菜油制成的油墨也无法用来刷印蜡版。

三、对西方文献中有关记载的研究有待深入

现在看来，所谓"蜡版印刷品"实物，已根据版面特征鉴定过的，实为活字印刷品；尚未鉴定的也有可能是活字印刷品。蜡的属性并不支持它成为雕版材料。本土文献记载至今尚未发现，清代使用"蜡版印刷"的依据只剩下西方来华人士的记载了。但仔细分析起来，《中国印刷史（插图

---

① 朱象贤：《印典》卷七，清康熙雍正间朱氏就闲堂刻本。

珍藏增订版）》摘录的传教士的记载并不是翔实的技术资料，而是一堆内容杂乱、相互矛盾的文字。

如美国传教士卫三畏记载："把蜂蜡和松香混合，制得足够坚硬，以抗住刻工凿子走刀过猛。"英国外交官梅辉立则说："在这种蜡版的软表面可以把文字刻得足够清晰。"两段言论的发表时间相差不到十年，所说的蜡版制作方法却大相径庭。一个说在"足够坚硬"的蜡上刻字，一个说是在蜡的"软表面"上刻字。刻版时蜡的状态是软还是硬，从技术角度来说，是一个根本性问题，但就是这样重要的问题，他们说的却截然相反。再如梅辉立说蜡版印完后把蜡抹平，即可再次使用；而1824年出版的一部书里则说："如果刻出错误或版面需要更正，则可由刻工刻去这一部分，而用另一片木头代替这一部分。"假设梅辉立所说属实，将蜡抹平即可刻新字，那么在改正错误时也完全可以把蜡抹平重刻，不必更换木片。如果必须更换木片，就说明字是刻在木头上的，那它还是什么蜡版呢？对重要问题记载的混乱，说明所记内容未必是作者目睹的，有可能是道听途说、辗转因袭而来的。对于这样的材料，我们在采用时要慎重对待，对其来龙去脉和真实性，有必要继续深入探究。

四、结语

最后总结一下本文的观点：清代公慎堂所印《题奏事件》不是蜡版印刷品，而是活字印刷品；其他所谓"蜡版印刷品"很可能也是活字印刷品，有待于对实物进行鉴定；蜡的物性使其难以雕版刷印；清代西方来华人士的若干记载来历不清、互相矛盾。综上，清代长期大量使用蜡版印刷的观点依据不足。

（原刊于《北京印刷学院学报》2009年第6期）

为李瑶“泥活字印书”算几笔账

清代李瑶用活字排印的两种书——《南疆绎史勘本》和《校补金石例四种》，是印刷史和版本史上的著名作品，因为它们是“仿宋胶泥版印法”印制的，几十年来一直被当作毕昇以降现存最早的“泥活字本”而载入史册。

2006年10月28日，张秀民先生百年大寿庆贺会暨《中国印刷史（插图珍藏增订版）》首发式在中国国家图书馆举行。作为张先生著作的老读者，我有幸获赠了一部新版《中国印刷史》，享受先饱眼福的快乐。在重温论李瑶“泥活字印书”一节时，书里的一段话忽然引发了我的好奇，继而带来疑惑，最后让我想到上面这个题目。而当我动笔写这篇小文时，距那次会议仅过去两个月，老人却永远离开了我们，使后学无从请益，真是世事无常，不能不让人黯然神伤。

“苏州人李瑶曾任吴门幕友，又任职盐务，清道光十年（1830）寓居杭州时，借钱印书，雇工十余人，在二百四十多天内，印成《南疆绎史勘本》五十八卷，八十部。”[①]《中国印刷史（插图珍藏增订版）》中的这一段，以前读时并未引起特别注意，这次却突然让我生出一个念头：十几个人，二百四十天，要造一套泥活字来排印一部五十八卷的书，时间够用吗？因为也是从印刷史著作中看来的，清代有几家自造活字印书的，耗费的时间都特别多：同是道光年间，林春祺造铜字，费时二十年；翟金生造泥字，费

① 此文中援引《中国印刷史》的文字和事例，具见张秀民著，韩琦增订：《中国印刷史（插图珍藏增订版）》，浙江古籍出版社，2006年。

时三十年。李瑶用什么方法，可以把造字印书的时间缩短到八个月以内呢？想知道个究竟，但张先生也没有答案，他说：至于如何仿毕昇法，李瑶并没有说起。散会后，查找了一些资料，我对李瑶造泥活字印书的说法产生了疑问，觉得有必要探究一下。

《南疆绎史勘本》有道光九年（1829）和道光十年（1830）两次排印本。九年印本李瑶所撰《摭遗》为十卷，十年印本则增补为十八卷。湖南图书馆藏有九年本，我在北京的图书馆中只找到一部十年本，中国国家图书馆藏，没有列入善本，可以借出来恣意饱读。《校补金石例四种》为道光十二年（1832）印本，存世较多，北京几家大馆都有收藏。

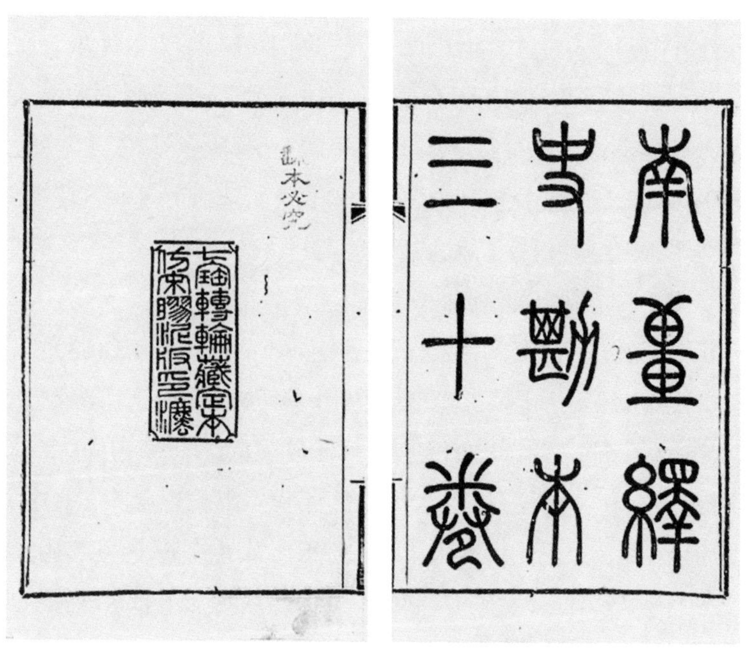

图78　道光十年（1830）活字本《南疆绎史勘本》

所有说李瑶用“泥活字印书”的印刷史、版本学著作，依据的都是这两部书封面背后“七宝转轮藏定本，仿宋胶泥版印法”两行篆文题记，以及序跋凡例等处出现的“用毕昇活字法，排印成编”“是书从毕昇活字例，排版造成”“即以自治胶泥版，统作平字捭之”等说法[1]。但仔细阅读两书中更多相关内容后，就会发现，这些说法并不意味着李瑶确实仿造出宋代布衣毕昇发明的“胶泥版”并用来印书。

张树栋等著的《中华印刷通史》，著录了《南疆绎史勘本》道光九年本的版本信息和李瑶的跋文，录文有所删节且误植较多。道光十年本卷首“补勘书目”后面也有李氏跋文，文字有所增益，两相对勘，基本内容未变，说的也是九年本的出版印刷情况。我们不妨把它抄在这里，这是一篇很有趣的文章：

> 嗟夫！不才少务交游，绌于知己，名心独冷，侠骨空张。向维急人之急，每至累益加累，今而缵此故史，托骥尾逐蝇头，亦计之末焉者矣。忆昨从事都转幕下，浮家西子湖边，月满一楼，花明四壁。诗酒壶矢之会，旬辄载举；亲疏依附之流，日繁有徒。及兹黄金散尽，白发渐生，鼓枻重来，入山小住，听万籁之既寂，对一灯而自孤。我因注史杜门，人亦弃交绝迹，抚今感昔，尚忍何言。夫是书之初，助我借书考镜者，苕上坊友吴寿昌；助我贷泉始事于梓者，磐石九品官周剑堂。既而我子辛生来自芜湖，命之校字。楮本不足，则罄我行装，投诸质库；又不足，则乞贳市侩，耐尽诽嘲。自夏历秋，工徒百有余指，岌岌欲溃，亦不啻尔时江上之防。独守我心，散而复振。先尝驰书吴门幕中旧雨，或以危言相恐；间诣鹾政偕事诸人，几至敏关弗纳。竭智尽力，书乃有成。成之时，幸钱唐大令同里石敦夫同福、前汉阳观察富

[1] 前二语见《南疆绎史勘本》，后语见《校补金石例四种》。有研究者引为“自制胶泥版”（如李致忠《古书版本鉴定》），实误。“治”与“制”虽一字之别，意义不同。“治”为经营、经纪之义，“制”乃制造、制作之举。这对于判断李瑶是否制造了一副泥活字是关键的。

春周芸皋凯、前湖州太守赣榆董奕山梁、杭州别驾同郡吴兼山嵰，先后分廉相馕，且不敷，则更得萧山蔡氏松町封翁鹤偕其侄孝廉笛椽年丈聘珍为之称贷以益之。是书初印计八十部，工阅二百四十余日，縻用平泉三十万有奇。所以历识集事之难于此者，藉以示吾后人，知卖文为活之难乎其难也。凡一江上下、十年前后之奉觞为寿、折简为盟及谊称世执而尝小受吾惠者，或呼之弗应，或望之辄走，非之笑之之不暇，而皆以冰炭视也。噫！己丑秋吴山观潮日七宝转轮藏主古高阳氏并记于十二峰寓楼。

李瑶自己说不乐举业而喜骈文，此跋夹杂不少骈句。按一般经验，一个人完成了重大技术创新，若有所撰述，他的兴奋点会集中在技术上。如林春祺写《铜板叙》，翟金生有《泥版试印初编》诗集，惜墨如金者像泰安徐志定，在发明磁版后还说了一句“偶创磁刊，坚致胜木”。李瑶奇就奇在对自己的“仿宋胶泥版印法”技术毫无兴趣，洋洋洒洒一篇文章，竟无一字提及，概括起来，通篇除了哭穷就是报账，可谓紧紧扣住一个“钱”字。但此文的价值也在于有了这些“钱”，因为它记录了道光九年（1829）排印《南疆绎史勘本》所用的时间、人力和物力。通过这些记载，结合书本实物，我们就可以分析其印刷出版过程，探寻“仿宋胶泥版印法”的真实含义。

这段文字里，有几个数字需要注意。首先是印刷时间。跋称“工阅二百四十余日”，张先生转述的也是“二百四十多天”，但实际上用的时间还要少。道光十年（1830）本的《凡例》后有题记说：“不才于此史，昨以寓公、以窘乡，苦心孤诣，逾三月而校勘之本定，又五月而排版之工毕。”那么“二百四十余日”是把校勘与排印的时间合在一起说的，排印实际只用了一百五十天。其次是人手。文里说“工徒百有余指”，是用的典故，人手十指，“百有余指”也就是张先生说的“十余人”。第三是银钱。印书共

“糜用平泉三十万有奇”，根据彭信威《中国货币史》里的资料，道光九年（1829），河南白银一两合制钱一千四百文；道光十二年（1832），湖州白银一两合制钱一千二百五十文。若取乎其中，李瑶印书时的银价大致一两合钱一千三百文，平钱三十万文略等于银两二百三十两；最后还有平均工作量。九年本《南疆绎史勘本》，计有卷首二卷，绎史三十卷，摭遗十卷，连目录合计八百一十八叶[①]。除以一百五十天，平均每天排印五至六叶。

搞清楚这几个数字，就可以用来算账了。清代活字印刷手工操作，劳动生产率提高缓慢，生产一本同样字数的书，所用的人工、时间、经济成本等即使时代不同也相差不大。将李瑶的书与其他书的刊印过程、成本互相对比参照，会发现什么？

先与印刷武英殿聚珍版书的工作量比较。按程式，武英殿聚珍版处有供事二十四人专司摆印，每十天摆成一百二十版，归类七十二版。活字排印只有拆版归类后才算完成一个版，而归类与排字所用时间不相上下，算起来武英殿平均每天每两人完成不到一个版。李瑶所用的工人不知详数，假定是十二人，每天排印六个版，则两人完成一个版，排版数与武英殿相同，归类数则多于武英殿。需要指出的是，武英殿的二十四名供事是专门排字的，刷印、装订、临时刻字等工序另有其人，李瑶的“百有余指”则包括全部人员，他的实际人手要比武英殿少，每个人完成的工作量比武英殿多。算完这笔账，我们会问：李瑶的十几名工人在一百五十天内完成一部八百多叶大书的排版、校对、刷印、归类、装订，已很紧张了，他们还有时间完成另一项重要任务——制造泥活字吗？而造字绝对是一项耗时费力的工作。根据清代唯一的实例，翟金生率领子侄制造十万个泥活字，用了三十年时间。

接下来算笔经济账。武英殿聚珍版刻大小活字二十五万余个，除去

---

① 因未见道光九年印本，今据十年印本减去补勘部分得出此数，容有小出入。

枣木成本，刻工、写工的工价银近一千二百两。虽然泥活字和木活字原料不同，但写、刻工序是不能免除的。李瑶所用活字有大小两号，按满足印书所需最少三万字计，要制造六万个①。依武英殿的工价，仅此一项写、刻字的工钱就需银近三百两，已超出他的二百三十两总投入。而且泥活字还须入窑烧制，要付出建窑、烧窑、购买柴炭等成本。如果李瑶果真像人们说的那样，自制泥字印书，他投入的全部银钱还不够刻字的，更别说印书所需的租借场地、购买纸墨、排印、装订等诸多费用了。印书所费，纸钱无疑是一大宗。李瑶自己也说："楮本不足，则罄我行装，投诸质库；又不足，则乞贷市侩，耐尽诽嘲。"可见他的开销主要用在买纸上。

账还可以从工人工钱角度算。《中国印刷史（插图珍藏增订版）》提供的资料说，武英殿铜字库雇摆字人，每人每月工食银三两五钱。虽然活字有铜、泥之别，但摆印技术和劳动强度没什么区别。如果李瑶的工人仍按十二人算，而十二个人都拿摆字工钱，依这个价格，五个月的工钱就需要二百一十两，接近他的总支出。发完工钱，他已没有多少钱去买纸墨，更别说造字了。

有人会问，宫中与民间在办同一件事时，花的钱是不一样多的，算账时考虑到购买力不均等问题了吗？的确，由于经手人员往往中饱侵渔，清宫办事要比民间多花冤枉钱，雇人的工价可能也高一些。但在刻书一事上，据现有资料，宫中与民间成本相差并非很悬殊。管理《四库全书》刊印事务的金简在建议乾隆帝采用木活字时，以刊刻《史记》为例，说当时雕版的工价是每百字用银一钱。而乾隆十五年（1785）刻、京都潭柘寺存版的《禅林宝训笔说》，卷后记："刻板公费共用银一百三十七两九钱六分，印书银四十三两九钱。"此书连序二百五十多叶，版心下刻字数，平均

---

① 清代私人用活字印书，活字字数有记载的，张金吾木活字十万字，翟金生泥活字十万字，林春祺铜活字四十万字。

图 79　道光十二年(1832)排印本《校补金石例四种》

每叶五百五十字左右，全书近十四万字。如果不计公费(不会很多)，每百字的刻版费用刚好接近一钱银子。同是乾隆朝，同在京师，武英殿与民间的雕版工价相差不大，摆印活字、刊刻活字的工价相差也不会过大。

接下来再用一个同是民间的例子，从书的印制成本角度算算账，也很有意思。《中国印刷史(插图珍藏增订版)》里著录了一部《易经如话》，背面有木戳说："用上白连纸及写校之费，每篇本价银三厘，装潢每帙本价银一分。" 此书是咸丰间木活字排印的。若依此价，八十部，每部十六册、八百多叶的《南疆绎史勘本》，连排印带装订的成本在二百二十两左右，还是接近李瑶的总投入，他仍然没有钱去造字。

算术题做到这个程度，问题已经出来了：不论是从时间、人力还是银钱投入方面来计算，其结果的指向是一致的——要么造字，要么印书，两件事李瑶只能选一件。现在我们看到他印成一部书，就意味着他没有能力造一套字[①]。

李瑶印书的目的，他自己说得清楚，就是要卖书赚钱，“今而缵此故史，托骥尾逐蝇头”，“藉以示吾后人，知卖文为活之难乎其难也”，都是一个意思。既然从开始就是一项经营活动，必然要遵循经济规律，以最小成本求最大利益。李瑶当时流寓杭城，穷困潦倒，整个印书过程全靠借贷支撑，连启动资金都是借来的，他不可能、也没有条件自制泥活字印书。自造泥字是一项费时费钱费力费神的工程，只可用来追求文化效益，不能实现快速盈利的经营目标。李瑶印书谋生、急于求成，应该不会采用这种事倍功半的方式。

而且，李瑶和其他见证人的说法也否认了自制泥字一说。《南疆绎史勘本》的两次印刷实际是两个不同的人主持的。初版由李瑶主持，时间为“道光九年秋”，地点在杭州并“借吴山庙开局”，排版人是“暨阳程文炳”。再版则由蔡聘珍主持，时间是“庚寅闰夏”，地点在萧山。李瑶说“萧山蔡氏丈笛椽孝廉为之鸠工排版”，蔡聘珍序说“遂复为之构所谓聚珍版者以辅其志”（“构”与“购”同义），都明言是蔡氏出资排印的。第二次排印并非李瑶所为，只不过封面刊记用了他上一次刻好的旧版，所用活字，按蔡氏的说法为“聚珍版”，最大可能是木活字。

那么印书刊记又如何解释呢？其实，仔细读一下这七个字，也不能得出李瑶用“泥活字印书”的结论。因为他说的是“仿宋胶泥版印法”，仿的是“印刷方法”。他还说“用毕昇活字法”“从毕昇活字例”，强调的都是“法”。“胶泥版印法”“毕昇活字法”其实就是活字排印法。李瑶喜作骈文，好用典故，尤其好用夸大其词的代称，如以“百有余指”代“十余人”，用“平泉三十万有奇”代常用的“钱三百串”，那么，他用“胶泥版印

---

① 从上举各例可以看出，造字需钱多于印书。实际上李瑶若是造字，他的钱连这一件事也完不成。

法”“毕昇活字法”代指活字印刷技术，不值得大惊小怪。而且这种代称也并非李瑶所独用。仍然据《中国印刷史（插图珍藏增订版）》，道光木活字本阮钟瑗《修宁斋集》称“权用毕昇活字板印若干部”，阮氏印曹镳的《淮城信今录》亦称“顷用毕昇活字板，权印百部”。这两部书，张先生都认为是木活字本。另外，古人印书牌记虚夸不实、不可凭信的例子不胜枚举，拿我们讨论的《南疆绎史勘本》本身来说，就有一个流传广泛的翻刻本，牌记写着“琉璃厂半松居士排印”，却是地地道道的刻本。可见，对待“仿宋胶泥版印法”刊记，也要遵循版本鉴定规律，把反映印刷工艺特点的版面特征作为主要依据，把牌记、序跋等文字资料作为辅助依据，有辨别地参考使用。目前，版本界对分辨木活字和泥活字印成品还没有提出有效方法，但这两种活字既然材质不同，属性有异，其印成品的版面特征必会有所差别。这需要人们去细心观察、归纳，找出规律。到那时，我们提出的疑问就会因为有了实物证据，得到更明确的答案。

在《藏书家》复刊号上，辛德勇先生撰文质疑咸丰九修《毗陵徐氏宗谱》为铜活字本的旧说。在文章的最后，他引述了陈寅恪先生“据可信之材料，依常识之判断”的治学方法，并说出自己的感慨：“研究版本目录之类形而下下的问题，更要强调从第一手史料的审辨做起，更要讲究无征不信，更要注重首先证之以平平常常的人情事理。”读来实获我心。说李瑶靠借钱在短时间内自造“泥活字”印书谋利并取得成功，显而易见不符合“平平常常的人情事理”。那么，首先从“人情事理”出发，替他算清楚投入产出账，对此事做一番审辨，应该不是完全无益的事情。

（原刊于《藏书家》第12辑，齐鲁书社，2007年）

补说一

在李瑶“仿宋胶泥版印法”之外，清代有三种可信的泥质书版，并均有印成品存世。这些书上的字，同一字字形相同，说明是用模具塑造而非逐字雕刻的。用模具造字，充分利用了泥的可塑性，既节省人力，又可保证质量，是泥质书版重要而独有的特征。

第一，泰山磁版。说及图证见前文《从排印工艺特征谈活字本鉴定中的几个疑难问题》中的“含有排印工序的书——泰山磁版”一节。

第二，吕抚泥版。用阴文字范（字母），在泥片上压出阳文反字，阴干后成为书版，印成《精订纲鉴廿一史通俗衍义》一书。其制字、制版方法详见是书卷二十五附录。录文可见白莉蓉《清吕抚活字泥版印书工艺》（《文献》1992年第2期）。所印书字形相同的例证可见卷一“维”“周”等字（《第一批国家珍贵古籍名录图录》，2267号）。

第三，翟金生泥活字。翟氏首先烧制阴文陶字范，再用此范压制出阳文泥字，入窑烧坚为陶字后排版印刷。其所制字及字范至今尚有遗存。[①]所印书字形相同的例证，可见《仙屏书屋初集诗录》卷一首叶的“鹿”“洞”等字（《第一批国家珍贵古籍名录图录》，2153号）。

图80　道光十年印《南疆绎史勘本》中同一叶上字形相异的“者”字

上述印刷品，文字记载自称“磁版”“泥版”，版面特征又证明系用模具制字，进而证明制版材料为泥质。版面特征与相关记载吻合，因而其记载是真实可靠的。

而李瑶印书的同一版面上同一字字形各异（图80），说明其字系逐个雕刻而成的，表现不出泥质特征，这使“胶泥版印法”无从自证。在这种情况下，根据各种综合因素研究“仿宋胶泥版印法”的真实属性，就显得更为必要了。

---

① 参见张秉伦：《关于翟金生的“泥活字”问题的初步研究》，《文物》1979年第10期。

补说二

观察道光十年印《南疆绎史勘本》，有三个特征明显的版框排印了60%以上的书叶，平均每个版框排印一百六十叶。如果像武英殿那样，一组工人每天只排印一个版，则排印全书需要一百六十天，恰好与李瑶说的"又五月而排版之工毕"相合，进一步说明李瑶没有时间去烧制泥活字。

以上2012年补记

补说三

2013年西泠印社秋季拍卖会，出现一部李瑶著作《投壶谱》，活字印本，道光九年印，与李瑶用活字版初印《南疆绎史勘本》为同一年。李瑶跋云："道光己丑九秋就毕昇活字版变意成之。"

"变意"，即改变了原来的做法。毕昇活字版作为印刷技术创新，与雕版相比，有两大特征：一是活字排印，二是以泥制版。现在可以确定《投壶谱》是活字排印的，这个"意"并没有改变，那么变的只能是"泥版"了。

以上2013年补记

锡活字印本《陈同甫集》与历史上的锡版印刷

清代道光咸丰之际，广东佛山的一位邓姓人士曾用锡铸造二十余万枚活字，用来印刷彩票和书籍。此事首见于美国人卫三畏（1812—1884）的报告，后由张秀民先生在《中国印刷史》中详加介绍，而为国人熟知。但用邓氏锡活字印的书，却长期未甄别出来，被关心中国书史的人视为憾事。

2011年，这个遗憾终得弥补。先是中国嘉德国际拍卖有限公司征集到一部《十六国春秋》，疑为广东邓氏锡活字印本，经宋平生、韩琦两先生和笔者鉴定，确为锡活字本。宋先生并由此认定天津图书馆所藏的《三通》（《通典》《通志》《文献通考》），同为邓氏锡活字所印。他随后撰成《新发现的清咸丰广东邓氏锡活字印本〈十六国春秋〉鉴定记》[①]，称这是令人"欢欣鼓舞"的发现。其后不久，笔者又甄别出一部久被埋没的邓氏锡活字印书《陈同甫集》，使此类书为世人所知的数量达到五部。

一、中国国家图书馆藏《陈同甫集》为锡活字印本

中国国家图书馆藏有两部三十卷本《陈同甫集》，是宋人陈亮文集的清代版本。在馆藏目录中，一部著录为"清活字本"[②]，一部著录为"清刻本"[③]，经比对，二者为同一版本。此书半叶10行21字，版框高23.6厘米，

---

① 中国嘉德国际拍卖有限公司：《嘉德通讯》，2011年第1期，第138—140页。
②③ 《陈同甫集》，中国国家图书馆藏。

阔15.9厘米，四周双边，白口单鱼尾，版心上印“陈同甫集”及卷数，下印叶数。卷端题“陈同甫集卷之（几）”。其中一部有封面，正中题“龙川文集”，右上题“陈同甫先生著”，左下题“岭南寿经堂版”，上方题“字体谨遵佩文韵府校正”，右下钤有“粤东摆字校正无讹”八字朱记。全书文字整齐，墨色匀称。

字體謹遵佩文韻府校正
陳同甫先生著
龍川文集
嶺南壽經堂版
粵東擺字校正無訛

陳同甫集卷之一
書疏
上孝宗皇帝第一書
臣竊惟中國天地之正氣也天命之所鍾也人心之所會也衣冠禮樂之所萃也百代帝王之所以相承也豈天地之外夷狄邪氣之所可奸哉不幸而奸之至於挈中國衣冠禮樂而寓之偏方雖天命人心猶有所繫然豈以是爲可久安而無事也使其君臣上下苟一朝之安而息心於一隅凡其志慮之經營一切置中國於度外如元氣偏注一肢其他肢體往往萎枯而不自覺矣
陳同甫集卷一　一

图81 《陈同甫集》封面和首叶（中国国家图书馆藏）

此书封面写明“粤东摆字”，而且版框是拼合的，四角留有缝隙。在不同书叶出现的版框具有相同特点，表明版框在重复使用。这些都是排印工艺特征，证明此书确为活字排印本。

从这部书上观察到一个更重要的现象：同一叶上同一个字的字形、结构都相同；不同叶上同一个字的字形、结构也相同，说明这些字是用字模制造的（如图82将两个“超”字叠合，结构、笔画完全吻合。“走”的中部有一断裂点，各字均同，表明字模即有此缺陷），可判断为金属铸字。其字体风格与《十六国春秋》相似，很有可能也是邓氏所铸锡活字。

《中国印刷史（插图珍藏增订版）》[1]收录了卫三畏提供的邓氏锡活字印样，大字有“阪、雜、祛、散、韓”五字。《陈同甫集》中可找到“雜、散、韓”三字。

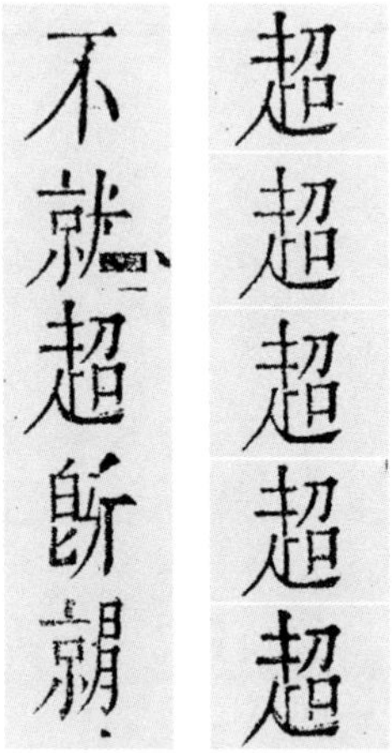

图82 《陈同甫集》卷五第8叶相同的“超”字。左图两“超”字拼合后，天衣无缝。

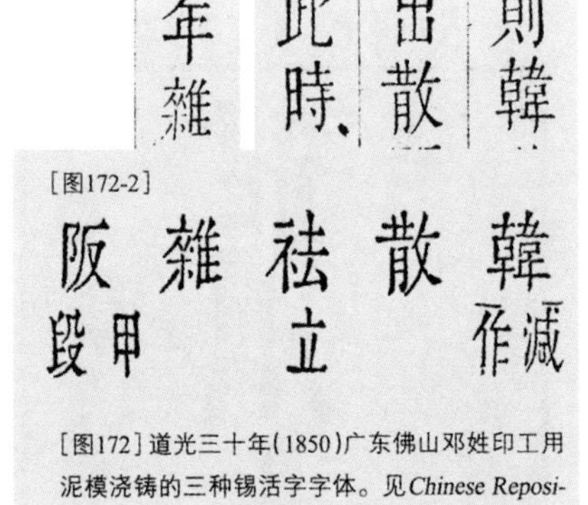

图83 《陈同甫集》与《中国印刷史（插图珍藏增订版）》所转录邓氏字印样中的相同字。“韓”“散”取自卷五第8叶，“雜”取自卷七第2叶。

将两书中的这几个字分别扫描，用图像处理软件剪切邓氏锡活字字样，再与《陈同甫集》中的字拼合，无论从哪个角度，结构、笔画都互相吻合，说明这些字出于同一个模子。至此，可以确定这部岭南寿经堂出版的《陈同甫集》，也是用邓氏锡活字印成的。这套字制成于道光三十年（1850），毁失于咸丰四年（1854），书的印刷时间当在这五年之间。

---

① 张秀民著，韩琦增订：《中国印刷史（插图珍藏增订版）》，浙江古籍出版社，2006年，第613页。下同。

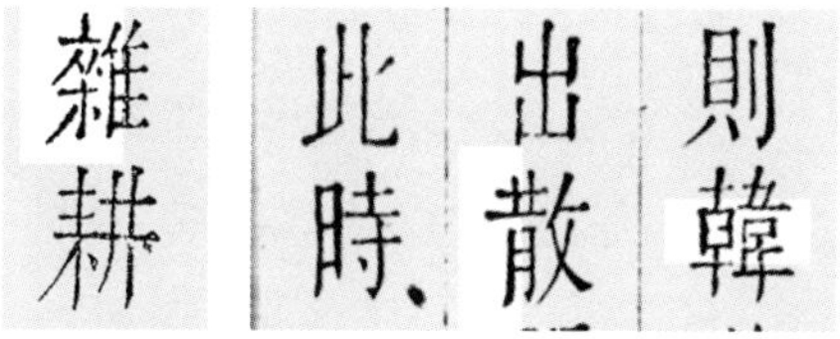

锡活字印本《陈同甫集》早有著录，只是其真实印刷方式一直未被揭示出来。邵懿辰《四库简明目录标注》卷十六在《龙川文集》下著录有“近年粤东活字本”，当即此本。《中国古籍善本书目》将此本著录为“清寿经堂活字印本”。根据该目，浙江图书馆、复旦大学图书馆、华东师范大学图书馆都有收藏。此外，笔者还看到一个私人藏本。考虑到有的图书馆未必将其列为善本，此书的传世量也许还会更多。[①]

图84 《陈同甫集》与《中国印刷史（插图珍藏增订版）》转录印样中相同字的剪切拼合对比

二、邓氏锡活字印刷的技术特点

卫三畏的文章对邓氏制字、印书有比较详细的介绍。为对照印成品略作分析，现将《中国印刷史（插图珍藏增订版）》撮述的大意引录如下：

> 根据美国人卫三畏（S. Wells Williams）的记载，鸦片战争后不久，中国人不但铸造过大批锡字，并已有锡活字本的出现。广东佛山镇为清代四大镇之一，工商业发达，市面畸形繁荣，赌博特别兴盛，而最大的赌博是彩票（闱姓票与白鸽票），所押赌注不下数百万两。佛山有一位邓姓印工为了印刷这两种彩票，在道光三十年（1850）开始铸造锡活字，当年五月以前就铸成了两副活字，字数超过十五万。他花了一万元以上资本，前后造成三副活字，共二十多万个，一副是扁体字，一副是长体大字，又一副为长体小字，作正文的小注用。他的铸造方法是首先在小块木

① 虽然标榜“校正无讹”，但《陈同甫集》的编校质量不高，有不少明显错误。本文暂且不论。

头上刻字，把笔划刻清楚，用刻好的木字印在澄浆泥上，再把熔化的锡液浇入泥模中，等到锡液冷却凝固后，敲碎泥模，取出活字，经过修整，使其高低一律。这些碎泥第二次仍可用来做泥模。据说这比西洋用铜模铸字既简便，又经济。为了节约金属材料，他所铸锡字只有四分多高，比外国铅字短矮。印刷时他把活字一个个排列在光滑坚固的花梨木字盘内，扎紧四边，以免印刷时活字跳动，字盘三边各有一脊背，高与活字齐，印成时即为书的一面（即半页）的边栏，用纯黄铜做界行，半页十行，中间被版心隔开，与雕版书一样，把一页分成两面。当稿子校正后，即上墨用刷帚来印刷。几乎用了两年的时间，在咸丰二年（1852）印成了元代史学家马端临的名著《文献通考》三百四十八卷，凡一万九千三百四十八面，订成一百二十大册，字大悦目，纸张洁白，墨色清楚，这是世界印刷史上第一部锡活字印本。他在造模铸字方面有独创性，在排印用墨的技术也都得到成功。他还印了几种别的书，但书名已不可考了。

从印成的书看，卫三畏所述准确而且详细，邓氏锡活字印书在工艺上有以下特点：

第一，邓氏铸造的三种活字，已看到两种。《十六国春秋》用长体大字排印正文，用小字排印注文；《陈同甫集》无注，只用长体大字。邓氏所制扁体字印书尚未发现，但从长体字印书的流传情况看，只要用扁体字印过书，世间也应该存有其印本，这有待于人们继续寻找、甄别。

第二，锡活字是用模具铸造的，书中同一个字的字形、结构完全相同。但有一个细节值得注意，即《陈同甫集》版心所印卷数虽是小字，却非长体，且细审并非活字组合，而是将“卷”字与数目字铸在一起的词组。如“卷二十九”，“十”与“九”之间笔画交叉，这是刻模时它们连写在一起造成的。另外各个“卷”字也不一样，表明它们并非同模铸造的。版心下的叶码字也是如此。

第三，版框由四根边条围合而成，左右边条有凹槽，将上下边条插入后，再将其扎紧固定。版框线条整齐挺拔，无残缺损坏，所用材料或为金属。

第四，书用传统刷印法印刷而成，书叶正、背面均有刷痕。纸背透墨痕迹与一般古书类似。

在笔者见到的私人藏本中，纸面常见一种独特的印痕，即书本装订后，相邻书叶的字迹互相沾染，但印到对面纸上的并非墨黑，而是清晰的淡色痕迹，这是在雕版书中没看到过的现象，说明在墨已经固着稳定后，还有游离于墨的物质被对面纸张吸收。考虑到锡的表面拒水，邓氏调和的墨汁有可能加入了油脂一类物质，需要采用技术手段进行检验分析。

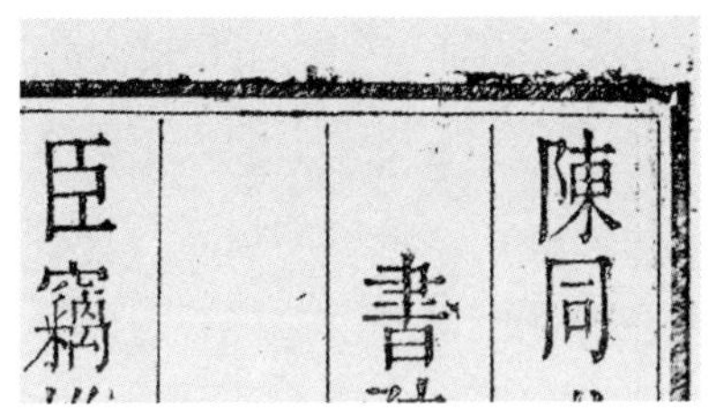

图85 《陈同甫集》卷一首叶，版框上的刷印痕迹，私人藏本。

图86 《陈同甫集》卷二十二第7、8两叶，沾染到相邻书叶上的印痕。

第五，排印《陈同甫集》，同一个版框重复使用的频率并不高，表明邓氏书坊规模较大、工人较多，很多人在同时工作。下面这几个版框特征明确，在重复出现时可认定为相同版框：最左边的带有完整凹槽，在书中出现九次；中间的边栏顶端有一全断的缺口，出现十二次；右边的边栏顶端有一半断的缺口，出现九次。从这三个例子看，如果一个工人固定使用一个版框，他排印十个左右版即完成任务。《陈同甫集》全书四百七十八叶，算下来有四五十人在同时排印。

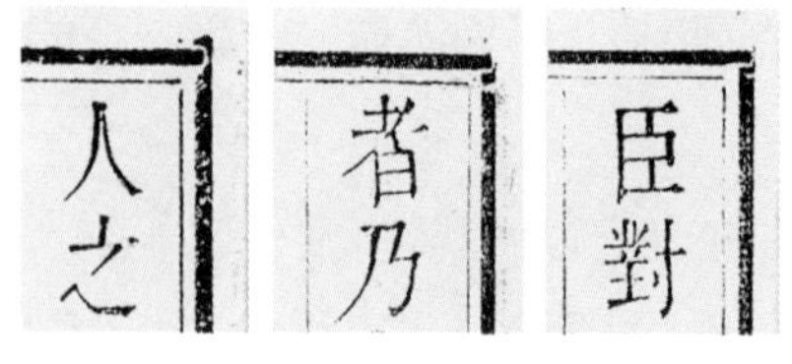

图87 《陈同甫集》右上角形态不同的三个版框

这恰好符合邓氏印刷工厂的性质。邓氏是彩票印刷商，彩票的特点是单页印刷，定期发行且数量巨大，到发行日必须拿出足够数量的成品。受手工刷印效率限制，要在短时期内完成任务，只能采用多版同时印刷的办法。出于信誉和防伪要求，不同印版印刷出来的彩票必须文字图案全部一致，这就需要铸造金属活字，以求字字相同。而且金属字耐磨历久，可以满足大印量需求。这有点像古代的纸钞印刷，也是通过翻铸铜版、多人同时刷印来解决印成品数量和质量问题。邓氏又开设岭南寿经堂书坊，用印刷彩票的余暇印书牟利。他印书专从大部头下手，《三通》和《十六国春秋》均称卷帙浩繁，正是在发挥他的工厂人手众多的优势。卫三畏说邓氏在不到两年时间内就印成《文献通考》三百四十八卷，凡一万九千三百四十八面，按每日排印一版计算，需要五十个人工作近四百天。这还是在印彩票之余完成的，充分体现了人多的力量。在这种情况下，像《陈同甫集》表现出来的那种校对不精、粗制滥造现象也就难以避免了。

无论如何，邓氏铸造锡活字并用来印书，是中国人在印刷方面的一次成功创新。其所印之书，也成为反映我国古代印刷技术成就的珍贵标本，并有助于研究历史上其他用锡字和金属字印刷的书。

三、中国印刷史上与锡版印刷有关的几个问题

在中国印刷史上，铸造锡字印书的尝试并非从邓氏开始。早在元代，王祯的《造活字印书法》就说："近世又铸锡作字，以铁条贯之作行，嵌于盔内，界行印书。但上项字样难于使墨，率多印坏，所以不能久行。"这是史载最早的中国人用锡字印书的尝试，惜未成功。明弘治、正德年间，

无锡华氏用所谓“活字铜版”印书，世称铜活字本。但是近几十年来，越来越多学者质疑这一观点，认为从历史记载来看，华氏所造的字实为锡活字[①]。笔者也曾撰写文章，认为华氏印书的版面特征不支持铜字说，因其活字系逐字雕刻而非翻砂铸造的，以当时的技术手段在青铜上刻字几无可能；版框与文字的墨痕不一致，说明两者吸附墨水的能力不同，反映出材质不同。而版框可以确定为铜质，则活字应非铜质[②]。华氏乃至明代的“铜活字印刷”问题是印刷史上的敏感和重要问题，需要通过认真深入的研究加以解决。如今甄别出的邓氏锡活字印书，以叶数而论数以万计，为研究相关问题提供了重要的参照、比对资料。

印刷史上还有一本被误认为是“锡版印刷”的书。《中国印刷史（插图珍藏增订版）》介绍过一种“锡浇版”[③]，认为它是清乾隆年间发明的用锡浇铸的印版。书中说：“清乾隆五十二年歙县程敦为印《秦汉瓦当文字》一卷，‘始用枣木摹刻，校诸原字，终有差池。后以汉人铸印翻砂之法，取本瓦为范，熔锡成之。’……程氏舍枣木刻，而用熔化的锡镴浇铸翻印，可称别开生面的印刷。”

这部《秦汉瓦当文字》[④]印有瓦当图像和说明文字，仔细观察，会发现其文字部分与常见的木质雕版印本无异，图像部分则形态不同，首先纸张有捶打形成的褶皱，其次墨色上有明显的布纹，这是拓印器物所用墨扑留下的痕迹，而且瓦当图像的边缘时或压住版框，说明中间有套印过程。其实，《秦汉瓦当文字》一书的制作方法是这样的：先用木板雕刻说明文字，

---

① 见潘天祯：《明代无锡会通馆印书是锡活字本》，上海新四军历史研究会印刷印钞分会编：《活字印刷源流》；辛德勇：《重论明代的铜活字印书与金属活字印本问题》，《燕京学报》2007年第2期。

② 《“活字铜版”并非“铜活字版”》，《金融时报》2008年6月27日。但笔者现在已放弃这一观点，认为无锡华氏所用活字有可能是铜活字。参见本书《〈会通馆校正宋诸臣奏议〉印刷研究》一文。

③ 张秀民著，韩琦增订：《中国印刷史（插图珍藏增订版）》，第403—407页。

④ 《秦汉瓦当文字》，中国国家图书馆藏。

刷印出书叶后，再在书叶预留的空白处拓印瓦当，这是雕版印刷和拓印结合的产物。程敦的本意是要大量制作瓦当拓片，而古瓦经受不住反复捶拓，于是想到用枣木仿刻瓦当，但图文失真，没有成功。于是他使用“铸印翻砂”之法，即以原瓦为模，在砂箱中压出阴文砂型，再向砂型内浇筑锡熔液，冷却后得到与原瓦形状、图案完全相同的阳文锡瓦，此后就用锡瓦拓印，成功地将图像复现到纸上。“锡瓦当”与“锡浇版”的本质区别在于，翻砂铸出的瓦当为阳文正字，印版则必须为阳文反字，虽然锡瓦当的用途是拿来复制图像，看似与印刷有关，但它与凸版印刷原理完全不同，不能称为印版。

四、结语

“岭南寿经堂版”《陈同甫集》的字体与卫三畏记录下的广东佛山邓氏所铸锡活字的字体完全相同，可以确定它是用该锡活字排版印刷的书，印刷时间在道光三十年至咸丰四年之间（1850—1854）。邓氏锡活字使用中国传统的活字排版和刷印方法，在墨汁中添加了能提高锡字表面吸附力的物质。邓氏的印刷工厂人手较多，可以排印大部头书籍。目前甄别出的邓氏锡活字印书已有五种，为深入研究历史上其他锡版印刷的实物和记载提供了珍贵的参照物。

（原刊于《北京印刷学院学报》2011年第6期）

从文献角度看罗振玉旧藏铜活字

2018年春，有中国收藏者从日本发现一匣九十七枚古代铜活字。根据匣内附带的大正元年（1912）十二月日本东京帝室博物馆出具的“假预证”，即暂时保管证书，这些铜活字曾由罗振玉拿到该馆求售，可以说是罗振玉旧藏。3月8日，十余位从事版本学、金属学、钱币学和印刷史研究的学者在北京召开学术论证会，对这批活字的性质、年代、国别和学术价值等问题进行讨论，一致初步认定这批活字是中国古代青铜活字，制作年代在宋元时期，认为它们被发现，填补了中国印刷史研究中没有早期活字实物的空白，学术意义重大。

论证会后，与会学者撰写文章，从各个角度对和这批铜活字有关的学术问题进行论证①。我也与参会的中国钱币博物馆的周卫荣先生、杨君先生和中国国家图书馆的赵前先生合作撰写了《对罗振玉旧藏古代铜活字的初步研究》一文②。这篇文章从铜活字的基本情况、合金成分、存世状态、铸造加工工艺、东京帝室博物馆开具的暂存证、中国明代以前关于铜活字印刷的记载、该批铜活字形制与已知朝鲜古代铜活字不同、部分铜活字具有中国古代活字特征、活字字体风格等方面展开论证，认为：

> 根据合金成分检测，该批铜活字是以铜为主体，以铅、锡为配料的铜基三元合金，具有中国古代青铜合金的特点，与古代青

---

① 如翁连溪：《罗振玉藏早期铜活字回流记》，2018年5月31日在中国古代印刷史学术研讨会上宣读。

② 周卫英、杨君、艾俊川、赵前：《对罗振玉旧藏古代铜活字的初步研究》，《中国钱币》2018年第2期。

铜钱币合金具有很大的相似度。大致推定，该批青铜活字铸造的下限应在嘉靖朝所处的明代中期。根据其存世状态，该批青铜活字系出土品，锈蚀矿化状态与中国南方出土的一些青铜钱币及其他青铜文物相似，推知该批青铜活字出土在中国长江中下游和华南地区的可能性较大；其锈蚀矿化状态在中国历代钱币中大都有相似的，最晚为明代前期的青铜钱币，推知该批青铜活字入藏下限在明代前期。青铜活字系翻砂法铸造，工艺细节与当时铸钱相似，字模有可能采用烘干的泥模。

其中5枚印体带孔的铜活字，符合文献中对中国古代金属活字形制的记载，可以确定为中国铜活字。其他活字的形制、规格、字体均与已知的朝鲜古代铜活字不同，活字反映出来的设计思想和排版工艺也不同，应为中国青铜活字。这些活字的字体风格在宋元之间，铜活字附带的日本东京帝室博物馆开具的“假预证”真实可信，罗振玉关于它们是“宋铜铸字”的观点值得重视。这批活字可初步认定为宋元时期的青铜活字。

得出以上认知的鉴定依据，前一部分主要来自青铜活字的合金成分与锈蚀状态、铸造状态等自身特征，后一部分则结合了文献记载、字体比对、文书鉴定等外部因素，研究方法是集科学检测、目力鉴定和文献考证为一体的“三重证据法”。其中，文献考证发挥着独特作用。在合作研究中，笔者重点查考了古代典籍中与铜活字印刷有关的历史资料，在日本学者的帮助下释读了“假预证”的文字和所涉人事。在《对罗振玉旧藏古代铜活字的初步研究》一文发表后，我又陆续发现一些

图88　铜活字“旬”

有助于加强论据的资料，现不揣冒昧，将先后所得资料一起呈现在这里，供学界在进行相关研究时参考。

一、五枚带孔铜活字与中国古代金属活字“钻孔贯穿”的工艺特征

罗振玉旧藏的九十七枚铜活字，形制不一，可分为五种类型，其中一类共五枚活字，在字印的中部带有贯穿的圆孔。这为确定它们是中国古代铜活字提供了依据。

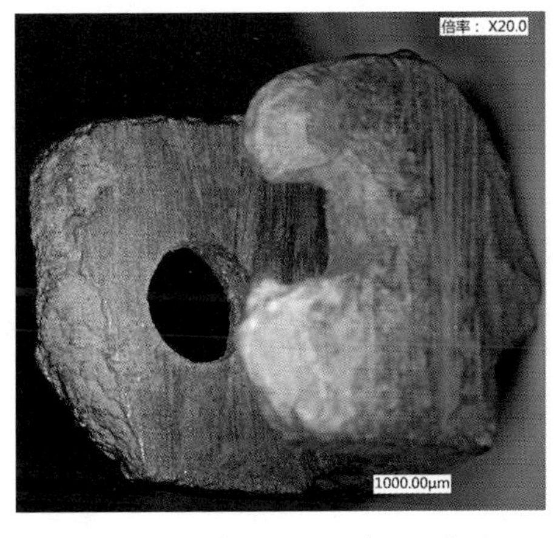

图 89　铜活字印体上的穿孔示意图

在东亚，古代朝鲜也使用铜活字印刷，而且要比中国使用得更加广泛。要确定这些铜活字的年代、国别，首先要分清它们是中国活字还是朝鲜活字，而活字的印体是否带有穿孔，是区别中朝活字的重要特征。

元代王祯《农书》附《造活字印书法》中说：

> 近世又铸锡作字，以铁条贯之作行，嵌于盔内，界行印书。但上项字样难于使墨，率多印坏，所以不能久行。

王祯造活字印《旌德县志》，是在大德二年（1297）。他说的近世，尚在此前。当时的锡活字印刷因油墨问题未能推广，但他的记载透露出在公元1300年之前，中国的金属活字已经带有穿孔，在排印时用铁条将一列活字穿起，可以防止其左右移动。

古代朝鲜的铜活字则不带穿孔。目前已知最早的金属活字本、印刷

于宣光七年(1377)的《白云和尚抄录佛祖直指心体要节》,字间笔画交叉,其活字并非规则的四方体。这种形状的铜字需要用印蜡黏合在版上,不需要穿孔。朝鲜时代早期的癸未字、庚子字,"其底如锥",也不是方正的四方体,在排版时也用蜡黏合,所以也不需要穿孔。自甲寅字以后,朝鲜铜活字改进为方正的四方体,排版时相互挤紧,所以也不穿孔。甲寅字以后的朝鲜铜活字,传世多有实物,皆无穿孔[①]。

朝鲜学者李圭景(1788—1856)在《铸字印书辨证说》(《五洲衍文长笺散稿》卷二十四)一文中对比中国和朝鲜的铸字印刷技术时说:

> 中原活字,以武英殿聚珍字为最,字背不凹而平,钻孔贯穿,故字行间架,如出一线,少不横斜矣。我国字式,则或大或小,或厚或薄,又凹字底,不钻不贯,故字行龃龉。

聚珍字是乾隆皇帝对武英殿所刻木活字的美称,但武英殿木活字并无穿孔,而且李圭景比较的是"铸字印书",所以潘吉星先生认为此聚珍字当指武英殿排印《古今图书集成》所用的铜活字[②]。李圭景去古不远,又留心印刷技术,故其道出中朝铜活字的一个重要区别:中国铜字"钻孔贯穿",朝鲜活字"不钻不贯"。

上述两条记载,一在元代,一在清代,记事都很明确。在文献中,还有一些记载不如它们明确,但可能也与"钻孔贯穿"的印刷技术有关。张朝瑞《宋登科录后序》[③]叙述版本源流时说:

> 嘉靖壬午,汀守巴陵胥君文相刻于郡之学官,汴有宗室西

---

① 朝鲜古代铜活字的形制,可参见[韩]曹炯镇:《中韩两国古活字印刷技术之比较研究》。

② 李圭景所言及潘吉星所论,均见潘吉星:《中国金属活字印刷技术史》,辽宁科学技术出版社,2001年,第96页。

③ (明)张朝瑞:《宋登科录后序》,(明)董斯张辑:《吴兴艺文补》卷三十九,崇祯六年刻本。

亭者，联活字为板，印二录行于世。

"联"是将个体连结为不可分拆的整体。仅仅将活字排列起来，随时可以解散，并非"联"的状态。因此张朝瑞所说的，有可能是将活字连成一串的方法。类似的说法，在清代也有出现。张廷玉《澄怀园文存》[①]卷十六说：

> 自有书契以来，以一书贯串古今、包罗万有，未有如我朝《古今图书集成》者。是书也……以内府铜字联缀成版，计印六十余部，未有刻本也。

"缀"指缝合。"联缀成版"更是强调了铜活字连结为一体的状态，而且这里讲的是内府印刷《古今图书集成》。此书活字如何"连缀"，尚须研究。李圭景生活在清晚期，未能目睹雍正时武英殿铜活字印刷的场景，他的记载或反映出当时相关技术仍在使用，或有相关说法流传。

对明清时铜活字印刷是否广泛使用"钻孔贯穿"技术的问题还可以深入探讨，但中国活字"钻孔贯穿"、朝鲜活字"不钻不贯"的特征是明确的，由此也可确认罗振玉旧藏的九十七枚铜活字中的五枚，是中国古代铜活字。其他铜活字，大多数也与已知的朝鲜铜活字形制不同，反映出不同的排版和固版工艺，应该也是中国活字。

二、中国明代以前关于铜活字印刷的记载

中国是印刷术及活字印刷术的故乡。沈括的《梦溪笔谈》记载了北宋庆历间（1041—1048）毕昇发明活字印刷术的情况。其后，关于使用金属活字的明确记载见于元代，即上引王祯《造活字印书法》中的"铸锡作

① （清）张廷玉撰，江小角、杨怀志点校：《张廷玉全集》上册，安徽大学出版社，2015年，第353页。

图90　带穿孔的铜活字及铸造后未及修整的铜活字示意图

字”，关于铜活字印刷的明确记载则见于明代。

明代盛行用金属活字印书，现存较早的，有无锡华氏和安氏等家族排印的多种活字本书，自称“活字铜版”。不过，对这些活字究竟是铜质的还是锡质的，学界存在争议。

明人关于铜活字印刷的记载，以前印刷史研究中经常引用的，有三例：

唐锦《龙江梦余录》[①]卷三载：

> 近时大家多镌活字铜印，颇便于用。其法盖起于庆历间。时布衣毕昇为活板法，用胶泥刻字，火烧令坚……其费比铜字则又廉矣。

陆深《俨山外集》[②]之《金台纪闻》云：

① （明）唐锦：《龙江梦余录》，明弘治十七年刻本。
② （明）陆深：《俨山外集》，《景印文渊阁四库全书》本。

近时毗陵人用铜铅为活字，视板印尤巧便，而布置间讹谬尤易。夫印已不如录，犹有一定之义，移易分合，又何取焉？

邵宝《容春堂后集》[①]卷八有《会通君传》即华燧传，略云：

会通君姓华氏，讳燧，字文辉，无锡人。……既而为铜字板以继之，曰吾能会而通矣。乃名其所曰会通馆。

这几条资料，产生的年代都在弘治年间，所述事实可能与无锡华氏等家族使用“活字铜版”印书有关。

在这次研究青铜活字的过程中，笔者又找到两条明代使用铜活字的记载，可谓是意外收获。

一是清人汪森《粤西丛载》[②]卷二十三“豢龙驯龙”条说：

计宗道，柳州罗池人，登甲科，官至衡州知府，家积书籍及玩好之物极富。其家有铜铸字，合于板上印刷，如书刻然。

文末注明引自《谈林》。《谈林》为明人著作，今未见传本，但经山阴祁氏《澹生堂藏书目》子部小说类著录，三卷，刘献刍撰。

计宗道，字惟中，广西马平人。明弘治十二年（1499）进士，十五年（1502）任常熟知县，直至正德三年离任。他在常熟任职之日，正是江南“近时大家多镌活字铜印”之时，他家所有的“铜铸字”或与此有关。

二是利玛窦《天主实义》[③]卷上说：

又观铜铸之字，本各为一字，而能接续成句，排成一篇文

---

① （清）邵宝：《容春堂后集》，《景印文渊阁四库全书》本。
② （清）汪森：《粤西丛载》，《景印文渊阁四库全书》本。
③ ［意］利玛窦：《天主实义》，明万历三十五年燕贻堂刻本。

章，苟非明儒安置之，何得自然偶合乎？因知天地万物咸有安排一定之理，有质有文而不可增减焉者。

《天主实义》有万历三十一年（1603）自序。利玛窦以西人而谈中土事物，引譬当为时人习见。这是一条独立于弘治间“活字铜版”之外的资料。

罗振玉旧藏铜活字被认定为宋元之物，明代的记载晚于这个时代，但有助于了解中国古代应用铜活字印刷的社会和技术环境。

三、东京帝室博物馆开具的“假预证”

与铜活字一起保存在箱内的一件日文“假预证”，带信封，由日本东京帝室博物馆寄给居住在栃木县的和贺暲次郎，其文如下：

> 美工第七号　假预证
>
> 一 商龟骨文片　六十八片
>
> 一 宋铜铸字　九十七个
>
> 计贰点
>
> 清国大学士罗振玉携入石本馆ヘ买上出愿ニ付预候也
>
> 大正元年十二月三日　东京帝室博物馆
>
> 和贺暲次郎殿

这一证书使用的是当时通行的候文文体，现在已不通行。经友人相助，我们先后请教了孙猛、中安真理和高田时雄诸位教授，并蒙他们帮助释读。这是一张“暂时保管证”，证明罗振玉将六十八片商代甲骨、九十七枚宋代铜铸活字拿到帝室博物馆，申请博物馆收购，暂时保存在馆内。

“美工”或即美术工艺品；“假预证”即暂时保管证书；大正元年即

1912年，此时已入民国，“清国大学士”或就罗振玉的遗老身份而言；帝室博物馆即今日东京国立博物馆的前身；“石”即“右”字，指右列两种物品。

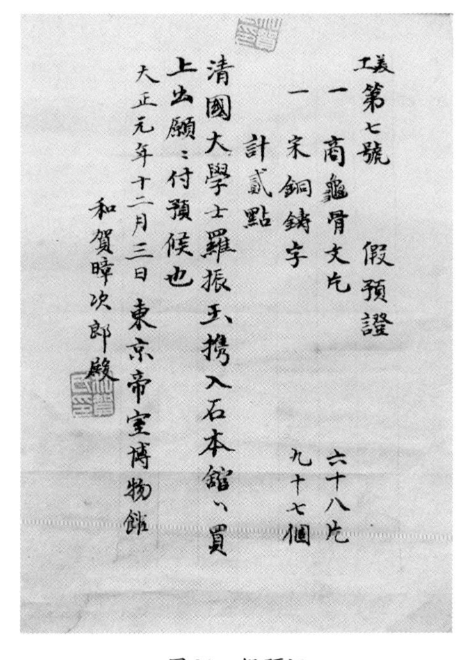
工義第七號　假預證
一　商龜骨文片　六十八片
一　宋銅鑄字　九十七個
計貳點
清國大學士羅振玉携入石本館ヘ買
上出願ニ付預候也
大正元年十二月三日　東京帝室博物館
和賀暲次郎殿

图91　假预证

据考，在明治末期，有一位医生名叫和贺暲次郎，于1888年在东京齿科学校教书；1897—1899年在台湾守备混成旅团台北卫戍病院任职；1903和1905年在《产婆学杂志》和《产科妇人科学杂志》[①]上出现过名字，所占篇幅甚小，或是行医广告。罗振玉向帝室博物馆出售甲骨和活字，为何博物馆发给和贺氏一张暂存证？推想或许是他受罗振玉委托办理此事。

罗振玉是收藏家、学者，也可以说是一位古董商人。他向日本帝室博物馆出售铜活字，暂未见到记载，但他在日本出售大量甲骨则为世所知。据统计，日本收藏的甲骨共有七千六百六十七片，经罗振玉之手卖出的就有五千七百四十五片。东京国立博物馆收藏甲骨二百二十五片，也经过罗振玉之手。不过这二百二十五片甲骨，是罗振玉先卖给藤朝太郎，后归茧山龙泉堂，再后于昭和二十七年（1953）由东京国立博物馆购入的[②]，并非罗振玉在大正元年求售的这六十八片。

① 日本国会图书馆藏有这两种杂志。

② ［日］松丸道雄：《日本蒐储の殷墟出土甲骨について》，《东洋文化研究所纪要》第86册，1981年。

“假预证”的纸墨在百年以上，文体、书法符合大正时期的风格，所涉人事与实情相符。这些铜活字原由罗振玉收藏（或说经手买卖），我认为是可信的。

（原刊于《中国出版史研究》2018年第2期）

木活字印刷在清末的一次全国性应用

——兼谈活字印刷在传统印刷体系内的地位与作用

清代有两次由政府组织的大规模活字印刷活动，一次是康熙雍正间用铜活字排印《古今图书集成》，另一次是乾隆时用木活字排印《武英殿聚珍版丛书》，今人已经熟知。但光绪间清政府还组织了一次全国性的木活字印刷应用，在十几年的时间里，用活字摆印了数十万册"民欠征信册"，并在此过程中使用武英殿聚珍版程式，用活字版与雕版套印的方法印刷文字与行格。对这件事，至今未见印刷史学界研究。本文先介绍一下"民欠征信册"的印刷、出版和流传情况，然后由此出发，探讨应如何看待传统木活字印刷的性质、功能，以及它在印刷史中的角色与地位等问题。

一、"民欠征信册"缘起

清光绪间，国家钱粮亏空和积欠问题日趋严重，各省积欠之数，不下千万。究其原因，有灾害蠲缓、官吏侵蚀、民众欠缴等，而官吏又往往将被自己侵吞的钱粮捏为民欠。为此，清政府欲通过改革消除此弊。

光绪十一年(1885)六月，御史刘恩溥奏请妥议章程，清厘民欠。他在奏折中提出，可以参用道光间冯桂芬提出的"杜亏空"之议，编印"民欠征信册"以革除诸项弊端。

冯桂芬在《校邠庐抗议》中就防范官吏税收舞弊问题提出：

> 更定稽查之法，在以四柱册公之于众，大堂左右按日揭榜，

旧管新收列左，开除实在列右，其法务详务尽。如征收某都图某户钱粮若干，必书细数，收银后本日给串，本日列榜，月终用活字板印征信录四柱册百本，备列全榜，分送上司、各图绅士惟遍。如某户完粮而榜册不列者，许揭府，立与重赏。有经手解领开除之款与榜册数不符者，赴揭亦如之。①

冯桂芬建议，每天在州县大堂张榜公布完税情况，并每月编印征信录供上司和乡绅稽查。刘恩溥认为这一做法过于繁琐，难以持久，建议每年编印一册“民欠征信册”，只开列民户欠缴的钱粮数额：“每年下忙收完后，各州县开具某都某图某里某甲、欠户某人、欠数若干，详细造册，申报藩司。藩司用活字板照册摆刷数十本，径交该县绅士数人，分送各乡查阅，不假官吏之手。其有已完捏作未完及完多少报者，准乡民粘连串票赴藩司控告，即将该州县治罪。”②

刘恩溥的建议得到户部的赞同。经过部议，户部拟定《清厘民欠章程》十条和五种钱粮征信册的“册式”上奏，于同年十二月二十一日奉上谕准可实行，通令从光绪十二年（1886）起，各州县编纂上年的民欠征信册，将底册申送各省布政使司，再由布政使司雇用摆字匠，用木活字分别摆印数十本，散发给各县乡绅，供乡民查阅稽核，此举“专供稽查官吏中饱起见”。

户部《清厘民欠章程》中对“民欠征信册”的印刷做了具体规定：“刷印工本应作正开销也。刷印征信册由藩司、盐粮道预为购办活字版全分，招募匠役，酌给工食以及纸张笔墨各项，准令作正开销。”“刷印款册应认真核对也。刷印征信册应由藩运司、盐粮道责令所属理问、都事、经历、照磨、运同、运副、监掣同知、提举、知事、仓库大使等官，拣派一二三员专办，

① 冯桂芬：《校邠庐抗议》，上海书店出版社，2002年，第33页。
② 清户部：《请行钱粮民欠征信册折》，光绪十二年（1886）铅印本，中国国家图书馆藏。

摆印订册必逐篇核对，不准错误。每两篇用该属员骑缝印钤，册末印明某官某人核造戳记。”“发给州县场卫册数叶数应印明也。灾缓带征不必各属皆有，所发征信册数彼此不同。滑吏舞弊，或少发一册，或册少一二叶，故意抽短，俾无可考。册内各加印一戳，写明册共几叶，并于各册面大字加戳，写明某州县场卫光绪某年钱粮各样征信册共几本。无论何款侧面皆加此戳，彼此互证，以防弊窦。”[①]

户部章程下发之后，各省出于各种考虑，对编印征信册有所抵触，但在户部的坚持下，均前后实行。从此以后的十多年里，这项木活字印刷工程在全国持续展开。

二、“民欠征信册”印刷

用木活字印刷征信册，无论最初的倡议者冯桂芬还是后来的决策者户部，都出自现实考虑。征信册由各省布政使司按州县申报底册印制下发，按事务繁简程度，繁县发放五十册，中县发放四十册，简县发放三十册，平均每县的印刷量为四十册，而且有严格的限期考核制度，逾期未能印成，主事者将受到处分。每个县印刷的册数虽然不多，但有的地方欠缴钱粮的户数很多，仅一个县就要编制底册数十册，如光绪十三年（1887）五月至七月，山东仅排印成四千二百余版，尚有三万两千版未能摆排。如果使用雕版印刷来印制，无论从成本还是工期看，都是无法完成的任务，因此只能使用简便快捷的活字印刷技术。

即使用木活字刷印，这也是一项繁重的工作。李光伟根据清代档案梳理了部分省份征信册的印制工作情况[②]：清代各地经济文化存在诸多差异，在全国推行征信册，必然遇到技术落后、工匠不足等困难。河南

① 清户部：《请行钱粮民欠征信册折》。
② 李光伟：《晚清赋税征缴征信系统的建设》，《历史研究》2014年第4期。

“向无活字书板，亦绝少熟习匠工”。征信册的印造与书籍不同，“他书摆就一盘可刷印千百页，此册只印数十张即须更换”。捡字、摆印“须赴江楚等省多觅熟手，道途纡远，非重值不能招致”。福建征信册常用字“必须刻至累百方能周转，或有不足，临时尚须添补。匠役既多，应募者捡字摆盘未必尽皆熟手”。山东虽用活字印刷，亦多备应用之字，但“一板之中有同一字而用至数十处，排板愈多，用字愈繁。又兼姓名、地名俗写讹体之字，无从预备”。以三个月造册为限，“日需工匠即应一百余名。至管理字橱、誊写清册、切订、刷印各项尚须数十人，工匠猝难多觅”。江西欠户较多，征信册底本未到之前，“预招多匠刊刻活字百余万，尚不敷用”。熟练工匠不足，“竭力招集，仅得百人”。

经济文化不发达地区，技术与工匠问题尤为突出。贵州初次办理，“刻字、刷印匠役较少，而活字板套犹非素习”。云南“刊刷册籍苦无良工，土人于活字板素不娴习，又不善写宋字”，而且“边地复少匠工，到处穷搜，得十余人”。即使历年造册较及时的新疆，亦因“关外雇匠奇难，必由内地，遇事须另雇更换，辄停工以待”。

木活字印刷虽然较雕版印刷要简便得多，但短时间内每个地方要招募上百位熟练工人同时工作，还要雕刻大量活字，如江西一次刻成一百多万枚，都是非常不容易的事，在中国印刷史上也是罕见的大规模工程。而且征信册印刷采用的是“活字板套”，也就是武英殿聚珍版程式，更是增加了工作难度。

乾隆间排印《武英殿聚珍版丛书》时，为解决木活字遇水膨胀而造成版框无法合拢、影响美观的难题，采取了用活字排印文字、用雕版雕刻行格，然后两版套印的办法。此法虽然解决了美观问题，但一叶书要印两次，而且要套印得准确也非得十分熟练不可，因此是一个事倍功半的办法。乾隆之后，此法少有人使用，以前所知只有清末京师聚珍堂用套印之法印过《红楼梦》等小说。这次由户部在全国推行，当缘于不了解印刷技术的实际情况、简单遵行祖制。

现在所见民欠征信册的印刷方式也不尽相同。上海社会科学院历史研究所收藏的《江苏省松江府华亭县光绪十四年征收地漕等项民欠征信册》，用的是拼合版框、一次印成的办法；《山西省屯留县光绪十二年银粮民欠征信册》则是根据武英殿聚珍版程式套印而成的。（图92）

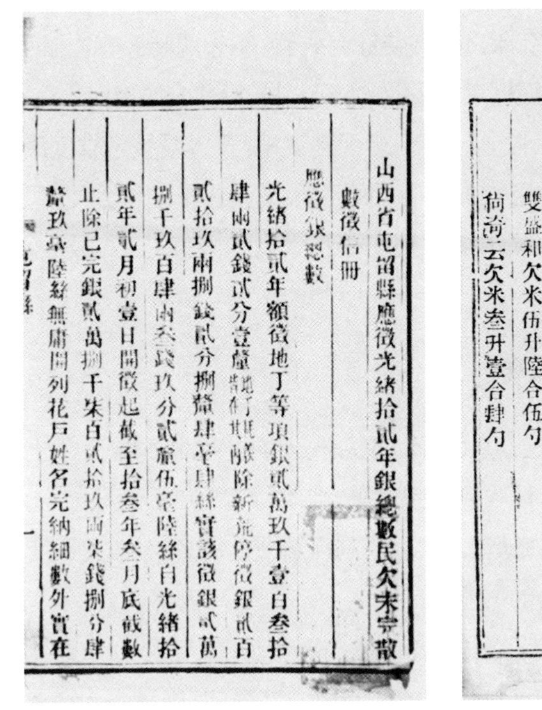

山西省屯留縣應徵光緒拾貳年銀總數民欠未完散
數徵信冊
應徵銀總數
光緒拾貳年額徵地丁等項銀貳萬玖千壹百叁拾
肆兩貳錢貳分壹釐[illegible]除新荒停徵銀貳百
貳拾玖兩捌錢貳分捌釐肆毫肆絲實該徵銀貳萬
捌千玖百肆兩叁錢玖分貳釐伍毫陸絲自光緒拾
貳年貳月初壹日開徵起截至拾叁年叁月底截數
止除已完銀貳萬捌千柒百貳拾玖兩柒錢捌分肆
釐玖毫陸絲無庸開列花戶姓名完納細數外實在

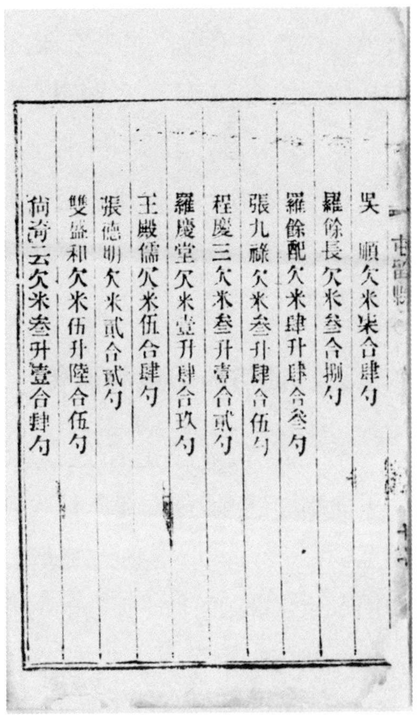

吳　順欠米柒合肆勺
羅餘長欠米叁合捌勺
羅餘配欠米肆升肆合叁勺
張九祿欠米叁升肆合伍勺
程慶三欠米叁升壹合貳勺
羅慶堂欠米壹升肆合玖勺
王殿儒欠米伍合肆勺
張德明欠米貳合貳勺
雙盛和欠米伍升陸合伍勺
[illegible]欠米叁升壹合肆勺

图92　屯留县光绪十二年（1886）征信册首叶（左，用拼合版框的木活字版摆印）和内叶（右，用木活字版与雕版套印）

《山西省屯留县光绪十二年民欠征信册》印制于光绪十三年九月，经过今人改装，分为上下两册，原封面无存。上册由雕版印刷而成，内容为上谕和户部《清厘民欠章程》。这是冠于每一本征信册前面的固定内容，印刷量大，所以用雕版印制。下册为征信册，分钱、粮两部分，前一部分有大题“山西省屯留县应征光绪拾贰年银总数民欠未完散数征信册”，后一部分无大题，分题“应征兵米总数”和“民欠散数”。

征信册共二十叶，除第一叶、第十一叶用拼合的版框摆印外，其余十八叶均用活字摆印文字，然后套印雕版行格。在套印版中，文字字体不一，墨色不匀，间有顶木、夹条痕迹，确为木活字版。行格版有明显的断版，确为雕版。全书使用同一块行格版，且栏断字不断，栏线与顶木印迹有叠压之处，说明确为两版套印。此书装订完成后，相邻两叶钤有“山西布政使司照磨所印”。这是根据章程采取的防止吏员舞弊的措施。

武英殿木活字套版印书以其独特工艺受到重视，又以其技术难度高几近绝响，却在一百多年后因户部的一项财政政策而在全国得到使用。民欠征信册的印刷算得上中国印刷史上的一件大事，但一直无人知晓，个中原因，值得探究。

三、征信册印量和流传

民欠征信册制度是清政府整顿财政、增加收入的重要改革措施，从上而下强制推行。此举虽然未能收到预想效果，在实行若干年后逐渐废止，但至少有三年时间，得到比较认真的实行。在印刷史上的意义，就是几年内用木活字排印了数十万册的书册。

李光伟根据第一历史档案馆所藏档案，将光绪十二年至二十七年（1886—1901）各省造办钱粮征信册的情况制成统计表，其中大多为存在民欠、需要造册的县数，也有几个省分有准确的刷印数量。

江苏，由江宁、苏州两个布政使司分别办理。江宁连续八年共刷印三万三千四百五十册；苏州连续九年共刷印三万一千零六十册。

江西，不知办理年数，仅光绪十三年一年，就刷印四万九千九百册。

甘肃，连续办理六年，共刷印两万两千三百六十五册。

新疆，连续办理七年，共刷印四千八百三十册。

贵州，连续办理四年，共刷印三千三百六十册。

其余各省没有刷印数量，但结合各类文献记载，可大致估算刷印册数。如直隶办理三年，“一切板片纸张工本工食等项银两”近三万两。按每册刷印价银二钱推算（江西估价），直隶刷印征信册达十余万册。又如山东在光绪十三年印制征信册，仅排版就达三万六千多版。以五十叶为一本，可订成七百二十本，每本刷印四十册，一年就刷印两万八千八百册，而山东也是连续办理了三年。对那些没有其他资料可以参考的省份，还可按照户部规定的平均每县每年印四十部的最低限度推算。如此合计，十几年中，全国印刷征信册至少在四十万册。

那么，现在保存下来的有多少呢？检索各大图书馆目录及有关书目，会发现光绪间民欠征信册存世量堪称稀少，能查到的只有区区十几册。[①]

可以说，流传到今天的民欠征信册数量与当年实际印量不成比例。且不与四十万册以上的总印量相比，即便与有准确印数的各省印量比，江苏印六万四千五百一十册，现存四册；甘肃印两万两千三百六十五册，现存也是四册；贵州印三千三百六十册，现存一册，总计存留率不到万分之一。流传下来的书这样少，也就难怪这项由政府推动的、持续十年以上、在全国进行的木活字印刷工程不为后人所知了。

---

① 列目如下：甘肃秦州直隶州礼县光绪十六年带征十四十五年民欠仍未完粮石征信册，中国国家图书馆藏。甘肃秦州直隶州礼县光绪十六年民欠未完粮石征信录，天津社会科学院图书馆藏，又西北师范大学图书馆藏。益阳县催征光绪十二年漕米民欠未完散数征信册，湖南图书馆藏。贵州余庆县应征地丁耗羡银总数民欠未完散数征信册，贵州图书馆藏。陕西朝邑县应催征光绪拾壹年民欠银钱粮草总数仍未完散数征信册，陕西省图书馆藏。甘肃泾州直隶州应征光绪拾肆年地丁银粮草总数民欠未完散数征信册，青海省图书馆藏。江苏省苏州府长洲县光绪拾贰年征收地漕等项民欠征信册，苏州图书馆藏。江苏省松江府华亭县光绪十四年征收地漕等项民欠征信册，上海社会科学院历史研究所藏。江苏省苏州府昆山县光绪十五年分熟田地漕等银民欠散数征信册，上海图书馆藏。青浦县光绪十二年地漕民欠征信册，见中国社会科学院近代史研究所近代史资料编辑组编：《近代史资料》总57号，1985年。直隶安平县光绪十四年征收地粮银两民欠征信册，张秀民著、韩琦增订《中国印刷史（插图珍藏增订版）》著录。山西省屯留县应征光绪拾贰年银总数民欠未完散数征信册，私人收藏。

四、从征信册的印刷与流传谈木活字印刷在传统印刷体系中的角色

我国是活字印刷的故乡。相较于雕版,活字印刷具有很多优势,却未能在传统印刷时代占据主流地位。一个显著的表现是,图书馆中所藏活字印本占古籍的比例很小,由此普遍观点认为,活字印刷在古代没有得到充分发展。

但这未必是全部真相。因为有两个事实经常被忽略。一是有一大类活字本基本未被纳入研究视野,这就是大量存在的族谱、祠(牌)谱等宗族出版物;另一事实就是像上文分析的,活字本流传下来的概率比刻本低得多。如果我们研究的对象只是图书馆中保存的零星活字本,而不知其真实印量,就无法从产品入手,准确评估古代活字印刷的发达程度。民欠征信册就是一个非常典型的例子。

从现存活字版家谱的数量和分布范围看,至少在清代,活字印刷已深入到村庄、家族,是自古以来最普及、对社会参与程度最深的印刷技术。从家谱之外的活字印刷的民间出版物看,它涵盖了公文、档案、经卷、善书、社会组织报告、特定社会事务报告、个人事务报告等,覆盖面十分宽广。这些印刷品具有一次性、临时性、局域性的特点,难以广泛流传,以至于掩盖了活字印刷在当时社会发挥的重要作用。

活字本难以流传,是由活字印刷在传统印刷体系中长期担任的便捷印刷角色决定的。自古以来,基于文献复制传播目的、经济成本、技术能力和文化消费观念等多种因素,社会的印刷需求一直是分层次的。人们发明、发展不同的印刷技术来满足不同需求。观察从清代到今天的印刷活动,可以清楚地看出,印刷技术的发展和应用,同时沿着两大主线进行。

一是专业印刷方式。其主流技术,从清代至今,依次是雕版、铅印和现代工业印刷。其技术特点是专业化,需要专门人才掌握专门技能、操作

复杂设备才能进行生产。从经济角度看,小批量生产成本高,大批量生产则可以很好地降低单位成本。其作用是为了满足社会化、商业化的出版印刷需求,其产品特点是品质高,正规,公开,流传范围广、时间长。

二是便捷印刷方式。其主流技术,与上述专业方式相对应,分别是雕版时期的木活字、铅印时期的蜡纸油印、目前正在应用的复印机和桌面打印机。其技术特点是方便快捷,专业要求低,不受技术门槛限制,普通人经过简单培训即可随时随地操作设备从事生产。从经济角度看,小批量生产成本低廉。其作用是为了满足个人或小型组织(家族、单位)在日常生活中产生的印刷需求,其产品特点是临时性、一次性、非公开,传播面窄、流通性差。

需要大范围、长时间流通传播的作品,如公开出版的书籍、报刊,一般采用专业印刷方式生产;需要在小范围、短时间内流通传播的作品,如家谱、公文、学校教学材料、单位文件等,一般采用便捷印刷方式生产。光绪时印制民欠征信册,就是典型的一次性、区域性的印刷需求,且单位印量极小,所以采用活字印刷这种便捷印刷方式。两种印刷方式有基本分工,也有局部交叉,构成整个印刷体系。

便捷印刷作为一种生产方式,一直不受研究者重视,对相关技术的研究,往往局限于技术本身,而较少将其纳入整个社会的印刷活动中进行综合考察。

这因为便捷印刷是生活中的印刷,人们对身边事物往往熟视无睹,没有保存资料的习惯,甚至并未意识到它是一种印刷活动。便捷印刷的产品,其实也分两类,一类是那些纯粹的临时性、一次性出版物,缺少长久保存的价值,时过境迁即行毁弃,难以流传。另一类是家谱等,其实是需要长期流传的,但因为私密性和印量太小,难以进入公共阅读范围。从古代的藏书家到现代的图书馆,都很少有意收藏这两类印刷品,而一直以来,图书馆的藏书是人们研究印刷史的主要实物对象。凡此种种,使便捷印刷受到有意无意的忽视，它们在印刷体系中的地位和作用未能得到充分揭示。

除了清代的木活字印刷，现代的蜡版油印和当代的打印机打印也同样面临产品难以流传的问题。油印在20世纪初引进中国，在长达一个世纪的时间里曾深入单位、班级、家庭，印刷了海量文字，现在图书馆中保存下来的油印本却寥寥无几，更不用说大量试题、课卷、文件等一次性产品了。图书馆的收藏不能反映油印的使用盛况，致使其在印刷史上的地位被降低，作用被抹杀；今天的打印件、复印本也不被当作印刷品收藏。可以设想，如果这些技术不再使用，后人根据图书馆所藏资料，是无法知道它们在今天的应用程度和重要作用的。

至此，我们可以得出一个简短结论：

光绪间民欠征信册的印刷，是由政府组织的一次全国范围内的活字印刷工程，在部分地区使用了武英殿聚珍版程式。在十几年时间里，各省共印成征信册数十万册，但因其系一次性、局域性的印刷品，流传至今的书册十分罕见，致使这一印刷史上的重要事件被湮没。

印刷技术的发展，可分为专业印刷和便捷印刷两大主线。在雕版印刷作为专业印刷方式的时代，活字印刷是与其同时使用的便捷印刷方式，主要用来满足社会日常生活中产生的印刷需求，其印刷品具有临时性、一次性、局域性、小批量等特点。木活字印刷以操作简便、成本低廉、品质可靠的优势，成为我国古代覆盖面最广、介入社会生活程度最深的印刷技术，在小范围文化传播方面发挥了巨大作用。随着印刷技术不断提高和适应需求的优势逐渐显现，传统木活字最终演变为近代铅活字，取代雕版成为专业印刷方式。

（原刊于《文津学志》第十辑，2017年）

传统活字印刷为何未能取代雕版?

——以出版者取舍理由为观察点

从发明于北宋,到淘汰于民国,中国传统活字印刷使用了正好十个世纪。与雕版印刷相比,活字印刷具有多方面的明显优势,是一种先进技术,却一直未能取代雕版成为主流印刷方式,缘由何在?

长期以来,学界对此众说纷纭,主要有以下观点:

一是认为与雕版相比,活字版功能不完善,主要是不能保存版片以备随时印刷。黄永年先生曾指出,这是封建社会活字本不能取代刻本的"唯一原因"。

二是认为活字印书至少需要几万个字范,从技术经济学角度来看,成本过高,对于印刷量不大的书籍,反不如用雕版印刷合算。

三是认为汉字的字数太多,置备一套活字,需要雕刻或铸造几万枚字,费功夫,效率低。

四是认为活字印刷的排版工人必须识字,而古代识字人少,不容易找到这样的工人,影响了活字的使用。

五是认为受制于各种文化因素,如活字版错讹难以校改,影响阅读;板式不如雕版美观,字体没有雕版灵活等。

还有其他说法,但大致都可归入上述各说。这些理由,都是人们从今天的观察角度推论出来的,有的言之成理,有的则未必符合事实。实际上,在古代出版印刷活动中,有很多出版者和印刷者亲自说明了采用或弃用活字印刷的理由,他们的看法显然更值得重视,有助于我们理解传统活字印刷技术的短长,以及它未能取代雕版的原因何在。

下面搜集了一些历代出版印刷者对于活字印刷的看法，并略作说明。

一、活字印刷技术发明者和改进者的看法

活字印刷有着明确的发明人，而且自问世以来，不断得到改进，留下一些比较详细的技术说明，其中就包含对活字印刷优势的判断。

中国乃至世界上最早记载活字印刷技术的文献，是北宋时沈括的《梦溪笔谈》。沈括记录了毕昇发明胶泥活字版的情况，也对这一技术的优势进行仔细分析。《梦溪笔谈》卷十八说：

> 庆历中，有布衣毕昇又为活板。其法……若止印三、二本，未为简易，若印数十百千本，则极为神速。常作二铁板，一板印刷，一板已自布字，此印者才毕，则第二板已具，更互用之，瞬息可就。

"止印三、二本未为简易"，是与抄写对比；"印数十百千本，则极为神速"，是与雕版印刷对比。对毕昇发明的活版，沈括看重的是"极为神速""瞬息可就"，即具有效率优势。①

元代人王祯是活字印刷的创新者，他曾创制木活字版用来印书。在《造活字印书法》中，他说：

---

① 顺带值得一提的是毕昇所制泥活字的形状。沈括在记录胶泥活字制作方法时说："其法用胶泥刻字，薄如钱唇，每字为一印，火烧令坚。"对"薄如钱唇"，学界认识比较一致，认为指"厚薄像铜钱的边缘"，但对所指为字印的厚度还是雕刻的深度，人们意见不一。近年来有很多学者认为，"薄如钱唇"指的是雕刻出的笔划的高度而非整个泥活字的高度。这种观点，显然受到后世高立方体的木活字影响，并忽略了《梦溪笔谈》对泥活字形状的进一步说明。沈括在下文中说："（活字）不用则以纸帖之，每韵为一帖，木格贮之。"泥活字闲置不用的时候，就把它们按字韵贴到纸上，同韵的字贴在一起，成为"一帖"，放到木格里保存。我们知道，只有薄片状的物体才能"贴（帖）"到另一个平面上，而且泥活字使用时需要捡字，要保证字面向上，不能侧过来粘贴。因此，毕昇的泥活字在字面向上的情况下，一定是一个比较薄的扁平形状的物体。文献记载并无疑义，这个问题也就没有必要再争论了。

板木、工匠所费甚多，至有一书字板，功力不及，数载难成，虽有可传之书，人皆惮其工费，不能印造传播后世。……前任宣州旌德县县尹时，方撰《农书》，因字数甚多，难于刊印，故用己意，命匠创活字，二年而工毕。试印本县志书，约计六万余字，不一月而百部齐成，一如刊板，始知其可用。后二年予迁任信州永丰县，挈而之官，是时《农书》方成，欲以活字嵌印，今知江西见行命工刊板，故且收贮以待别用。然古今此法，未见所传，故编录于此，以待世之好事者，为印书省便之法，传于永久。

王祯发明的木活字版，“为印书省便之法”，既省钱又便捷，兼有成本和效率优势。

木活字印刷在清代得到大量应用。清乾隆三十八年，大臣金简奏办木活字版印书，事成后撰有《武英殿聚珍版程式》。他奏陈采用木活字印刷的理由是：

今闻内外汇集遗书已及万种，现奉旨择其应行刊刻者，皆令镌版通行，此诚皇上格外天恩加惠艺林之意也。但将来发刊，不惟所用版片浩繁，且逐部刊刻，亦需时日。臣详细思维，莫若刻枣木活字套版一分，刷印各种书籍，比较刊版，工料省简悬殊。……今刻枣木活字套版一分，通计亦不过用银一千四百余两，而各种书籍皆可资用，即或刷印经久，字画模糊，又须另刻一分，所用工价，亦不过此数，或尚有堪以拣存备用者，于刻工更可稍为节省。如此，则事不繁而工力省，似属一劳久便。

“事不繁而工力省”，是一劳永逸的办法。金简也是看重木活字印刷的成本和效率优势，但他也意识到使用久了，木字会模糊损坏，有可能需要补刻。

二、赞成活字印刷的出版者的看法

历史上有很多出版者，使用活字版印刷书籍。他们有时候会在所印书的序跋等处，留下对活字印刷的赞成意见。

明万历初年，徐兆稷用活字排印其父徐学谟所著《世庙识余录》，在书牌中说：

> 是书成凡十余年，以贫不任梓，仅假活版印得百部，聊备家藏，不敢以行世也。活版亦颇费手，不可为继，观者谅之。

徐兆稷因贫穷没有能力雕版，使用活版印刷父亲的书，但印量很少，只有百部，不足以在世间广泛流通。徐兆稷选用活字版，是因其成本低廉，可以负担。

明万历间魏显国撰成《历代史书大全》五百一十二卷，卷帙浩繁，无力刊刻，后由浙江参政郭子章等醵金用木活字排印。郭子章《史书大全序》说：

> 时予有事苕溪，乃谋之郡守沈叔顺、郡丞吕世华、司理周尚之，归乌二令任用予、袁元让，剞劂则举赢而力诎，缮写则事庞而日费，无若捐俸醵金，合铜板枣字印若干部，姑以卒华容之志。

“剞劂则举赢而力诎”，郭子章采用木活字的理由，也是因为它拥有的低成本和高效率优势。

清道光间李兆洛撰《古今地名通释》及《通释编韵》(当即《历代地理志编韵今释》)，无力雕版，拟雕刻活字排印。他在给吴兰修的信中说：

> 兆洛所辑《古今地名通释》已略就绪，而卷帙烦重，写之苦艰。又成《通释编韵》一书，虽少减省，字尚五六十万，写之不

易，刻之又无此力，拟为活字板印五六十部，以为传留之地。现在雕刻活字尚未施手，冬底当可卒业。

李兆洛认为，木活字印刷能解决“写之不易，刻之又无此力”的问题，也是取其效率与成本优势。

清同治、光绪间，朱学勤、朱智、许庚身担任总纂，纂成《剿平粤匪方略》四百二十卷、《剿平捻匪方略》三百二十卷，书成后朱智与许庚身建议使用同文馆（由总理衙门管理）新购置的西洋活字排印。俞樾撰《朱铭笙（朱智）侍郎七十有二寿序》中说：

全书告备，例应刊布。参稽故事，所费不赀。会总理各国事务衙门有购自外洋之铅字活版，公与许恭慎公创议备用之。事繁而法简，功捷而费省。书成，嘉奖、升赏有差。

铅字也是活字的一种。两部《方略》共七百多卷，即使内府也难以负担其雕版费用，所以选用活字排印，取其方便、快捷、便宜。

清咸丰间，刘毓崧代人作《蕲水郭氏七修谱序》[①]，内云：

今亦率由旧章，循世增辑。其传系体例，一遵前谱规模，编次既全，爰仿六修成法，用聚珍板式排比印行，工省价廉，蒇事迅速。

家谱篇幅大、印量小，若用雕版印刷，单位成本居高难下，只有采用活字版，才能“工省价廉，蒇事迅速”。

清光绪间，张佩纶与王懿荣商议雕刻木活字印刷彭元瑞钞本《旧五代史》，在《涧于集》尺牍三《复王廉生太守》信中说：

彭文勤《旧五代史》钞本，结一庐得之，第重钞实觉烦重。

① （清）刘毓崧：《蕲水郭氏七修谱序》，载氏著：《通义堂文集》卷五。

> 此间顾廷一观察有活字板，惜字样不佳。据云二百金能代刊五万字，已属其详估，如果能如所估之数，木刻字虽不经久，择要刻一二种，较钞为省事省费矣。

在尺牍五《致王廉生太史》信中又说：

> 前商活字板一节，未赐复。细估大字四万、小字四万，刻价约二百千。此事尚可成，但未知能耐久否？一言而决。

《旧五代史》共一百五十卷，大小字合计百万以上，仅刻八万个活字即可排印，而且比抄写还要“省事省费”，足见其效率与成本优势。但张佩纶也担心，木活字不耐久，容易损坏。

三、排斥活字版的出版者的说法

在古代，也有出版者在使用活字版后，表达对其不满或遗憾的态度，或在选择雕版时，给出放弃活字版的理由。

清初，冯兆张撰写《冯氏锦囊秘录》五十卷，初版用木活字排印。他在书中《内经纂要》的封面牌记中说：

> 是书八种，计纂内经及杂症大小合参、女科、外科、痘疹、药性、脉诀共二千余篇，系兆张三十年心血所集。欲广济世，奈力绵未能实刻，因用活版，但装刷甚繁，止印百册，以呈高明，幸勿废掷。倘遇同志，重刻广济，尤为幸甚。

他也是因为无力雕版，而选择了低成本的活字版。但他又对活字本印量太少、流传不广表示焦虑。后来此书用雕版再版，冯兆张在其中《痘疹全集》的凡例中说：

> 书大力绵，艰于举事，向年误听梓人，创成活版，疲精悴神，

二载始竣，但字少用多，不耐久印，无如索者日众，今版废书完，势必数十年之心血，一旦付于流水。

此时他直接表示出对活字版的不满，甚至认为选用活字版是一个错误，理由是活字容易损坏，而且无法保留版片，导致印量太小，使自己的书不能广泛流通。

清康熙、雍正间，内府用铜活字版印刷《古今图书集成》，也印刷其他书籍。雍正时，庄亲王允禄等人上折奏陈颁行《御制律历渊源》事宜，其中提到：

《律历渊源》内分《历象考成》《律吕正义》《数理精蕴》三种……恭查《历象考成》系木板刷印，《律吕正义》《数理精蕴》俱系铜字刷印。今若仍用铜字，所费工价较之刊刻木板所差无多，究不能垂诸永久。请交与武英殿将《律吕正义》《数理精蕴》一例刊刻木板刷印。

印刷《律吕正义》等二书所用铜字，即印刷《古今图书集成》的铜字。铜活字成本较木活字为高，在工价相差无多的情况下，允禄等放弃活版选择雕版，考虑的是活版“不能垂诸永久”，即无法保留版片。

乾隆帝赐给鄂尔泰《古今图书集成》一部，鄂尔泰死后，其子容安等在《鄂文端公年谱》中评论说：“费帑资百万余两，仅刷书六十部，板随刷随毁。”把“板随刷随毁”看作重大缺陷。

清光绪二十三年，古越补拙居士用木活字版刷印《洞主先师白喉治法忌表抉微》散发流通，封面后识语说：

向来论治白喉，从未有此书之透彻者。大君子如肯重为刊印，分布城乡，家喻户晓，俾免误于医药，全活必多，功德无量。

古越补拙居士识。江阴同仁就聚珍版重印敬送。

他已经用活版刷印了此书，还希望有人能用雕版刊印，以便广泛流通、家喻户晓。他没有说出来的原因，仍是活字版不能保留版片随时印刷，导致流传不广。

以上各项，都是出版者使用活字版以后，发现问题并表达不满的例子。下面再举两个从一开始就排斥活字版的例子。

清宣统二年，孙雄拟集资刊印《道咸同光四朝诗史》，他在“集股略例”中说：

> 初意本用铅印，以期迅速，后因铅印式样不雅，且多误脱，故改从雕版，惟出书视铅印略迟耳。

他列出了活字版（铅印）的一个长处——“迅速”，两个短处——“式样不雅”“且多脱误”，最终放弃了活字版。

民国二十八年，陈垣撰成《释氏疑年录》，也选择雕版刊行。他在给陈乐素的信中说：

> （《疑年录》）现写刻已至六卷，未识年底能否蒇事。需款千余元，辅仁本可印，但不欲以释氏书令天主教人印。佛学书局亦允印，但要排印，我以为不雅。给商务，商务亦必欢迎，且可多流通，但我总以为排印不够味。脑筋旧，无法也。①

此时已是1939年，铅印即将完全淘汰雕版，陈垣仍然认为排印“不雅”“不够味”。此时的铅印已经可以打印纸型、保存版片，陈垣与孙雄弃用活字版的理由，就凸显出心理排斥的意味。

---

① 《陈垣来往书信集（增订本）》，生活·读书·新知三联书店，2010年，第1107页。

四、清代大规模采用活字印刷的出版领域

清代是传统活字印刷的繁荣时期，流传下很多活字印刷品，它们集中在几个出版领域。虽然出版者未留下明确的采用理由，但我们可以做一些分析。

一是大部头书，如铜活字版《古今图书集成》，正文一万卷，一亿六千万字，共排四十一万多版。如果使用雕版，即使富有天下的朝廷也无力刊刻这么多版，而且雕刻起来旷日持久（整个清朝内府二百多年全部雕版不过八万多块）。使用活字，完全出于效率和成本考虑。同时此书用纸和用工成本巨大，重印需求不强烈，也就不强调存版问题。

二是类似报纸的《京报》《题奏事件》等连续出版物。这些出版物专门刊发朝廷政务动态，每日更新出版，强调时效性而不注重排印质量，没有必要保存版片。

三是家谱。现存传统活字本中，数量最多的是家谱，约占总数的80%以上。家谱部头大、印量小，一般只有几部、几十部，如果刻版，每部书分摊的成本极高，而且在几代人内没有重印需求，没必要保留版片。

可见，活字印刷最能发挥作用的领域，都是对成本要求低，对效率要求高，对藏版需求低或没有需求的领域。

从上述各方面事例可见，古人发明、改良和使用活字版，均看重它相对于雕版的主要明显优势：成本低、效率高。古人弃用活字版，则着眼于如下原因：它的功能不完备（无法保留版片，导致印数过少，并难以订正误字）；木活字容易损坏从而缩小成本优势；社会心理排斥，认为其不雅致等。传统活字印刷未能取代雕版印刷的原因是综合的，而无法保留版片、不能随时印刷是主要原因。

版印文化篇

星如我兄如晤　回蘇展讀
函示祇悉種切　貴珂鄉華氏會通館蘭雪堂兩主人
事蹟　蘭雪堂竟無可考　明華氏所撰世書有會通傳
無蘭雪傳　謂為隔房　何以兩家家鞠裳太史印書同一板式似當時
蹤跡必密　非近房不如此也　弟于此事訪求多得世書
中傳一篇　又知其書兩銅板鉛字　則上足以補諸之缺
聞矣　手復敬頌
撰安
弟德輝頓首　八月十日

集漢楊統碑字　葉氏嘉德堂造牋

徐志定与吕抚的时空交集

——附论中国印刷史上的泰山磁版

清康乾之间，中国印刷史上有两个创举，即在二十年内，泰安人徐志定和新昌人吕抚先后以泥土为材料，经过复杂的工艺制成磁版和泥版，并成功印出书籍。他们的创造虽属昙花一现，未能推广传承，却是独出心裁的发明。

对泰山磁版和吕抚泥版所印书籍，学界已有较多研究，但在技术和工艺等方面仍存在争议；对徐志定和吕抚二人事迹，目前则所知有限。不过，通过对印本版面特征的观察分析，结合技术文献，我们基本可以还原两种泥质印版的制作工艺；通过对零散资料的搜辑勾稽，也大致可了解徐志定和吕抚的生活轨迹。史料显示，他们二人的行迹有所交集，很有可能相识，如此，又引出吕抚的发明是否受到徐志定影响的话题。本文即拟对上述问题略作考述。

一、徐志定事迹钩沉

康熙五十七年（1718）冬，泰安人徐志定创制磁版，随后用它刊印济阳人张尔岐的《周易说略》和《蒿庵闲话》二书，书的封面题“泰山磁版”等字。根据两部书版面反映出的技术特征及相关文字记载，可知它们确系用磁版印刷。这种技术在中国印刷史上只此一例，令人耳目一新。

对徐志定，张秀民先生曾据民国重修《泰安县志》，指出他“字静夫，山东泰安人，雍正元年（1723）举人，做过知县”。检《泰安县志》卷七

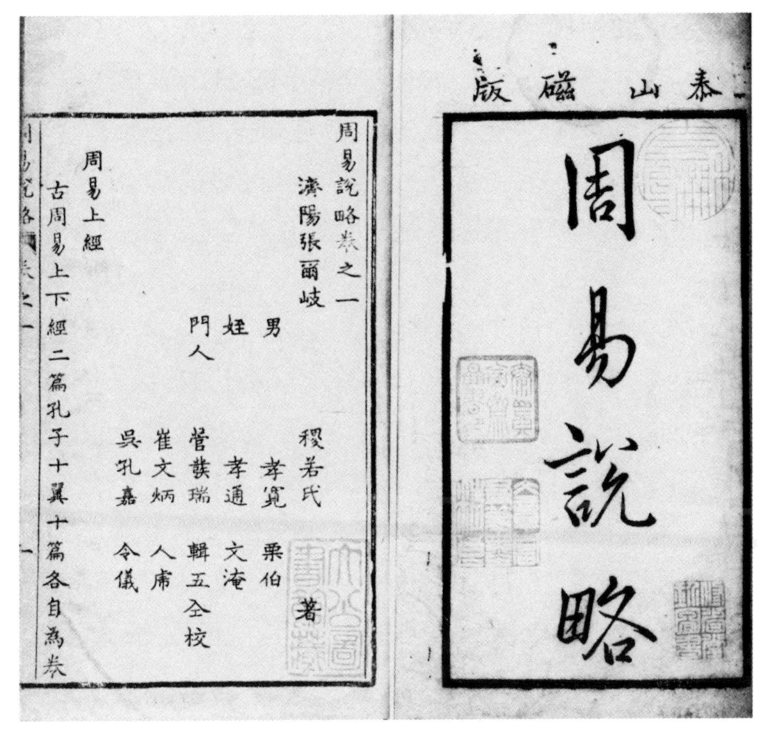
泰山磁版

周易說略

周易說略卷之一

濟陽張爾岐稷若氏著

男孝寬栗伯

姪孝通文淹

門人管蘷瑞輯五仝校

崔文炳人庯

吳孔嘉令儀

周易上經

古周易上下經二篇孔子十翼十篇各自為卷

周易說略卷之一　一

图93　泰山磁版印本《周易说略》书影（无锡图书馆藏本）

“选举”，“贤良方正”科下有“徐志定，字静夫，庠生，雍正元年举贤良方正，官知县”的记载。

按《清实录》雍正元年四月甲子，谕直隶各省督抚：“前所颁恩诏内，有‘每府州县卫各举孝廉方正，暂赐以六品顶带荣身，以备召用’一条。距今数月，未有疏闻。”徐志定的出身所举，实为孝廉方正。

徐志定被举荐后以知县试用，分发浙江，其后宦途蹉跎。雍正七年（1729）二月他任上虞知县时，浙江观风整俗使蔡仕舢出巡绍兴府，认为他“才力钝软，然尚肯黾勉”，于是“面加训诫，勉令振作，以图后效”。七月二十五日，已任浙江巡抚的蔡仕舢上奏：“前奏之上虞县试用知县徐志定，才力不胜剧任，应行调简。其县缺已题委试用人员晋德慧接署。”[①]徐志定被调任何职，不得而知。

后来，徐志定于雍正九年（1731）、十一年（1733）两次担任新昌知县，任职时间短暂，应该都是署理。而最后这次任知县，彻底断送了他的前程。

雍正十一年（1733），新昌发生由盐务问题引发的骚乱，上司对徐志定的处理不满，将他参革去职。对此，民国《新昌县志》卷三“盐法”有详细记载。

事件缘由是，新昌自设县以来，一直未设专卖盐店，百姓食盐由小贩从嵊县贩运零售。康熙三十九年（1700），商人戴恒襄想在新昌开店，但受到乡绅抵制，未能成功。雍正十年（1732），戴恒襄的后人戴隆又申请在新昌设店专卖，得到驿盐道和署理总督批准。第二年四月，戴隆在新昌起造店屋，“城乡居民以新邑肩贩花户挑运嵊县转售，开设盐店不便于民，扰攘罢市，拥绕县署，吁请停止”，拆毁了戴隆房屋，又聚集县衙，要求知县徐志定制止戴氏开店。后来戴隆告状到省里，上司要求捉拿奸民、查办失职官员，绍兴知府顾济美上详文说：

> 兹署新昌县试用知县徐志定，才既疏庸，性复柔软……本年四月间该商到新置买基地建造店屋，开铺发卖，突于四月初八日地棍俞天如等觇知开铺，号召朋党，口称买卖不便，到店哄闹，拆毁甫立梁柱，一时观看，纷纷群集。俞天如等倚藉人众，拥入县堂，挟制该令，勒其具详停止，环绕喧哗，毁坏公堂。该令一味姑息，劝谕始散，并不即时严拿详究，以致人众嘈杂，连闹五日……似此地方重情，该令既不能详明禁戢于先，又不克拿获于后，一味塌阘委靡，实属有乖职守，为此特揭详参转详，请题饬革究，庶官方得以振肃，奸民不致漏法。

---

① 《世宗宪皇帝朱批谕旨》卷六十七，蔡仕舢雍正七年三月二十日、七月二十五日奏，《景印文渊阁四库全书》第419册。

在此事件中，徐志定没有维护盐商的利益，以致触怒上官。浙江总督程元章根据顾济美的意见，向吏部题参徐志定，六月十二日奉旨："这所参徐志定着革职。"七月二十九日，谕旨传到绍兴府，徐志定被罢官。后来，新昌举人潘祖诲等再向各衙门呈文，最终获准不在新昌设立盐店，戴隆的生意也未做成，成为新昌人目中的奸商。从这一结果看，徐志定是一个正直的官员，遭遇未免冤屈。

徐志定罢官后路过泰兴，被邀留讲学，最后定居此地。嘉庆重修《泰兴县志》卷五载：

> 徐志定，字静夫，泰安人。雍正乙巳以孝廉举贤良方正，任浙之上虞、新昌两县，循声远著，寻以忤上官去职。道经泰邑，邑绅重其品，争留设教，一时知名士多出其门。著有《四书定义》行世。

他在泰兴的后裔，知名者有徐兆鸿。光绪《泰兴县志》卷二十二载：

> 徐兆鸿，字莳斋。先世泰安人。雍正时有志定字静夫者，举人，知上虞、新昌，解官客授于泰，著《四书定义》，学者宗之，兆鸿高大父行也。兆鸿伉直忤俗，壮游都下，不遇而归，工书画，以折钗法作松梅巨幅，峭劲如其人。

徐志定罢官后成为受人尊敬的学者，亦可谓"塞翁失马，焉知非福"。其所撰《四书定义》未见传本。

乾隆七年（1742）前后，徐志定有一段时间在江阴居住，曾作《澄江第一泉记》，被辑入《常郡八邑艺文志》。[①]这是他留下的少数文字之一，今择录其有关考证者如下：

---

① （清）卢文弨纂定：《常郡八邑艺文志》，清光绪十六年阳湖庄氏刻本。

> 予生岱山麓，夙览徂徕、梁父诸胜，壮而策名仕版，鹿鹿四方，与泉石间别久矣。年来获赋遂初，欣无职事之绁，谒吾师蔡夫子于澄江官舍。惟澄为山水区，邑北有一拳螺青、秀跱江表者，乃春申山也。负城带郭，岁时茂宰往游焉，赋咏之碑笏立，止于纪江山之概，不闻其有泉也。邑士徐子近洋，此中之有道而文者也，壬戌夏陟山，见琳宫后石岩下清流涓然，因招羽士、集山农，剪荆刬砾而乳蓄膏渟，澄涵演沲。里人噪曰：神泉出矣！而博物者辨其为醴泉……

蔡夫子乃蔡澍，字和霖，山东高苑人，雍正二年进士，十三年任江阴知县，乾隆九年（1744）去职。[①]澄江第一泉是乾隆七年夏在春申山石岩下发现并疏通的，记文当作于此年或稍后。此时去雍正元年徐志定被举孝廉方正、“壮而策名仕版”已二十年有余，他的年纪当在六十以上了。

二、泰山磁版的制作工艺

徐志定对自己的发明惜字如金，只说了“偶创磁刊，坚致胜木”八个字。现代印刷史研究者们对泰山磁版的制作工艺则众说纷纭。民国时，王献唐先生初见《蒿庵闲话》，即提出此书乃是用范造磁活字排印的。[②]后来张秀民先生也赞成此说，并力辟磁制整版之说。[③]近年来整版说渐占上风。

前些年，根据《周易说略》《蒿庵闲话》二书的版面特征，结合“磁版”“磁刊”记载，我推断泰山磁版的制作工艺，“先用阴文范母将磁土制

① 见《江阴县志》（道光），卷十二“职官”、卷十五“名宦”。
② 见中国国家图书馆藏《蒿庵闲话》王献唐跋。
③ 张秀民著，韩琦增订：《中国印刷史（插图珍藏增订版）》，浙江古籍出版社，2006年，第575页。

成湿泥单字，排成版面后再将其入窑烧成磁质，然后用来印书”，[①]即最终用来印书的版是磁质整版，不能分拆，但制版过程中使用了范制泥字。

这一研究的基本方法，是通过仔细观察两部书的墨痕，寻找印版的独有技术特征并分析成因，反推印版的制作工艺。所得结论，可以恰当解释版面上印出的各种技术现象、还原实际工艺并进行复验，应已较好地解决了泰山磁版的制作工艺问题。不过，也有学者不认同这一结论，如王传龙先生发表文章，认为“‘泰山磁版’为手书上泥版，经雕刻泥版后再入窑烧制而成”，否定其制版过程中使用了范制泥字。[②]

王先生认为泰山磁版是整版而非活字版，我很赞同，但他认为磁版上的文字是雕刻而成的，我不能同意。为此，我愿列举证据，再次论证相关问题。

在肯定泰山磁版确为泥质印版的前提下，研究此版的制作工艺，必须解答三个问题：第一，它是整体磁版还是磁活字版？第二，如果是整体磁版，版上的字是用刀雕刻的，还是用范母塑制的？第三，如果字是塑制的，那么是塑成单字然后组成泥版，还是在整块版状泥料上塑字，再剔掉多余的泥？

印刷史研究要以印刷工具、技术说明书和印制品为主要对象，但泰山磁版的印刷工具早已失传，也未留下工艺记载，今天只能以印刷品实物为对象来研究。幸运的是，用泰山磁版印刷的两部书尚在世间，其版面墨迹清晰地保存下磁版映印在纸上的工艺特征，上述需要解答的三个问题，都在书上留下了富有说服力的客观证据。

对第一个问题即是否磁活字版的问题，版面实证提供了否定答案。

---

① 对泰山磁版制版工艺的分析，见本书《从排印工艺特征谈活字本鉴定中的几个疑难问题》一文，原刊于《北京印刷学院学报》2010年第6期。又收入《文中象外》，浙江大学出版社，2012年，第32—36页。

② 王传龙：《再论“泰山磁版”》，《古籍研究》2019年第2期（总第70卷）。

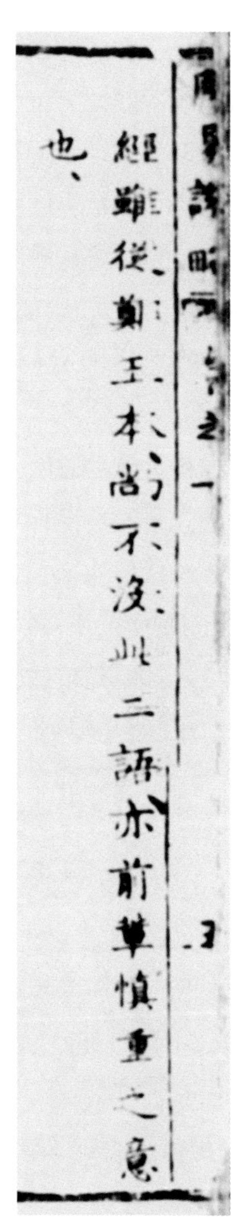

周易說略卷之一

經雖從鄭王本尚不沒此二語亦前輩慎重之意

也

图94《周易说略》卷一第5叶，穿越版框和文字的断裂线示意图。

从一开始，学者们就发现泰山磁版的版面上，有很多贯穿文字、栏线的直线或弧形断裂，这就说明泰山磁版不是磁活字版。因为磁活字是独立的，单个字可能断裂或破损，但不会影响到上下左右的字，更不会使周围的字顺着同一轨迹断裂。发生这种情况，只能是一块整版在某种内力或外力的作用下破裂，并影响到断裂线上的每一个字和框、栏等版面组件。

对第二个问题，即制版过程中是否使用了范制泥活字的问题，版面实证给出了肯定答案。泰山磁版的主要特点，是版面上的同一个字字形高度一致，显示它们是使用可塑材料、利用范母塑造而成的。王文说“详细比较《周易说略》中同页或不同页中的相同字，虽乍看非常类似，但实则皆有差异，全书尚未见完全一致者”，以实物校验，未得其情。究其原因，在于未能准确把握范制泥字“字形一致”的特征所在。

古代可以用范母塑造的材料，只有金属和泥土。泰山磁版自称“磁版”，又有烧制中形成的弧形断裂，已可证明其版材为泥质。我们儿时玩过泥巴就可知道，湿泥是很容易脱水风干的，一块泥团暴露在空气中，很快就会干裂，那时就无法刻字了。假设有人能在泥板上刻字，又假设他刻泥字与刻木字一样快，一天也无非雕刻一百多字。泰山磁版每版十八行三百六十字，至少要两天才能刻完，但这块泥板不可能在两天内一直保持适宜雕刻的湿度，一定是前面刻了若干字后，后面已经干燥无法雕刻，这时如何完成后续工作？而且泥土湿软，刻好的细弱笔画经不起刻刀的反复碰撞冲击，难以保证刻字质量和版面平整。因此，充分利用泥土的可塑性，使用模具来塑造泥字，是提高质量和效率的好方法。清代其他两种泥质书版——吕抚泥版和翟金生泥活字，都是用模具塑制而成的，就是很好的旁证。这应该也是徐志定采用先塑活字、后拼泥版方法来制造磁版的理由。这在今天的想象中似乎是“一段弯路”，但对磁版的制造者来说，是事半功倍甚至是唯一能够成功的办法。

图95 《周易说略》卷一首叶上的若干字，可见字形高度一致。

泰山磁版上的字“字形一致”，很好验证。我们把一个版上同一个字全选出来，列在一起，就可发现它们在高度、宽度、倾斜度、偏旁部首的相对位置、笔画的形态、交叉的位置等方面都基本相同。

如果我们把这一列字整体纵横切开，错位后再对接起来，会看到原本分属两字的半个字拼在一起，笔画偏旁仍然十分吻合。此外还有一些字具有相同的瑕疵。这些现象都说明，这些字出自同一个模子。如果它们是分别手写雕刻的，即使再相似，两个字拼起来也不可能如此吻合，熟悉雕版书的人，都会认同这个事实。

那么，如何理解王先生说的版上的字“实则皆有差异”呢？这还要从当时手工操作、材料缺陷、工艺精度等方面查找原因。用模具制作磁版，

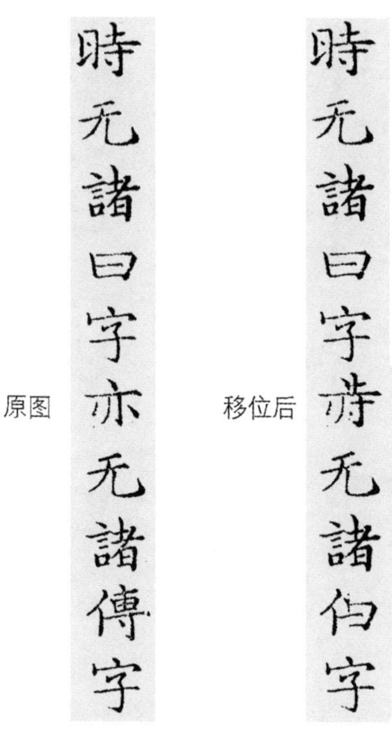

图96 《周易说略》卷一第8叶，在同一行的字形一致的两组字。右图是将上部字组的右边剪切下来拼接到下部字组上，可见新合成的字笔画高度吻合。

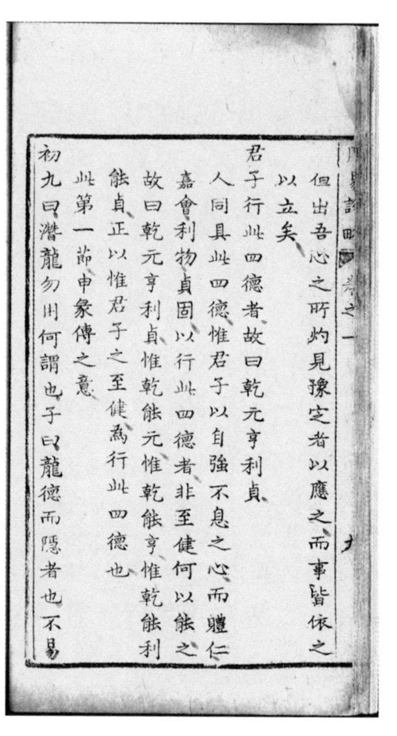
但出吾心之所灼見豫定者以應之而事皆依之
以立矣
君子行此四德者故曰乾元亨利貞
人同具此四德惟君子以自強不息之心而體仁
嘉會利物貞固以行此四德者非至健何以能之
故曰乾元亨利貞惟乾能元惟乾能亨惟乾能利
能貞正以惟君子之至健為行此四德也
此第一節申象傳之意
初九曰潛龍勿用何謂也子曰龍德而隱者也不易

图97 《周易说略》一叶，可以看到版面上相同字的字形均高度一致。

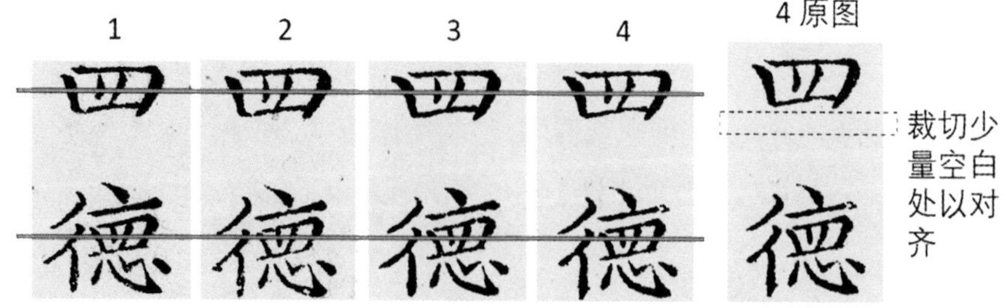

图98 上述书叶中字形一致的“四德”二字

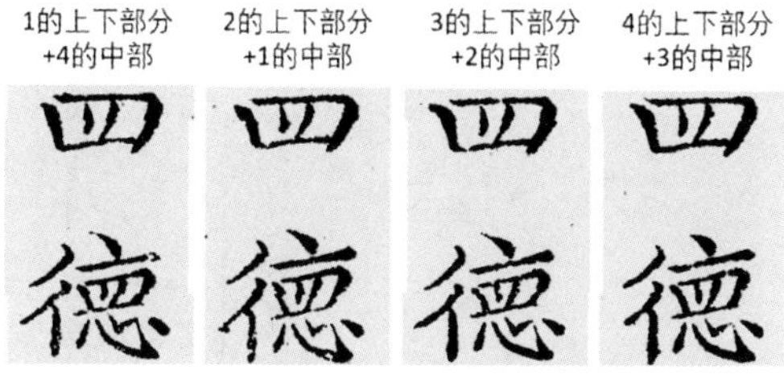

图99　将“四”与“德”字分别剪开又错位拼合的“四德”二字。新组成的字，笔画均高度吻合。

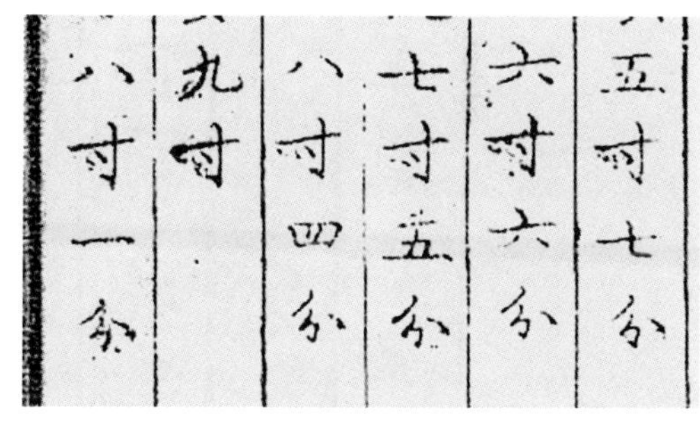

图100　《蒿庵闲话》卷一第32叶中字形一致的“寸”“分”等字。“寸”字具有相同瑕疵，应由模具瑕疵造成。

需要先刻木模（泰山磁版或是利用刻好的雕版、以版上的单字作为字模翻制范母的。这也可以解释为何有的字拥有两个以上模子）、用木模翻制泥范母、泥范烧制成磁范、磁范再塑制泥字，泥字排成泥版、泥版烧成磁版，最后刷印等复杂工序，所用原料是容易变形的磁土，在最后塑制泥字、组字成版的时候，容易让字出现瑕疵、产生差异。可以设想的技术差异，一是塑制时压力不同，字的笔画粗细、饱满度会不同；排版时活字高低不同，会导致版面不平整、刷印时笔画残损（字的笔画可能完整，但稍低的笔画不能完整刷印下来），等等。这会使字产生笔画长短、粗细、完缺乃至有无等差异，但范制字的主要特征，即大小、轮廓、部首位置、笔画位置、交叉位置全部相同，是不会改变的。鉴定范制字，包括泥质活字、金属活字乃至近代的铅字，都要抓住这些主要特点。

王先生还以泰山磁版“字画秀丽”“笔角清晰”“文气贯通”以及“大量使用俗体字”等来证明版上的字系雕刻而成。实际上，这些特征只有审美和文化意义，而与制版技术无关。版上的字无论写的是正体还是俗体、好看还是不好看，都无法决定或影响其后制版采取何种技术，它们其实不是研究印刷技术时必须观察的版面特征。

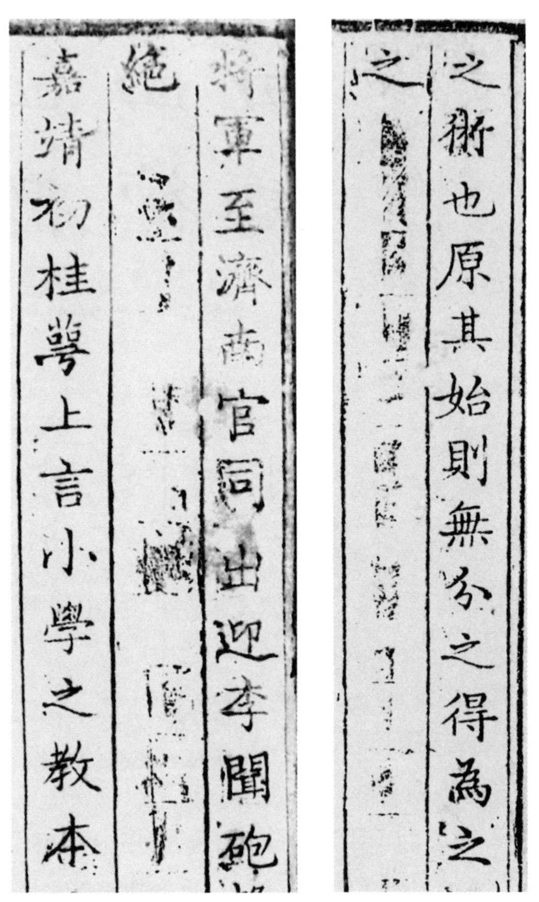
將軍至濟南官同出迎李闖砲
絶
嘉靖初桂萼上言小學之教本

之術也原其始則無分之得為之
之

图101 《蒿庵闲话》卷一第45叶(左)和卷二第28叶(右)版面中的字丁痕迹

确定了泰山磁版上的字是用范母塑制的，就引出第三个问题：它们是怎样塑出来的？方法只能有两种，一是像吕抚泥版那样，先制作一块书叶大小的泥板，再用阴文范母在泥板上戳出文字，剔除多余的泥，入窑烧成磁版。张树栋先生等著的《中华印刷通史》的“泰山磁版”部分，就推测当时采用了这种工艺。还有一种办法，是将湿泥填进阴文范母，塑出一个个单字，将这些泥字加上泥制的框条、栏条等其他组版部件，组成版面，然后入窑烧制成磁版。

非常幸运，泰山磁版所印《蒿庵闲话》也提供了明确证据，告诉我们徐志定采用的是后一种方法，即用湿泥单字排版后烧制成整版。《蒿庵闲话》有两处版面的行间空白处，露出方形字丁痕迹，说明空白的地方用一个个高度低于活字的字丁排列填充，以防止排好的泥字松动，这是传统活字印刷必备的版面固定技术。

这些痕迹，实际是印刷过程中操作不慎，纸张接触到印版字面以下的深层部位沾染上墨色形成的瑕疵，却为我们揭示了泰山磁版隐藏的秘密——之所以形成整齐排列的、与版上的字等高、接近正方形的印痕，一定是因为制造印版时使用了这种形状的部件，也就是截面与泥字相同但高度低于泥字的字丁。这种墨痕，王传龙先生说是“版面空白处刮削不净”的痕迹，是雕版印刷中极为常见的现象，未免思虑欠周：雕版书上显露出版底的现象固然常见，但可曾见过刻工削刮空白之后，再给版底刻上一个个整齐方格的？从技术上说，这种印痕不是雕刻造成的，而是活字版的必备工艺造成的。明弘治间锡山华氏排印的《会通馆校正宋名臣奏

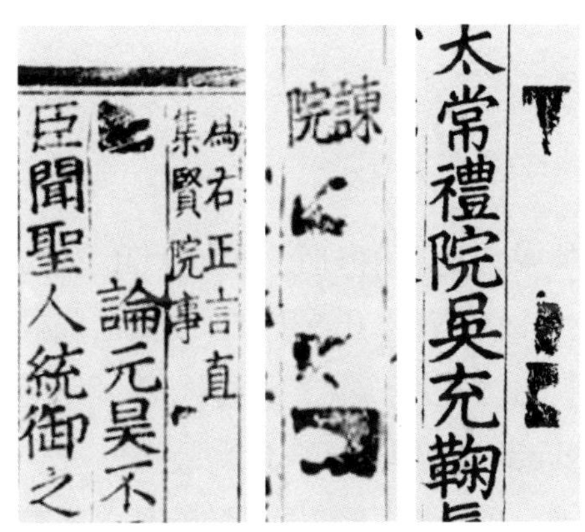

图102 《会通馆校正宋名臣奏议》版面上的字丁印痕。部分字丁中空，应为金属所铸。

图103 《蒿庵闲话》卷一第3叶。“之”“文”二字显露出字底印痕，单字的截面轮廓为方形。

议》,版面上存有大量字丁印迹,可为旁证。

在本文写作过程中,国家图书馆陈红彦研究员提示的泰山磁版上的“字底印痕”,即制字时去除笔划外余泥形成的字印底面的痕迹,是一个个规整的正方形,正是传统活字的截面形状。这一重要证据,和字丁印痕一起,充分证明泰山磁版乃是由单字排列组成的。

在《再论“泰山磁版”》的提要中,王传龙先生说他质疑的对象包括“近年来艾俊川等人所主张的‘活字排印后烧制为磁版说’”,他省掉了我的观点中的“湿泥”二字,又给加上一个“印”字。这不是一个严谨的提法,首先“印”字切不可加,因为“活字排印后”,说明已印好了书,哪里还需要烧制磁版?其次是“湿泥”切不可省,因为如果活字不是湿泥的,又怎能烧结成为整版?在论文中,王先生批驳他所引的上述“观点”充满“逻辑悖论”,这倒是实情,因为经过他的“创造性引用”,该说法确实是既不符合逻辑、又不符合实证的悖论。在此,请容我重申对泰山磁版制作工艺的推断:《蒿庵闲话》和《周易说略》二书版面印痕保存下来的印刷工艺特征表明,泰山磁版的制作,是先用范母塑造湿泥单(活)字,再将泥字排列成版,入窑烧成磁质整版,然后印书。泰山磁版不是活字版,但制版过程中使用了活字工艺。

三、吕抚与泥版

浙江新昌人吕抚,于康熙间撰成《纲鉴通俗衍义》二百四十卷、六百八十五回,因卷帙浩繁,难以刊刻,藏于箧中几三十年。后来吕抚自创泥版,并将书缩编为《精订纲鉴廿一史通俗衍义》二十六卷,率领子侄亲邻多人自行摄印,于乾隆初年印成问世,封面题“正气堂藏版”。

对此书,过去一直按活字本著录。1992年,天津图书馆馆员白莉蓉鉴定出它是“活字泥版”本,并在当年《文献》第2期发表《清吕抚活字泥版印书工艺》,世人才了解到它的独特价值。

《精订纲鉴廿一史通俗衍义》第25卷有两段文字，详解印书工艺，并附有各种工具的设计图和使用说明，是古代罕见的印刷技术文献。概言之，吕抚将细泥、秫米粉、棉花等原料混合制成富有韧性的泥，再将此泥装在铜管里，借用一副雕版，就版上的字挤压出阴文范母，阴干以后成为“字母”。再将锤炼好的油泥制成泥板，用字母在泥上挤压，塑制出阳文的字，用小刀剔除行间多余的泥，即成印版，修整晾干后用来刷印。字母和印版都使用生泥，不需要入窑烧制，可谓名副其实的“泥版”。

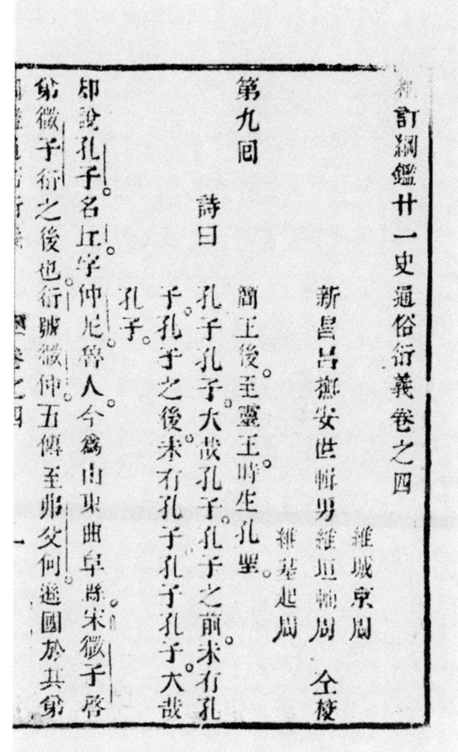
精訂綱鑑廿一史通俗衍義卷之四
新昌呂撫安世輯 男 維城京周 維垣翰周 維基趾周 仝校
第九回
詩曰
簡王後至靈王時生孔聖。
孔子孔子大哉孔子。孔子之前。未有孔子。孔子之後。未有孔子孔子孔子。大哉孔子。
却說孔子名丘。字仲尼。魯人。今爲山東曲阜縣。宋微子啓弟微子衍之後也。衍號微仲。五傳至弗父何。遜國於其弟

图104 吕抚泥版印本《精订纲鉴廿一史通俗衍义》书影

从技术概念看，活字版属于凸版，活字单枚独立，顶端是凸出的阳文反字。吕抚泥版是在整块泥板上塑制的，从始至终未出现单枚活字，所用字母虽然是单枚的，但其顶端是凹进的阴文正字，无法用来印刷，不能算是活字。实际上，吕抚“挤印”泥字形成泥版，是用“字母”模具代替刻刀，是对雕刻技术的改进。因此，这种版不应称为“活字泥版”，而应比照“雕版”定名为“塑制泥版”。[①]

① 上海胡愚先生提示，鉴于吕抚使用单个的“字母”塑制泥版，此版应称为“活范塑制泥版”。

《精订纲鉴廿一史通俗衍义》印成于何时，书中没有明确说明，白莉蓉考证说：

> 据该书第25卷中，吕作肃所作“安世传”中所云：“……癸卯年（雍正元年）邑主李，丙辰年（乾隆元年）邑主程，俱重其才德品望，两举孝廉方正，力辞。程不准辞，乃辞官受爵，请给六品顶带荣身……”说明此书记事已至清乾隆元年。故该书的印刷年代，当在雍正末至乾隆初，因此该书版本应著为“清雍正末至乾隆初正气堂活字泥板印本”。

除了对“活字泥版”的定性不很准确，所论甚是。

对吕抚其人，此前据《精订纲鉴廿一史通俗衍义》卷二十五自述文字及吕作肃《安世传》《逸亭记》等文章，可略知大概。今承藏书家励双杰先生示以《吕氏宗谱》卷四，内有新昌教谕朱徽所撰《吕逸亭翁墓志铭》，虽然书册下部为鼠所啮，文字不全，但仍较他记为详。综核各家所言，我们对吕抚可以有较为清晰的了解。

吕抚生于康熙十年十二月二十三日（1672年1月22日），字安世，号逸亭。其祖良佐、父则鉽皆庠生。吕抚少年丧父，事母至孝，年十五入学，有声庠序。后来兄弟分析家产，他把广厦大宅、沃产腴田都给了兄长，自己独取书籍数百卷，筑逸亭藏之，恣意翻阅。吕抚少年就有文名，先攻举业，屡试不第，后遂放弃科举，一意著书。所著《精订纲鉴廿一史通俗衍义》之外，尚有《圣学图》《四大图》《三才一贯图》《格言教家箴》《正修乐天图》《文武经纶》等，皆行于世。乾隆元年，诏全国州县各举孝廉方正一人，新昌知县程有成举荐吕抚，由朝廷颁给六品顶戴。他卒于乾隆七年四月初四日（1742年5月8日），年七十二岁。

乾隆三十二年（1767），已死去二十多年的吕抚，突然被卷进一桩文字狱。这一年，天台人齐周华因刊刻同情吕留良的奏稿和所著《名山藏》

等书语多悖逆而酿成巨案，牵累多人。齐周华书中有吕抚所作“齐巨山序”，据他供认，系本人托名捏作，但吕抚仍被牵连追查，结果是吕、齐二人的交往查无实据，吕抚自己的著作却被毁禁。《清代文字狱档》载乾隆三十三年（1768）浙江巡抚熊学鹏《奏查出吕抚著书怪妄请追板销毁折》说：

> 查讯伊孙吕枢等，供称“吕抚已于乾隆七年身故，生前并未与齐周华往来，委无赠答诗文，或因吕抚曾刊有《一贯图》《圣学图》，是以齐周华采名捏冒”等语。随搜查其家，并无别项书籍字迹，惟起有《圣学图》一张、《一贯图》一张，查阅所刻图说，虽无狂悖语句，但如所称“四大”“三际”等语，多摭拾杂书，附会穿凿。又列无稽国名于《一贯图》之下，怪诞不经。其《一贯图》所称“六年穰，六年旱，十二年一大饥大熟”等语，乃系妄言祸福。设使吕抚尚在，应行按律治罪。今吕抚既经病故，应请追革职衔（朱批：何必），追板销毁（朱批：应当），以维正学等因，具详到臣。

此案经乾隆帝批示，未追革吕抚孝廉方正、六品顶戴的头衔，但将其《圣学图》《一贯图》追版销毁，成为文字狱的又一牺牲品。从案情可以看出，吕抚的声名已超出新昌，所以齐周华才会以他的文章为荣。另外，此时吕家已没有《精订纲鉴廿一史通俗衍义》，这是一件值得庆幸的事。否则以书中那些“摭拾杂书，附会穿凿”的内容，恐怕也难逃被毁禁的命运。

四、徐志定和吕抚可能相识

理清徐志定和吕抚的行迹，我们会发现一个有趣的问题：徐志定两次担任新昌知县，吕抚是新昌的名流，徐志定是否可能认识吕抚，并向他介绍自己创制泰山磁版的经验？

吕抚在“印字物件”中说，他的泥版印刷术“大抵一人撮，二人印，每日可得四页，率昆弟友生为之，不用梓人，虽千篇数月立就。士人得书之易，无以加于此矣”。《精订纲鉴廿一史通俗衍义》共有八百多页，按吕抚说的进度，只要二百天即可印完，加上造字母等工作，三年时间足用。此书印成于乾隆初，最早不过元年，上推三年是雍正十一年（1733），再往前，就是徐志定在新昌任职的年份了。

尽管《精订纲鉴廿一史通俗衍义》或其他有关吕抚的史料中，均未见他与徐志定交往的记载，但揆以情理，他们是有可能相识的。

首先，吕抚与前后几位新昌知县都相交甚深，也受到督抚学政的赏识。康熙六十一年至雍正六年任知县的李之果，在雍正元年即举荐吕抚为孝廉方正而未成，又给《精订纲鉴廿一史通俗衍义》作序；乾隆元年至三年任知县的程有成，成功地将吕抚荐为孝廉方正，而且还是“程公素钦其行，无因缘荐扬，适奉恩旨，遂敦请数四”，抓住机会办成的。举孝廉方正是新皇帝登基才有的机会，每县又只有一个名额，雍正元年、乾隆元年的两次机会，知县都给了吕抚，可见他在县中的声望，也可见他与官场的良好关系。因此，徐志定来新昌任职，有很大可能与吕抚结识。

其次，徐志定与吕抚是学术同道。徐志定著有《四书定义》，兼精《易》学，所以发明磁版以后，首先刊印张尔岐《周易说略》等二书，在《澄江第一泉记》中他还用易象来解说泉理。吕抚也专精理学，有诸多著作，内有《羲经图》。在新昌，他们是有共同语言的人，很可能有所交流。

再次，吕抚家有名园，架富藏书，经常邀集宾朋饮酒作赋。吕作肃《十美图序》，以吕抚之口说：“道义知交，文章气谊，美我以良友之赏心；形神俱适，俯仰皆宽，美我以身心之交泰；万卷盈楼，千篇插架，美我以东壁之图书、西园之翰墨；而且亭台花榭，枕石漱流，美我以园林之胜概。”他的趣园叠石为山，高可数十尺，复建亭于山上，连山高百尺有余，名曰“逸亭”。《逸亭记》写园中集会：“时而科头箕坐，时而饮酒高歌，时而游女凭栏，时而嘉宾作赋。”吕家花园是当地士绅的交际场所，徐志定作为知县，想来也是受邀嘉宾。

如果上述假设中有一项成立，徐志定与吕抚就会相识，也就有可能说起泰山磁版。

更何况吕抚创制泥版来印刷《精订纲鉴廿一史通俗衍义》，其实有不易理解之处，因为从身世背景看，他如果只为刊印此书，不必费此周折。

白莉蓉说，“是书编撰者吕抚一生未做过官，经济并不宽裕”，是为了省钱才发明泥版的，未得其实。《精订纲鉴廿一史通俗衍义》的前身是《纲鉴通俗衍义》，多达二百四十二卷，刊刻起来确实“工本繁重”，难以措手。但改削为二十六卷本后，只剩下十分之一，对吕抚来说，刊刻并非难事，因为他是一个富人。他家趣园的盛景，前面已经说过，《安世传》又说：“家素封，与兄析烟时，让万金之产。”这样的家境，应不在乎多刻一部书。然而，如果说吕抚受到泰山磁版的启发，认识到泥版也可印刷，并且是一种方便到“不用梓人”、成本低廉到“无以加之”的方法，可以帮助天下士人便利地印行书籍，那么他的发明，以及史上罕见的两种泥质书版在短时间内相继出现，就更好理解了。

当然上文所说多为推测，尚无实证。吕抚也可能完全自出机杼进行了独立发明。那样，他的创举更令人钦佩。吕抚泥版的创新性，不只在于提供了一种使用寻常材料即可自助印刷的简便办法，还在于他的方法暗含了一些近代技术思想。如《精订纲鉴廿一史通俗衍义》卷二十五第十一叶眉注说：“凡书大行者，用板铺薄油泥，印阴文板一付，再用板铺泥翻印阳文板。一印一付，甚妙。”用这个办法，可以迅速翻制出多块印版，同时印刷。这和铅印时代翻制泥型、纸型的做法是相通的。可惜的是，吕抚的创意无人问津，中国印刷业要用上这样的技术，只能在一百多年后从西方引进了。

（原刊于《中国文化》2020年秋季号）

七宝转轮藏主人李瑶杂考

清道光间，苏州人李瑶用活字排印了《南疆绎史勘本》《校补金石例四种》等几种书，因牌记题写“七宝转轮藏定本，仿宋胶泥版印法”，近几十年来，这些书被认为是用“泥活字”排印的，李瑶也以“成功仿制毕昇泥活字版”而成为中国印刷史上的重要人物。

实际上，李瑶印书使用的只是普通木活字，他印刷出版活动的意义因后人对文本的误读而被高估。不过，他还是清中期一位富有才华的文士，交游广泛，并有诗文书画传世，这在以前的研究中又被忽视。通过对李瑶现存作品和友朋诗文的爬梳整理，可以大致了解他的生平出处，加深对其人其事的认识，包括对他印刷出版活动的理解。

一、生平

李瑶校勘的《南疆绎史勘本》道光十年印本，卷首有自序，末题“古高阳氏吴郡李瑶序”，下刻二印章，一为“飞将军孙”，一为“宝之手校”。《引用书目》后有长跋，末题“七宝转轮藏主古高阳氏并记于十二峰寓楼”，下刻“子玉手白”小印。李瑶所撰《绎史摭遗》十八卷，卷端题“李瑶子玉纂”，《卷目》跋署“七宝生”，并刻“明经博士”印。①

从李瑶自己提供的这些信息可见，他字子玉，又字宝之，号古高阳氏、七宝转轮藏主、七宝生等，苏州人，是一位“明经博士”，也就是贡生。

宝山人袁翼（1789—1863）《邃怀堂全集》中有多首诗文涉及李瑶，

---

① （清）李瑶：《绎史摭遗》十八卷，清道光十年（1830）木活字本，中国国家图书馆藏。

从中可略知李瑶生平，特别是他大致的生卒年份。

袁翼早年就与李瑶相识，道光后期，他宦游江西，又在南昌遇到在那里定居的李瑶，二人交往频密。《邃怀堂诗集后编》[1]卷一有《寄隐山庄歌赠李宝之明经》长诗，[2]内云：

忆昔翩翩弱冠龄，田何弟子受羲经（巨野田若谷师由镇洋调任宝山，君以高弟在幕）。鹤江烟月邀春醉，鳌屿风涛入梦听。我年二十困童试，使君谬赏出群器。土铚能收爨下桐，盐车早脱泥中骥。衙斋把臂意缠绵，君是蓬莱小谪仙。万卷图书孙北海，一家花鸟恽南田。

按光绪《宝山县志》卷七官师表、宦绩传，知县田钧字若谷，山东巨野举人，嘉庆七年九月由镇洋调任宝山，在任十载。根据长歌，田钧调任时，李瑶以弟子身份居其幕中，正当“翩翩弱冠”之年，所以李瑶大致生于乾隆四十八年（1783）。他给袁翼留下的印象是，有谪仙之才，富藏书，善绘画。

《邃怀堂诗集后编》卷三有《题李宝之明经画册》一首，从前后二诗《闰七夕》与《八秋诗和王窗山明府韵》，可推知作于咸丰四年闰七月之后，此时李瑶尚在世，年已七十岁。

《邃怀堂诗集后编》卷四有《题钱舜举风雨渔村图手卷》诗，序云：

此卷为亡友李宝之明经珍藏。宝之疾亟，赠其某友，且曰：吾贷汝金若干，汝若需金，以此卷携示某人，必能如数偿也。故遂归于余。偶一展览，为之怃然。

---

① （清）袁翼：《邃怀堂诗集后编》，《续修四库全书》影印清光绪刻本，上海古籍出版社，2002年。

② 南昌东湖“寄隐山庄”为李瑶所筑，其画作有署“吴郡李瑶作于寄隐山庄”并钤“宝之”印章者，因知此“李宝之”即李瑶。

此时李瑶已去世。卷中诗前一首为《早春》，有“今日人日过，将近试灯时”句；后面隔一首为《元夜不寐》。袁翼在江西浮沉下僚，咸丰六年署弋阳知县，七年实授玉山知县，五月到任。《题钱舜举风雨渔村图手卷》诗作于离职弋阳之后，任职玉山之前，时为咸丰七年正月上半月。

袁翼“偶一展览，为之怃然”，说明画卷并非刚刚到手，而且依清人习惯，清理债务都在“三节”之前，过年时不会讨债，所以李瑶的卒日，也不会在咸丰七年元旦后那几天，而是在咸丰四年至六年之间，或以六年（1856）可能性为大。

据此可以推知，李瑶的生卒年，大致为1783—1856（？）。

据《南疆绎史勘本引用书目》跋，他有一子名辛生；据道光丁未李瑶题施淦《人物》画记，他有一女嫁锡山施淦。[①]

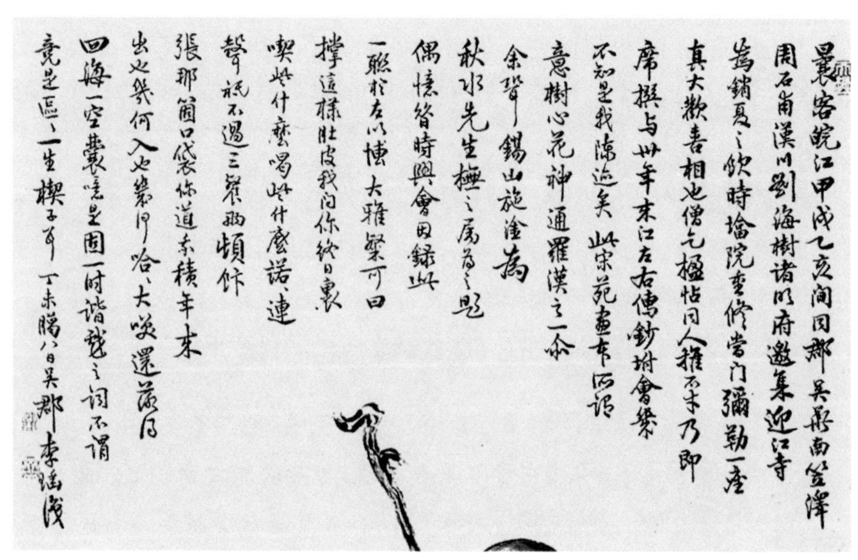

图105　李瑶题施淦画《人物》书法

① 南京十竹斋拍卖有限公司2005年秋季拍卖会拍品，目录原题“李瑶《人物》”，实为施淦画作。

二、交游

李瑶自称“明经博士”，友人也多这样称呼，但翻检苏州方志，贡生表中未见其名。他的行迹，青年游幕，中年著书，晚年隐居，大略有自己和朋友的诗文为证。

袁翼的诗透露出，早在嘉庆七年（1802）、二十岁时，李瑶就在宝山知县何钧幕中。何钧于嘉庆十七年（1812）丁忧去职，其后李瑶有数年在安徽游幕。

嘉庆二十年（1815），李瑶在安徽知县卢元爔幕中。李兆洛《养一斋诗集》[1]卷八有一组叠韵诗，第五首为《叠韵答李宝之》。组诗后跋云：

> 嘉庆甲戌，予以奉讳去官。其明年，以官事羁留皖江，时周石甫及吉甫文同以奉讳留省垣，石甫寓城南某寺，有沙弥小颠从之学诗，时有唱和，而芝房亦以省侍在焉，与卢湘槎明府及其幕下士李宝之往来过从相善也。石甫作感怀诗见示，因次韵答之，已而遍及诸同人，诸君亦相继属和，屈指二十年矣。

石甫为周鹤立，吉甫为陈炳德。卢元爔号湘槎，吴县人，嘉庆二十一年任贵池知县。李瑶于次年离开贵池，暂居省城，与友人刘珊（海树）等有吟诗投壶之乐。年底，他入盐运使札郛庭幕，前往杭州。李瑶《投壶谱》自序云：

> 嘉庆丁丑夏，不佞由贵池挈眷渡江，僦居皖城之南，以安顿琴书尊罍之属。面城挹江，赓延风月，自署其居曰小蓬莱……是年都转札郛庭师偕之来浙。

---

① （清）李兆洛：《养一斋诗集》，《续修四库全书》影印清道光间活字本。

在浙江，李瑶得到明周宗建（谥忠毅）孤山梅花刻石，后以拓本赠宗建六世孙鹤立，一时友人诗以纪之。

陈文述《颐道堂诗选》[①]卷二十五《孤山梅花石刻歌为周石甫作》，诗序略云：

> 石为君六世祖忠毅公官杭州日刻。前列其师华亭张侗翁鼒孤山种梅叙，忠毅补种三百株，加跋语书而刻之，并刻侗翁所画和靖手植古梅也。石旧在孤山，为吴门李宝之瑶所得。嘉庆己卯，石甫遇宝之于宣城，夜梦忠毅语之曰：汝字缙云耶？以黄玉瓶授之。晨得宝之所贻石刻搨本。解者曰：缙云者，李郡望也，褚河南书唐文皇哀册"家传缙云"语可证也；玉瓶者，宝之也。忠毅精爽于翰墨有余眷焉。

查揆《筼谷诗钞》[②]卷十五也有诗记此事，题云：

> 张尧思画巢居阁古梅，周忠毅公摹刻于和靖先生祠。其前有华亭张鼒种梅序，公为之跋尾。嘉庆庚辰，吴县李宝之瑶得诸西湖之滨，以归其六世孙鹤立。道光元年见于皖上，为作诗记之。

二人所述得碑之年不一，其事则一。

道光初，李瑶又回到安徽。道光三年（1823），他应宁国知府陈其松之邀在宣城阅看童子试卷，与宁国县教谕沈钦韩共事三个月，沈钦韩《幼学堂诗稿》[③]卷十七有《答李子玉元韵》三首：

---

① （清）陈文述：《颐道堂诗选》，《清代诗文集汇编》影印清道光本，上海古籍出版社，2010年。

② （清）查揆：《筼谷诗钞》，《续修四库全书》影印清道光刻本。

③ （清）沈钦韩：《幼学堂诗稿》，《续修四库全书》影印清刻本。

题襟携手太匆匆，五月长江舶赶风。尽有高梧宿鸾凤，为谁凄切草间虫。

雨雨风风暖复寒，芭蕉新绿展檐端。相将河上诗吟罢，一倚山楼叠嶂看。

一寸烛心休更剪，三杯酒面藉相扶。新诗戢戢虽如笋，去日愔愔不驻壶。

分别后，李瑶将《投壶谱》寄给沈钦韩，请其作序。

此后，李瑶仍在浙江盐运使幕中。道光九年（1829），他已脱离幕僚

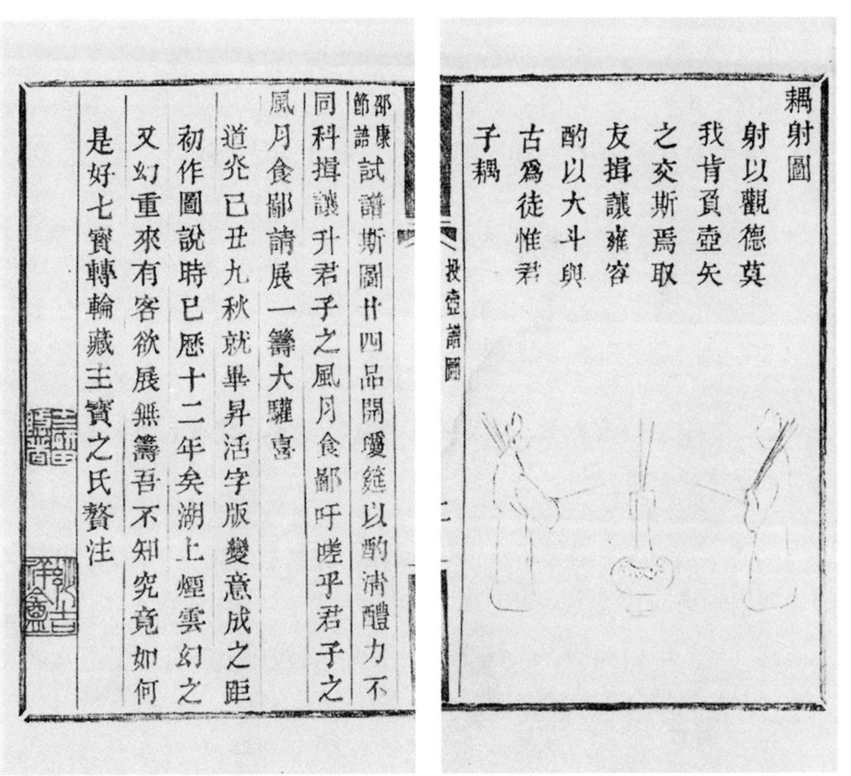

耦射圖

射以觀德莫我肯負壺矢之交斯爲取友揖讓雍容酌以大斗與古爲徒惟君子耦

投壺譜圖　二

試譜斯圖廿四品開瓊筵以酌清醴力不同科揖讓升君子之風月食鄙吁嗟乎君子之風月食鄙請展一籌大驩喜（邵康節語）

道光己丑九秋就畢昇活字版變意成之距初作圖說時已歷十二年矣湖上煙雲幻之又幻重來有客欲展無籌吾不知究竟如何是好七寶轉輪藏主寶之氏贅注

图106　李瑶著《投壶谱》，道光九年（1829）活字印本。

生涯，寓居杭州，开始以校勘书籍谋生。他自己在《〈南疆绎史勘本引书目录〉跋》中说：

> 不才少务交游，绌于知己，名心独冷，侠骨空张。緐维急人之急，每至累益加累，今而缵此故史，托骥尾逐蝇头，亦计之末焉者矣。忆昨从事都转幕下，浮家西子湖边，月满一楼，花明四壁。诗酒壶矢之会，旬辄载举；亲疏依附之流，日繁有徒。及兹黄金散尽，白发渐生，鼓枻重来，入山小住，听万籁之既寂，对一灯而自孤。我因注史杜门，人亦弃交绝迹，抚今感昔，尚忍何言。

他先在道光九年用活字排印《南疆绎史勘本》八十部，复于次年再排印一百部。道光十二年（1832），他又排印《校补金石例四种》。李瑶素喜交游，曾手散万金，但此时境况困窘，告贷艰难，幸好还有几位好友，助他渡过难关。

道光后期，李瑶定居南昌并终老于此。他在东湖边修筑寄隐山庄，以诗文书画与当地官员往来应酬。袁翼再次见到他，就是在南昌他的山庄中。《寄隐山庄歌赠李宝之明经》起首云：

> 良朋会合有时数，咫尺天涯吴越路。我住灌城已五年，与君今夕樽前晤。

南昌城初为汉时灌婴所筑，故称灌城。袁翼是道光壬午举人，初充京师觉罗官学教习，“戊戌试吏西江”，时在道光十八年（1838），下推五年，为道光二十二年（1842），此时李瑶有山庄待客，应已卜居有日了。

三、著述

李瑶善诗文，朋友诗中多以太白目之。道光末年也在江西任县令的冯询《子良诗存》[①]卷五有《李宝之明经瑶寄示新居诗赋赠》二首，诗云：

扶轮大雅有文章，敢说青莲但古狂。谪到神仙天寂寞，阅残湖海客苍凉。买山未定逃名计，筑室先求避俗方。便欲赋闲闲不得，一生长为著书忙。

久耳门多长者车，解来问字或非迂。我寻吴郡新诗卷（宝之苏州人），人道高阳旧酒徒。未必座能容俗吏，不妨市亦着潜夫。苍官骨格分明在，堪比昂藏七尺无（承画丈幅巨松）。

诗中赞扬了他作诗与著书的生涯。李瑶的诗文不知是否结集，现能见到的，只有著书序跋、绘画题咏等零星作品。

韩泰华《无事为福斋随笔》[②]卷下记李瑶为其岳父沈涛（西雍）作《得镜图》，并系以长诗。现迻录李诗于下，以见一斑：

天边明月圆如镜，人间宝镜光相映。时值中秋月更清，清光大来发高咏。成都太守志洒然，早赋归与心不竞。道出西江揽月华，妇翁解榻谈清政。汉唐金石重摩挲，上下千秋同订正。聋乡喜得镜团圞，铭泐丹文制特胜。八子九孙兆吉羊，子午规方十二命。丰城剑气旧如虹，物各有主缘有定。犄与退翁藻鉴照秋豪，矧有香奁唱和随声应。曰归曰归试看西湖一镜清，鸾舞龙蟠卜家庆。

"一生长为著书忙。"李瑶的著作，现存的知有两种，一为《投壶谱》，一为《绎史摭遗》。

李瑶喜交游，并喜以投壶之礼佐酒。据《投壶谱》自序，嘉庆二十二年（1817）夏李瑶在安徽，"一时名下诸公，咸相燕集，集则以雅歌投壶为

---

① 冯询：《子良诗存》卷五，《续修四库全书》影印清刻本。
② 清光绪《功顺堂丛书》本。

胜”；冬天至浙江，“会辄以区区壶天为觞政”，而当时投壶规则已不甚明了，“其赏罚之例，每以意度，未当也”，于是公余整理旧格，绘图附注，著成此书。书成之后，至道光己丑始用活字排印刊行。卷后作者有短注说：“道光己丑九秋，就毕昇活字版变意成之，距初作图说时已历十二年矣。”则其书完成在嘉庆二十三年（1818）。

《投壶谱》用活字版印行，流传不广，故李瑶定居南昌后，复拟雕版刊行，并请袁翼撰《投壶图谱叙》，然今未见道光咸丰之际刻本传世，不知是否刊成。全国古籍普查登记基本数据库著录《投壶谱二十四品图》一卷，（清）李瑶撰，附《连理玉树堂言》一卷，清道光三年刻本。故此书在道光九年前已有刻本，未经目验，不知详情如何。《投壶谱》另有抄本传世。

《绎史摭遗》十八卷，是李瑶辞去盐运使幕府职务、在杭州刊行《南疆绎史勘本》时为温睿临《南疆佚史》所作的续补。李瑶鉴于温氏《南疆佚史》保留大量南明史料，有刊行之必要，而书中又有很多忌讳言辞，难以原样刊行，遂于道光九年（1829）参考多种书籍进行校勘，删去“必不可存”之词，重编为《南疆绎史勘本》三十卷，并补充内容作《摭遗》一十卷，于当年用活字版印行八十部。第二年，李瑶又将《绎史摭遗》增补为十八卷，合《南疆绎史勘本》共四十八卷，再用活字版印行一百部。

四、印书

李瑶排印的两个版本的《南疆绎史勘本》(还有道光十二年排印的《校补金石例四种》)，都使用了同一个雕版牌记，篆书“七宝转轮藏定本，仿宋胶泥版印法”十四字，在序跋凡例等处李瑶又有“用毕昇活字法，排印成编”“是书从毕昇活字例，排版造成”等说法，致使它们被看作是书籍史上难得的泥活字版印本，实际上并非如此。

李瑶使用的活字，不是泥活字，而是当时普遍使用的木活字。对此

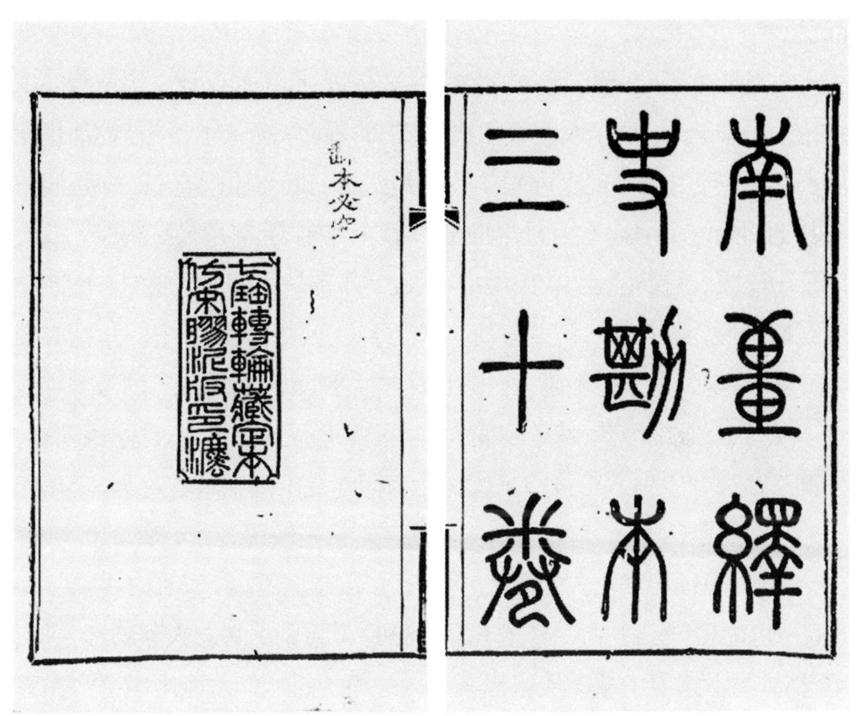

图 107 《南疆绎史勘本》道光十年印本的封面和牌记

我曾做过考辨[①]，主要依据李瑶在序跋中自己披露的出版印刷过程，判断他没有时间、财力也没有动力去仿制泥活字版。如《南疆绎史勘本》是一部加上附录有五十多卷、八百多叶的大部头书，只用五个月即印刷完成，李瑶根本没有制作泥活字的时间；印刷八十部书，用费平钱三十万文，计银二百余两，正好是当时雇请活字铺排印的价钱，并不包括制作泥活字的成本；他两次出版此书，是为卖书谋生，全程靠借贷支撑下来，需要根据性价比采用技术，仿制泥活字版有违经济规律。因此，所谓“仿宋胶泥版印法”也好，“用毕昇活字法”也好，都是李瑶借用典故，表示活字印刷

① 详见本书《为李瑶“泥活字印书”算几笔账》一文。

而已。

古籍版本鉴定，要以版本实物为主要依据，而不能仅凭文字记载即下结论。观察李瑶“仿宋胶泥版印法”印书的版面特征，对比可信的清代泥质书版印书，可以发现李瑶用的不会是泥质书版。原因有三：一是同一书叶上的同一个字均不相同，说明活字逐个雕刻，而非用模具塑造。清代的泰山磁版、吕抚泥版和翟氏泥活字版，字印都是用模子塑制的。塑制符合泥的特性，逐字雕刻其实是制作木活字的办法；二是版框四角留有较大缝隙，且越到后来缝隙越大。这也是木活字版的显著特征，因为木字遇水膨胀，会将版框撑开，使缝隙变大。泥活字烧硬变成陶瓷，遇水不膨胀，也就不会撑开版框。三是取清代泥活字印本及木活字印本对照，李瑶印书的印痕墨色与木活字本接近，与泥活字本相差较远。

另外，李瑶与其友人的说法，也否认了自制泥版。《南疆绎史勘本》初次印刷出版由李瑶主持，道光十年（1830）再版则由其友人蔡聘珍主持。对此，李瑶说“萧山蔡氏丈笛椽孝廉为之鸠工排版”，蔡聘珍序说“遂复为之构所谓聚珍版者以辅其志”（“构”与“购”同义），道光十年本目录后题“道光十年庚寅闰夏七宝转轮藏勘补定本、萧山蔡氏城南草堂仿宋胶泥版法排版”，都明言由蔡氏出资请人排印。当时出版业并没有泥活字印书这一行，若想用泥版印书，即使花钱也无处可买，蔡聘珍所“构”只能是日常应用的木活字版。

在文禁犹存的年代，刊印南明史书是有一定风险的，也难怪李瑶的朋友们避之唯恐不及。但在这种情况下，他依然两次举债排印《南疆绎史勘本》，这一出版行为本身就值得称赞，原不必以并非事实的“泥活字本”增重。

五、艺事

“万卷图书孙北海，一家花鸟恽南田。”李瑶除了擅长诗文，还是一位活跃的画家，一位广收金石书画的收藏家。

在友人的诗文中，李瑶是多面手画家，擅长各种题材。他喜欢为人作画，曾为沈涛作《得镜图》，与黄爵滋同游螺墩，欲作关荆山水[①]；为冯询作丈幅巨松，又赠陆继辂画，使其“画里见吾庐”[②]。

朋友们还经常为他人收藏的李瑶画作跋。袁翼有《题李宝之明经画册》诗：

> 桃花开落不知春，未许渔郎来问津。炊黍无烟鸡犬寂，此中容得避秦人。（桃源问津图）
>
> 曾向南华祝瓣香，西来衣钵问谁藏。而今沧海横流处，初祖应难一苇航。（达摩渡江图）[③]

在李瑶去世后，袁翼又作《残冬欲雪客以天寒有鹤守梅花图索题故人寄隐山庄李君笔也》诗，诗云：

> 江村负郭远嚣尘，更喜僧庐结近邻。鹤意愿为梅眷属，水光能助月精神。（图绘半轮明月，低照梅梢，溪中又有半轮月影，布景清雅可爱。）夜长灯火诗还续，人去山庄墨尚新。自笑支离成病叟，一年腊鼓又回春。[④]

从中可见李瑶山水画作之面目。

冯询《子良诗存》卷二十一有题李老宝画二首，其一为《沈槐卿以李

---

① （清）黄爵滋：《仙屏书屋初集诗录》卷十五《螺墩即事》自注，《续修四库全书》影印清道光活字本，第1521册，第285页。

② （清）陆继辂：《崇百药斋续集》卷一《病榻怀人之作》之四，《续修四库全书》影印清道光刻本，第1497册，第55页。

③ （清）袁翼：《邃怀堂诗集后编》卷三。

④ （清）袁翼：《邃怀堂诗集后编》卷五。

老宝所作万竹图照属题》，略云：

> 李君乃似欲尽天下之竹为此图，知君成竹胸中有，画出万篁如万柳，柳腰瘦甚竹神清，恰肖沈郎好身手。

其二为《题李老宝画虎》。据下引《书画鉴影》，“老宝”也是李瑶的别号，可知他擅画竹、画虎，兼能为人写照。

近些年，各拍卖行不时有李瑶画作拍卖。邦瀚斯拍卖公司2018年4月举办的中国书画拍卖会，有李瑶道光元年（1821）所作山水册页。画共十页，多仿明吴门画派，笔墨轻盈，册尾有章承熙跋文，可补画史之不足，节录于下：

> 此吴下李二宝之作也。宝之秉资颖异，性复冲和，诗古文词，靡不擅长，尤究心于绘事，每遇前人墨迹，刻意临摹，得其神似。

图108　李瑶作山水画

北京保利拍卖公司2011年第16期精品拍卖会，有李瑶《梧下高士图》一轴，题诗云：“碧梧高阴晚凉生，有客酣歌鹤应声。月涌大江风露下，最难消遣此时情。”款署“东湖寄隐”，当为晚年寓居南昌时所作。

泰和嘉成拍卖公司2018年春季艺术品拍卖会，有李瑶浅绛山水一轴，题诗云：“一林修竹舞清风，绿皱微波路曲通。有客坐忘吟不倦，树阴移过草堂东。”款署“吴郡李瑶作于寄隐山庄”，也是晚年之作。

创作之外，李瑶还喜好收藏，如前述石刻、铜器、字画等。他所藏书画，除了后归袁翼的钱选《风雨渔村图》，从诸家著录可窥的，还有王蒙《松窗读易图卷》和王翚《春湖归隐图卷》。后者见于庞元济《虚斋名画录》卷五，引首篆书“耕烟散人写春湖归隐图真迹逸品”，行书“嘉庆己卯小春之朔吴郡李瑶题”，钤“老宝”和“明经博士”印。前者著录于李佐贤《书画鉴影》卷五《王叔明松窗读易图卷》，前额篆书大字“黄鹤山樵松窗读易图”，行书“吴郡李瑶题”，押尾钤盖的也是“老宝”和“明经博士”二印。

王蒙《松窗读易图卷》原有数本，一本曾入清宫石渠宝笈，一本民国后归吴湖帆所有。李瑶藏本有元明间人□逵、吴澄、郑元佑、吴余庆、徐溥五人题跋，看上去是流传有绪的名迹，不知今日是否尚在人间。

（原刊于《文津学志》第十五辑，2021年）

油印与“众筹”

——《道咸同光四朝诗史》出版中的两个创举

《道咸同光四朝诗史》甲、乙二集，是清末孙雄编辑的一部诗歌总集，收录了清代晚期道光至宣统间五百多位诗人的诗作。从内容上看，这是一部未完成的著作，孙雄原计划编成甲、乙、丙、丁四集，因辛亥革命爆发而中辍，仅完成一半。但从编辑出版过程看，这部书应在中国出版史上占有一席之地，孙雄采取的两个行动——在编纂前期使用蜡板油印出版初稿和在后期“预约集股”以“众筹”方式出版定稿，都是首开先河之举。

一、孙雄与《道咸同光四朝诗史》

孙雄（1866—1935），原名同康，字师郑，光绪二十九年改今名，江苏昭文（今常熟）人。孙雄于光绪二十年（1894）年成进士，入翰林院，二十八年任吏部主事，后任北洋客籍学堂监督，宣统二年（1910）任京师大学堂文科监督。他工诗擅骈文，著述宏富，家有眉韵楼藏书，又因纂辑诗史，自号诗史阁主人，入民国后，以遗老家居，著书而终。

在《道咸同光四朝诗史一斑录》略例中，孙雄自述，他早有纂辑清代诗史的想法。他说：“庚子辛丑之岁，余在里门，奉亲养疴，居虞山西麓小白云栖寺。彼时颇思汇集近代名家之诗有关于朝章国故者，辑为诗史一编。甲辰读礼，兹事遂辄（按应为‘辍’）。近岁人事变迁，益不复注意于此。”甲辰是光绪三十年（1904），此时孙雄的编纂工作尚未进行。

光绪三十一年（1905），直隶总督袁世凯在天津创设北洋客籍学堂，招收顺天、直隶随宦子弟及幕府宾僚子弟就读，聘请丁忧在籍的孙雄为汉文教员，第二年又任命他为学堂监督[①]。此后他开始着手编纂《四朝诗史》。光绪三十四年（1908），他在写给徐兆玮的信中说：

> 频年教课余闲，搜辑百年以来近贤诗稿，已积有二百余家，本拟选辑一编，名曰《道咸以来所见诗》，或名《道咸同光四朝诗史》，怀此于胸中者十年于兹矣。自去夏暑假后，命人抄录，凡成十巨册，都五千余首，再四踌躇，卷帙既富，选定固艰，刊赀亦不易措，甚以为忧。爰思得一法，略仿陈子言《近人诗录》之例，每人只选一二首，多至三四首，以百家为约数，名曰《道咸同光诗史一斑录》，先付排印，现已印成八十余家（原注：此指誊写版所印言也）……约于五六月间先将誊写版所印者邮呈郢正。[②]

表明孙雄于光绪三十三年（1907）暑假后开始编纂《道咸同光四朝诗史》（下文简称《四朝诗史》），成书十巨册，后因卷帙过繁，只能从严采择，至次年四月编成《道咸同光四朝诗史一斑录》（下文简称《一斑录》）。“每人只选一二首，多至三四首，以百家为约数”，此“一斑录”三字之由来。

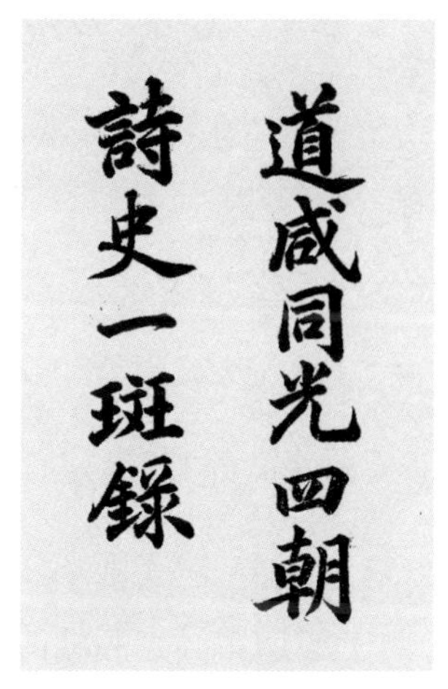

图109　孙雄辑《道咸同光四朝诗史一斑录》封面

孙雄信中说，“先付排印，现已印成八十余家”，又说“约于五六月间先将誊写版所印者邮呈郢正”，似乎《一斑录》既有排印本，又有誊写版本。实际上此书只有誊写版本，前

① 吕姝焱文谓“孙雄于光绪二十九年（1903）被袁世凯任命为北洋学堂监督”，不确。参见吕姝焱：《〈道咸同光四朝诗史一斑录〉编纂源流考述》，《北京社会科学》2017年第12期。

② （清）徐兆玮著，李向东、包岐峰、苏醒等标点：《徐兆玮日记2》，《国家清史编纂委员会·文献丛刊》，黄山书社，2013年，第865页。

者乃孙雄笔误,所以徐兆玮注明“此指誊写版所印言也”。

与书信所言对应,《一斑录》于光绪三十四年五月问世。第一册封面后有牌记,谓“光绪戊申五月以钢笔版试印初稿。《续编》嗣出,翻印必究。一名《道咸以来所见诗》”。钢笔版即誊写版,详情容下文再说。

《一斑录》书前有当年四月自序,内云:

> 孟夏之月,余病齿,时所职在管理学生,跬步不得自适。偶集近人诗,拉杂写之,以送长昼。初意病少(按,似脱一“瘳”字),颇思继兰泉侍郎《湖海诗传》之后,裒为一编,因以道咸老辈诗足成之。卷帙既富,又觉贪多,遂信手拈取,不加抉择,用钢笔版写印,凡得九十四家,既无迦陵《箧衍》之精,又非渔洋《感旧》之旨,山中白云,只自怡悦;秦七黄九,何与饥寒。

孙雄本想编纂一部通代诗史,但条件所限,仅编成“一斑录”,自然心有不甘,所以又说:

> 此编仍用诗史之名,殊觉不称其实。惟不佞拟俟异日,略仿归愚《别裁》、兰泉《湖海》之例,网罗雅什,以成夙志,故沿袭旧名,聊申旦誓,且冀九州鸿硕,锡我名章。

又说:

> 道咸以来,耆德名宿,鸿生硕儒,何可偻指。尚乞同志诸君,广搜珠玉,(不论已未刊布者,均祈寄赐。如未刊者,需钞费若干,亦可函示。)俾得续辑成编。

一边阐述抱负,一边继续征诗,而且愿意有偿征求。随后他还在《国学萃编》《北洋官报》等杂志上刊登广告,征求诗作。

《一斑录》印成后，孙雄广为赠售，再加上杂志的广告，让他收到大量诗作，“本年夏秋以来，故交新契，远道贻笺，所寄各家已刊未刊诗稿，几案山积，披沙拣金，时时得宝”[①]。遂一发不可收拾，继续编成《补遗》《续编》《三编》……至《六编》，已采及诗人达五百余人。至宣统二年九月，《一斑录》出版第十七编，十八、十九编也在写印之中，此时孙雄开始完成他原定计划——在《一斑录》的基础上，编纂刊刻《四朝诗史》。

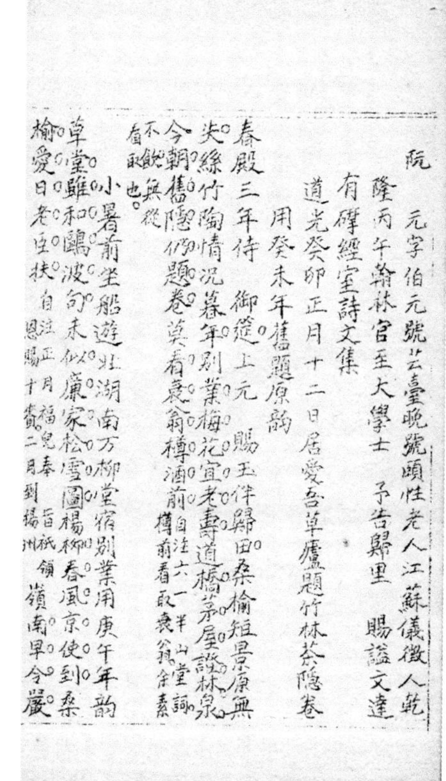

阮元字伯元號芸臺晚號頤性老人江蘇儀徵人乾
隆丙午翰林官至大學士 予告歸里 賜謚文達
有揅經室詩文集
道光癸卯正月十二日居愛吾草廬題竹林茶隱卷
用癸未年舊題原韻
春殿三年侍 御筵。上元 賜玉伴歸田。桑榆短景原無
失。絲竹陶情況暮年。別業梅花宜老壽。道橋茶屋識林泉。
今朝舊隱仍題卷。莫看衰翁樽酒前。自注六一半山堂詞樽前看取衰翁余素
不飲無從看取也。
小暑前坐船遊北湖南万柳堂宿別業用庚午年韻
草堂。雖和鷗波句。未似廉家松雪圖。楊柳春風京使到。桑
榆愛日老臣扶。自注正月福兒奉旨祇領恩賜十賚二月到揚州 嶺南早令嚴

图110　油印本《道咸同光四朝诗史一斑录》首页

宣统二年九月，孙雄撰《拟刊印道咸同光四朝诗史预约集股略例》（下文简称《略例》）[②]，谈到编刻《四朝诗史》的方案。他说：

> 不佞搜辑近人诗，用钢笔版陆续付印，名曰《道咸同光四朝诗史一斑录》，现已出至十七编，其十八九等编亦已写印矣，拟出至三十编为止。惟此仅长编体例，未为定本。今已合前数编为一集，凡三十编，分为甲、乙、丙、丁四集，重行刊印。已录诸家之诗，略行增损，未录之名篇，随时添入，期于博收慎择，以供艺

① 参见孙雄：《道咸同光四朝诗史一斑录三编叙》。
② 参见孙雄：《道咸同光四朝诗史》甲集卷首。

林浏览。

对《四朝诗史》各集与《一斑录》各编的关系，他说：

> 《四朝诗史一斑录》钢印本约以初编至八编合为甲集，九编至十六编合为乙集，十七编至三十编为丙、丁等集。

《四朝诗史》内容并非对《一斑录》的照抄，而是对《一斑录》进行大量增补：

> 《诗史》甲集稿现已编排粗定，凡近代著名诗家刻有专集，原录太少者均分别增录数十首。卷帙较前几增至一倍，每家姓氏爵里后均节采诗话诗序，以资考证。原本题签有"一斑录"三字，今刻本已从删。

根据这一方案，孙雄重新编辑了《道咸同光四朝诗史》甲集八卷，于宣统二年十二月雕版印行。后又编辑乙集八卷，于宣统三年底雕版印行。遗憾的是，规划中的丙、丁二集因世变未能编成，而钢笔版的《一斑录》，现存的也只到第十七编，其后续十八至三十各编未见，应是当时未能刻竣。

二、中国已知最早公开发行的油印本书

《一斑录》是孙雄编辑《四朝诗史》过程中的中间产品，在《四朝诗史》刻本行世之后遭到冷落。实际上，抛开内容的完善程度不谈，它在中国印刷史和书籍史中的重要性，远高于普通的雕版印本，因为它是蜡版油印技术传入中国后的早期产品，也是已知的中国最早公开发行的油印本书籍。

正如前文所考，中国现存最早的油印印刷品，已知有《宗室觉罗八旗

高等学堂图画科范本》，印于光绪三十一年（1905），是宗室觉罗八旗高等学堂美术课讲义的合订本。[①]孙雄任职北洋客籍学堂后，也充分利用学堂的油印设备，先于光绪三十三年（1907）刻印《北洋客籍学堂识小录》，然后就刻印了这部三十五册之多的《一斑录》。

油印是便捷印刷技术，主要用于满足生活中的印刷需求，印制一次性、临时性、小范围的非公开出版物。在20世纪前半叶，油印逐渐普及到社会各个角落，但除了学校印刷讲义、机关印刷文件，罕有人用油印来印刷公开发行的重要著作，因为它不属于正规、专业、雅致的印刷。在这一技术刚刚传入的清末，更是如此。孙雄编纂《一斑录》这部大书，选用钢笔版印刷，无疑是一个创举，令人印象深刻。因此早在民国三十二年（1943），王汉章就在《刊印总述》一文中说："油印誊写版之发明，仅四十余年，由日本传入中国，在光绪末叶，各学校以为印刷讲义之用。施之印行书籍者，始为昭文孙师郑之《四朝诗史》为最著名。"[②]

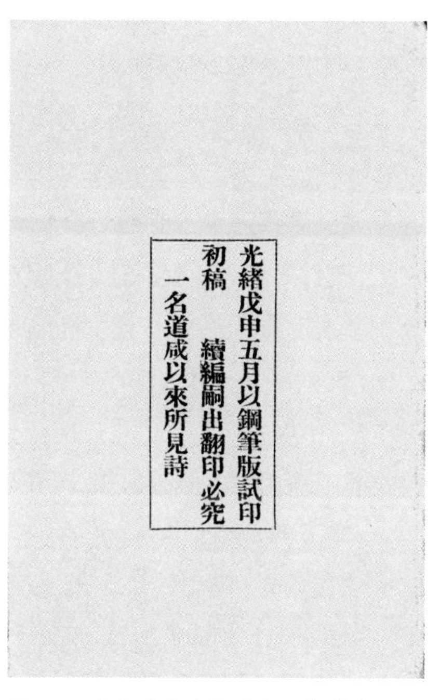

图111　油印本《道咸同光四朝诗史一斑录》印书牌记

① 关于油印的发明及传入中国的过程，参见本书《中国早期油印与〈宗室觉罗八旗高等学堂图画科范本〉》一文。

② 近十几年来，《道咸同光四朝诗史一斑录》作为早期油印本受到重视，先后有数篇论文论及此书。如艾俊川：《油墨余香犹在身》，《藏书家》第14集，2008年；苏晓君：《油印嚆矢——记孙雄清末的一套油印本书》，《中国典籍与文化》2009年第2期；吕姝焱：《〈道咸同光四朝诗史一斑录〉编纂源流考述》，《北京社会科学》2017年第12期。苏、吕二文所论尤详。

孙雄用钢笔版来印刷《一斑录》，是基于对油印技术优势的清晰把握。他说："不佞因限于日力，且窘于资斧，若必俟全编告成，统付剞劂之手，为时固虑过迟，刊资且忧不给。故先以钢笔版分编付印。"[①]油印可以节省"日力"，节省"资斧"，即高效率、低成本，让作者方便地在编撰过程中随时发布阶段性成果，摆脱了印刷对作者的约束。油印的成本低、操作简便，又可将其作为处理稿件的一种方式，即把油印本作为稿本来看待。这个稿本，可以化身千百，分送同人共同参订。正如孙雄所说："此次以钢笔版印百余份，聊代抄写之劳耳。"[②]"已经选录诸家姓氏里居目录，凡二百七十有三家，刊印单张，分贻同志。"[③]这种做法，体现了油印本的独特功能。

如果仅将三十五册钢笔版《一斑录》看作稿本，那么它仍然像学校的讲义、文件一样，属于非公开出版物，不能算完整意义上的出版发行。但孙雄并没有局限在这一层面，而是把钢笔版《一斑录》视为正式出版的图书，进行销售流通。在《五编》中他说："《诗史》钢印无多，售预约券尚虑不敷，故概不零售。""业与拙著丛刻七种，合售预约券，每张计洋五元，以收回纸料工本。两月以来，已售出三百余份。"[④]在《略例》中，他又说："第一编至十六编北京厂西门有正书局均有寄售，每编零售大洋四角，惟第一编售六角，因卷帙较多也。现查彼处前五编存亦无多。"可见，钢笔版《一斑录》在初期通过预约券的方式，合售三百多份，后期又由书店代销零售，销路也很好，是一件功能完整的图书商品。

《一斑录》的出版史意义在于，它不仅是中国最早期的油印本实物之一、大部头的文学巨著，还是已知最早公开发行、销售的油印本书籍。其实，在后来油印大行其道、印刷了海量文字的时代，这样的书也不多见。

---

①② （清）孙雄：《道咸同光四朝诗史一斑录三编叙》。
③ （清）孙雄：《道咸同光四朝诗史一斑录补遗附识》。
④ 转引自吕姝焱：《〈道咸同光四朝诗史一斑录〉编纂源流考述》。

三、堪称“众筹出版”先声的“预约集股”

在编纂《四朝诗史》的过程中，有一个窘迫问题始终与孙雄相伴，那就是资金匮乏。在出版《一斑录》时，孙雄用廉价的钢笔版印刷及出售成书化解了困难，但在筹划出版定本的时候，资金问题变得更为突出。

对《四朝诗史》，孙雄一开始就准备雕版印行。早在光绪三十四年（1908）夏，《一斑录》刚出版到第三册《续编》时，他已经披露了自己的想法：

> 日积月累，露纂雪钞，俟有成书，再合前后所写印者，编为总集，付诸梓人，顾不佞之所愿也。

至宣统二年（1910）秋间，孙雄编辑《道咸同光四朝诗史》甲集完成，着手将愿望付诸实行。他在《略例》中解释为何要采用雕版时说：“初意本用铅印，以期迅速，后因铅印式样不雅，且多误脱，故改从雕版，惟出书视铅印略迟耳。”

油印作为便捷印刷技术有很多长处，但也有严重缺陷：一是技术太简单，印刷质量不佳；二是功能不完备，无法保留版片，不能随时加印；三是它作为入华不久的外来事物，尚未得到国人心理上的完全接纳。这些因素，让孙雄在考虑书籍的广泛和长久流传时，更倾向于使用成熟的雕版印刷。

但雕版的成本之高，远非油印可比，况且《四朝诗史》的篇幅，比起《一斑录》又有倍增，仅凭孙雄一己之力难以解决资金困难问题，此时他想到两个筹资办法。

一是向上司申请资助。宣统二年，他向直隶总督陈夔龙呈文，请求支持：

> 钢笔印本多误，不便检阅，现拟合为总集，重加增损。集股付梓，冀广流传。

陈夔龙批示说：

所选《四朝诗史》，业经略加批阅，具见搜罗宏富，殚见治闻，无任企佩。应致送银三百两，以助梨枣之资。[①]

陈夔龙助银三百两，其他各地官员也纷纷解囊，有所赞助。《略例》记云：

南皮张文襄公、建德周玉山督部年伯、贵阳陈筱石督部均惠分鹤俸，督促成书。前辈盛心，殷拳可感。（贵阳督部既赐俸金三百，又提倡僚友各任股款，意尤切挚。）同志挚友如江安傅沅叔提学增湘、乌程刘潋如京卿同年锦藻、祥符冯果卿观察汝桓、桐城严凫芗太守震，悉慨分俸入，用作刊资。

也有资助者未出现在这个名单上。如前任直隶总督袁世凯，此时罢官隐居彰德，也资助孙雄银二百两，但特意要求不对外声张。[②]

上司和友人的资助虽然不少，仍不足以完成计划中四集《四朝诗史》的刊印，孙雄又想出"预约集股"的办法，以"剞劂之事，势非得已。特因卷帙颇繁，众擎乃举，爰定略例，布告词坛"，在《略例》中详细提出集股方案，主要有以下两款：

集股之例，每壹股得《四朝诗史》拾部，售京平足银伍拾两，概不折扣，亦不分析零售。所有银款一次收足，给付收据，先行奉赠钢笔印《诗史》初编至十六编各一部（十七编至三十编仍随时出版奉赠），《眉韵楼诗话》一部，《诗史》入选姓氏单张十份，均不取刊资，俟本年（宣统二年）十二月付《诗史》甲集十

① 转引自吕姝焱：《〈道咸同光四朝诗史一斑录〉编纂源流考述》。
② 袁世凯：《复孙雄函》，《骆宝善评点袁世凯函牍》，岳麓书社，2005年，第264页。

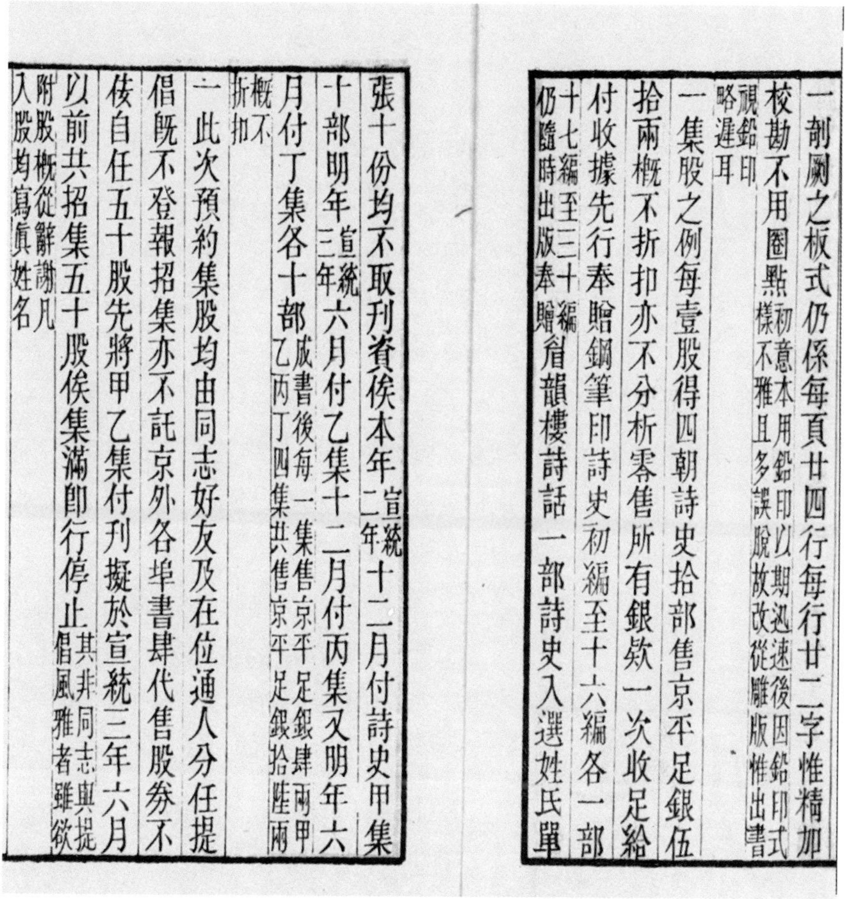

一剞劂之板式仍係每頁廿四行每行廿二字惟精加校勘不用圈點（初意本用鉛印以期迅速後因鉛印式樣不雅且多誤脫故改從雕版惟出書視鉛印略遲耳）

一集股之例每壹股得四朝詩史拾部售京平足銀伍拾兩概不折扣亦不分析零售所有銀欵一次收足給付收據先行奉贈鋼筆印詩史初編至十六編各一部（十七編至三十編仍隨時出版奉贈）眉韻樓詩話一部詩史入選姓氏單張十份均不取刊資俟本年（宣統二年）十二月付詩史甲集十部明年（宣統三年）六月付乙集十二月付丙集又明年六月付丁集各十部（成書後每一集售京平足銀肆兩甲乙丙丁四集共售京平足銀拾陸兩概不折扣）

一此次預約集股均由同志好友及在位通人分任提倡既不登報招集亦不託京外各埠書肆代售股券不佞自任五十股先將甲乙集付刊擬於宣統三年六月以前共招集五十股俟集滿即行停止（其非同志與提倡風雅者雖欲附股概從辭謝凡入股均寫眞姓名）

图 112　孙雄“预约集股”方案

部，明年（宣统三年）六月付乙集，十二月付丙集，又明年六月付丁集各十部。（成书后每一集售京平足银肆两，甲、乙、丙、丁四集共售京平足银拾陆两，概不折扣。）

此次预约集股均由同志好友及在位通人分任提倡，既不登报招集，亦不托京外各埠书肆代售股券。不佞自任五十股，先将甲、乙集付刊，拟于宣统三年六月以前共招集五十股，俟集满即行停止。(其非同志与提倡风雅者，虽欲附股，概从辞谢，凡入股均写真姓名。)

简而言之，孙雄为刊刻《四朝诗史》招股一百份，每股股银五十两，他自任五十股，招募五十股。用募集来的经费，在三年中可刊成《四朝诗史》四集，入股者每人可以得到十部书，价值一百六十两，此外还可得到已出版的钢笔版《一斑录》全套及《眉韵楼诗话》等赠品。招股只在同志好友中进行，不对社会公众公开。

《四朝诗史》只刊刻了甲、乙二集，未能全部出齐。按孙雄的安排，这两集由他本人出资，因此不知他的“预约集股”最终是否完成，抑或已募足资金而后来退还。但无论集股进展到什么程度，孙雄的这一行动，都是中国古代出版史上资金筹集的一个少见案例。

图113 《道咸同光四朝诗史》甲集封面

集股或集资出版，古已有之。古代经常有老师宿儒的著作无力刊刻，由友人门生“醵金刊印”的例子。但这种“醵金”，带有慈善资助性质，并非入股，也不求回报，印成之书归作者所有，非由出资者按股平分，与《四朝诗史》的“预约集股”性质不同。

近代，从海外传入预约出版模式，即出版者在出版一部书之前，通过各种途径预先征订，有的还要预收书款和订金，出版社用预收款印成书后，将书交付给预订者。清末上海的石印书局出版大部头书，如《古今图书集成》、二十四史等，已使用这种方法，称为“集股”。光绪九年(1883)点石斋在《申报》连续刊登《招股缩印古今图书集成启》,提出"现欲集股份约一千五百股,每股共出规银一百五十两,分三次收取,其第一年收银五十两,第二年再收五十两,至出书时再收五十两。每次收银,照数掣发收据,俟三年完工,每股取书一部"。民国时的出版机构更是多用这种办法出版大套丛书。这种模式针对的是读者,他们虽然要预先出资,但只是出版社的顾客而非合作者,得到的回报是预订的书,预付资金并不能产生溢利。《四朝诗史》的入股者,得到的是超出阅读需求的若干部书,出售的话可以分享利润,他们并非单纯的读者。所以《四朝诗史》的"预约集股",在用词上受到时代风气影响,但与缩印《古今图书集成》等的"集股"内含不同,不完全属于预约出版。

还有大量出版机构,是由多个股东合股兴办的,他们通过出版经营获得分红。但商业出版机构多追求永续经营,并不为单出一部书建立。

"预约集股"刊印《四朝诗史》,与上述各种出版资金的筹集方式均有所不同,实际上,孙雄是为一个特定出版项目集股,入股者可以按股分享这个项目带来的利益,项目完成以后,权利即告消除。而入股者要求志同道合,则因为项目带有一定公益性,经济利益不大,限定身份有助于增强合作动力。这种集资,既非捐款,也非投资,又不是单纯预购,如果可以比附,它与当前刚刚兴起的互联网众筹出版很是相似。

在梁徐静的《众筹出版发展源流及运作模式研究》一书中,"众筹"的定义是:"众筹是指筹资者以生产、发展商业经济为目的,利用'团购+预购'的资本筹集形式,向网友募集资本,进而运转项目的商业发展模式。"[1]作者认为,众筹出版,顾名思义是将众筹和出版有机结合的新型出版模块,是出版的项目发起人通过专业的互联网众筹平台面向广大网民筹集资金,并将资金用于图书等作品的编辑、复制、印刷、传播等形式的出

① 梁徐静:《众筹出版发展源流及运作模式研究》,中国书籍出版社,2018年,第30页。

版活动。众筹出版在类别上属于奖励（回报）性质的出版，即广大的网民投资者在众筹项目完成后，获得一定资金、图书产品、技术、服务、精神等形式的回报。

可见，“众筹出版”包含“团购+预购”、互联网网友、募集资本、运转出版项目、奖励（回报）等要素。孙雄的时代没有互联网，但如果将“同志好友”替换成“网友”，他的计划可算一个典型的众筹出版方案，要求入股者必须是“同志”，则连精神奖励都已考虑在内。

众筹出版是随着互联网进入中国的新事物，而孙雄为出版《四朝诗史》发起的“预约集股”，算得上是前互联网时代的一次线下众筹活动，是众筹出版的先声。此事发生在百年之前，足以为中国出版史和经济史增添色彩。

（原刊于《印刷文化（中英文）》2021年第2期）

严复的版权保卫战

1903年，也就是光绪二十九年，在风云激荡的20世纪初只能算平庸之年，但对中国的著作权保护和严复的翻译事业而言，却是重要一年。

由于《天演论》和《原富》翻译的成功，严复此时已成为新学代言人和书商竞相罗致的畅销书作家，他也有意专事译述，通过版权收益来维持生活。这样做的前提，是必须在“不识版权为何等物事”的中国出版业建立起保护著作权的制度。1903年初，严复的又一部译著《群学肄言》译成，并将由上海文明书局出版，这为严复实现自己的著作权保护计划提供了机会。

一、版权合同与版权印花

《群学肄言》原著是英国社会学家斯宾塞（Herbert Spencer，1820—1903）的*The Study of Sociology*，出版于1873年。光绪七八年之交（1881—1882），严复初读此书，“辄叹得未曾有”，以为“其书实兼《大学》《中庸》精义而出之以翔实，以格致诚正为治平根本”，随后着手翻译，几经中辍，终于在光绪二十八年底完成。

在《群学肄言》的“译余赘语”中，严复说：“不佞往者每译脱稿，辄以示桐城吴先生……此译于戊戌之岁，为国闻报社成其前二篇。事会错迕，遂以中辍。辛丑乱后，赓续前译。尝以语先生，先生为立名《群学奇胲》，未达其义，不敢用也。壬寅中，此书凡三译稿，岁暮成书，以示廉惠卿农部。农部，先生侄女婿也。方欲寄呈先生，乞加弁言，则闻于正月十二日弃浊世归道山矣。”

"桐城吴先生"即吴汝纶,卒于光绪二十九年(1903)正月。"戊戌之岁"译成的前两篇,是发表在《国闻汇编》第一、三、四期上的《劝学篇》。这三期杂志出版于光绪二十三年(1897)的十一月至十二月,其年实为丁酉,"戊戌"系严复误记。廉惠卿即无锡人廉泉,时任户部郎中,也是文明书局的创办股东和在北方的经理人,其岳父吴宝三(1838—1889)与吴汝纶为堂兄弟。光绪二十八年(1902),吴汝纶在京师大学堂总教习任上赴日本考察教育,归国后先返桐城,未料遽归道山。

严复看重《群学肄言》,对自己的翻译也很自负。光绪二十九年(1903)二月二十七日,正当《群学肄言》付梓之时,他写下一段题记:

> 吾译此书真前无古人,后绝来哲,不以译故损价值也。惜乎中国无一赏音。扬子云期知者于千载,吾则望百年后之严幼陵耳。①

在期待《群学肄言》产生广泛影响的同时,严复还期望它能带来更多的经济收益,乃至可以从此摆脱官场、专事翻译,依靠版权收入生活。译著即将完成时,他给夏曾佑写信说:

> 又《群学》将次校完。前与菊生有定约,言代刻分利。顷来书问疏阔,不知尚有意否?又代刻售卖后,如何分利,如何保护版权,均须菊生明以示我。复自揣不能更为人役,若于此可资生计,即弃万事从之,姑以此刻为试探而已。②

此时他已在考虑争取利益、保护版权等问题,并与张元济商定由商务印书馆代印出版。实际上,当两年前《原富》在南洋公学出版时,严复已

---

① 孙应祥、皮后锋编:《〈严复集〉补编》,福建人民出版社,2014年,第12页。
② 同上书,第262页。

为争取更多著作权收益做出努力。在南洋公学斥银二千两购买译稿后，他还函商能否从售价中分利两成。这次他把《群学肄言》的版权谈判放在出版之前。

不知是严复提出的条件太高，商务印书馆无法接受，还是严复感念吴汝纶的知音旧情，最终《群学肄言》书稿并未交给商务印书馆，而是归由文明书局出版。文明书局为廉泉和丁宝书（字云轩）等无锡人集股合办，俞复（字仲还）任总经理，光绪二十八年（1902）六月一日在上海开业，出版的书籍除蒙学教科书外，偏重于译著，故又名文明编译书局。廉泉在光绪二十九年（1903）初看到《群学肄言》译稿，当即向严复约稿，并由文明书局与严复签订合同，约定版权和分利事项。这是目前所知中国第一份具有现代意义的出版合同。这份合同虽未能保留下来，但廉泉在当年十一月二十九日写给严复的长信中，复述了其主要内容，严复作为著作权人的权利，大致有以下几项：

严复将《群学肄言》交由文明书局出版，版权双方共有。印数限六千部，每部译者分利七角五分；待前三千部销完，书局向译者支付全部六千册的译利；后三千部销完，书局归还版权，合同撤销；书局未及时或足额支付译利，属于背约，译者可收回版权；书中须粘贴译者提供的版权印花，否则视为盗印，一经发现，书局罚银二千两，版权归还。

在光绪二十九年（1903）十月，严复将另一部译作《社会通诠》交由商务印书馆出版，并与商务"议立合约"，这份合同保存至今，条款与严复同文明书局所立合同相似。文明书局的合同立于春季，商务的合同要晚半年。中国出版史研究一直把《社会通诠》的出版合同看作近代中国最早的版权合同，未免抹杀了严复与文明书局在著作人版权保护方面的首创之功。

严复与文明书局另有一个创举，就是在书中粘贴著作人的版权印花，由作者监控印数和销量，以便分利。这个办法后来通行了几十年。过去的出版史研究将《社会通诠》视为第一种贴有版权印花的图书，不知《群学肄言》已开先河。在严复研究领域，皮后锋《严复大传》曾留意到此节，说:“为了保护自己的版权收益，至迟从出版《群学肄言》开始，严复开始在译著上粘贴自制的版权印花。”书中提供的图片却是商务印书馆出版的严复译著中的印花。显然，《大传》作者仅根据廉泉书信所言立论，并未见到实物。

严复提供给商务印书馆的印花，为圆形纸片，红色图案，画有三个同心圆，中心为一只飞燕，外写“侯官严氏版权所有”，再外圈写英文“KNOW THYSELF”。印花贴到版权页上后，商务印书馆又在外围加盖“上海商务印书馆印行”中英文墨印及“翻印必究”字样。而严复提供给文明书局、贴在《群学肄言》上的印花，是钤有“侯官严复”白文印章的方形纸片，贴好后，书局在上面加盖“上海文明书局活板印造所”蓝色圆章，表明双方版权共有。

图114　左图为严复在商务印书馆使用的版权印花，右图为在文明书局使用的版权印花。

不过，现在所见贴有版权印花的中国作者的书，《群学肄言》也并非第一本。光绪二十八年(1902)十月二十日，无锡人张肇桐翻译的《权利竞争论》在日本印刷后，由文明编译书局在中国发行。此书版权归张肇桐所有，他在书中贴上“竞宁版权之证”印花，并骑缝加盖“竞宁版证”朱文印。此前版权印花在日本已普遍使用。严复与文明书局商定使用印花，显然基于书局成功引进的经验，将在中国最早使用版权印花归功于文明书局，并无不妥。

图115 目前所见中国作者最早使用的版权印花

与作者谈好版权合同，文明书局从光绪二十九年正月二十六日（1903年2月23日）开始，在报纸上大作广告，预告《群学肄言》即将出版。《大公报》广告略云：

> 斯宾塞氏《群学肄言》一书，为侯官严先生生平最得意之译稿……先生于此书凡三易稿，今始写定，约二十万言，交本局承印出售，予以版权，准于三月内出书。用先登报，以告海内之能读此书者。

在《群学肄言》发行前后，文明书局和严复为保护版权还做了更多工作。先是廉泉以户部郎中和文明书局创办人的身份，于四月向管学大臣张百熙递交呈文，称“出版专卖之权，为五洲之公例，各国莫不兢兢奉守、严立法条”，请求“嗣后凡文明书局所出各书，拟请由管学大臣明定版权，许以专利，并咨行天下大小学堂、各省官私局所，概不得私行翻印或截取割裂”（四月二十六日《大公报》）。与此同时，严复也于四月二十三日呈书管学大臣，要求保护翻译者的版权。廉泉的呈文在五月一日即得到张百熙批复，内云：“嗣后文明书局所出各书，无论编辑译述，准其随时送候审定，由本大学堂加盖审定图章，分别咨行，严禁翻印，以为苦心编译者劝。”廉泉、严复以及张百熙的这些行动，成为中国版权保护史上的著名

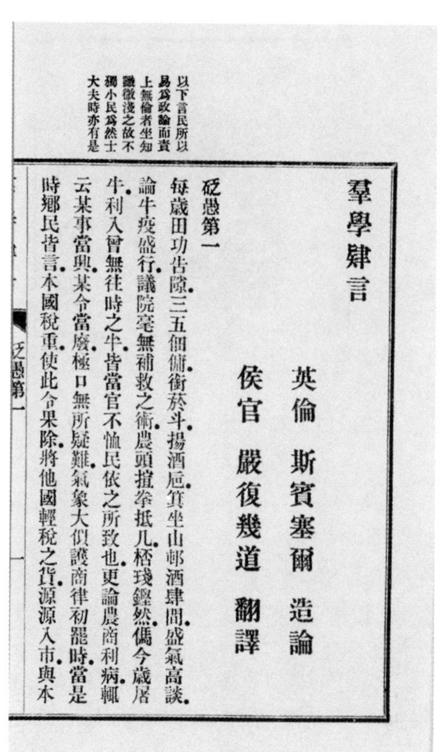
以下言民所以易爲政論而責上無倫者坐知識微淺之故不獨小民爲然士大夫時亦有是

羣學肄言

英倫 斯賓塞爾 造論

侯官 嚴復幾道 翻譯

砭愚第一

每歲田功告隙。三五個傭。銜菸斗。揚酒巵。箕坐山邨酒肆間。盛氣高談。論牛疫盛行。議院毫無補救之術。農頭揎拳抵几。桮琖鏗然。偶今歲居牛。利入曾無往時之半。皆當官不恤民依之所致也。更論農商利病。輒云某事當興。某令當廢。極口無所疑難。氣象大似護商律初罷時。當是時鄉民皆言。本國稅重。使此令果除。將他國輕稅之貨。源源入市。與本

图116 文明书局初版《群学肄言》书影

事件。

得到批复，廉泉立即将《群学肄言》送审，由官方确认版权。文明书局还在书后附上北洋大臣袁世凯保护书局版权的通告，印装成白棉纸、连史纸、光蜡纸三种本子，定价有差。这部在著作权保护方面前无古人、用足功夫的书，终于面世。

二、盗版与反盗版

事实证明，文明书局和严复围绕版权保护的这一番布置，绝非庸人自扰。《群学肄言》在四月出版、五月发行，不久就发现翻印之书。七月十一日，廉泉在给严复的信中说：

> 泉来保定，本拟将局务付托得人，即行赴浙，查究史学斋翻印《群学》之事。乃来此为各学堂运书事，于风雨中奔驰数日，时疾大作，饮食不进者已三日……浙行不果，迟则恐误事。闻《原富》亦被史学斋同时翻版，盛公已咨请浙抚提办。吾局事同一律，已发一电请盛转托浙抚同保版权，擅将大名列入。(电文曰：上海盛官保鉴：史学斋翻印《原富》《群学》，请转电浙抚提办，同保版权。严、廉泉切恳。)今日泉函请俞仲还赴浙讼理，拟再约股东有力者数人发一公电与浙抚，似较有力，未知股东中有

愿出名者否？要之先生此书为吾国空前绝后之作，不得不出全力与争也。[①]

《原富》的版权是盛宣怀主办的南洋公学花费两千两银子买来的，这次被史学斋盗版，引起盛宣怀的震怒，遂咨浙江巡抚查办。《群学肄言》五月刚出版时，廉泉已给盛宣怀寄赠一部，此时他抓住机会，用严复和他两人的名义，电请盛宣怀一并保护《群学肄言》版权。盛宣怀很快就给廉泉发来回电：

严幼陵观察、廉惠卿部郎鉴：《原富》已先咨禁。接齐电，并《群学》电请浙抚提办，顷准翁护院电覆，已饬县出示查禁，并将陈蔚文提案判罚、取结备案云。宣。真。（七月二十四日《大公报》）

廉泉得电后，去信向盛宣怀道谢："前月泉在保定又奉电示，《群学》一案全仗鼎力匡诤，得保版权。泉与严观察同深感荷。闻史学斋翻印书片将由钱塘县解沪销毁，此足惩一警百，并为苦心编译者劝矣。"这封信作于八月二十九日，其"前月"为七月。韵目代日"齐"为八日，"真"为十一日，后者正是廉泉给严复写信的那一天。从廉泉发电求助，到问题解决，不过三天，透露出盛宣怀的官场影响力。

史学斋开设在杭州，从光绪二十八年（1902）开始印书，也以编译相标榜，但对他人的书大肆翻印，仅严复的译著，就翻印了《天演论》《原富》及《群学》。不过，《群学》的底本并非《群学肄言》，而是早前严复在《国闻汇编》发表的《劝学篇》第一篇。光绪二十八年六月，史学斋主人将其更名为《群学》排印出版。此书出版在《群学肄言》之前，与文明书局没

① 孙应祥、皮后锋编：《〈严复集〉补编》，福建人民出版社，2004年，第373—374页。

有关系，却侵犯了严复的版权。

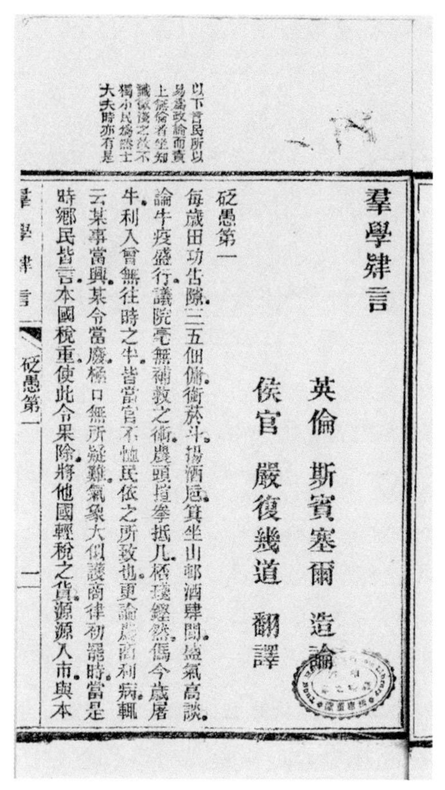

以下言民所以易爲政論而責上僥倖者坐知識微淺之故不獨小民爲然士大夫時亦有是

羣學肄言

英倫　斯賓塞爾　造論

侯官　嚴復幾道　翻譯

砭愚第一

每歲田功告隙。三五佃傭。銜菸斗。揚酒卮。箕坐山郵酒肆間。盛氣高談。論牛疫盛行。議院毫無補救之術。農頭揎拳抵几。栝璏鏗然。僞今歲屠牛。利入曾無往時之半。皆當官不恤民依之所致也。更論農商利病。輒云某事當興。某令當廢。橋口無所疑難。氣象大似議商律初罷時。當是時鄉民皆言本國稅重。使此令果除。將他國輕稅之貨源源入市。與本

羣學肄言　砭愚第一　一

图 117　雕版翻印的《群学肄言》书影

《群学》被毁版，严复的版权保护初获成功。据光绪二十九年十一月初九《大公报》报道，当年杭州书业冷淡，各书店收入不及上年之半，因而各有退志，当时已停止两家，史学斋等也将次第歇业。盗版被罚，大概也是史学斋倒闭的一个原因。

事情平息后，盛宣怀又给廉泉写信，谓“《群学》一案，弟因从前未定罚章，仅饬销毁板片，以示薄惩。今读抄示管学大臣批语，极为明切，而未言如何惩办，恐市侩无畏心，仍无益也”[①]，对没有制度支持的版权保护前景表示无奈。

被盛宣怀不幸言中，更多盗印陆续出现。十一月十九日，廉泉写信给严复说：“（俞）仲还费尽心力，各地托人密查翻版，今已购得五种，邮寄来京，属与先生筹查禁之策。”此时去《群学肄言》出版不过半年，能查到的翻版已达五种，一方面说明严译何等风行，另一方面可见盗版的猖獗。

十二月初六，廉泉致电苏松太道袁树勋（字海观），控告又一位翻版者——国民书店。初八日《大公报》报道说：

① 邓昉整理：《廉泉致盛宣怀手札》，上海图书馆历史文献研究所编：《历史文献》第二十辑，上海古籍出版社，2017年，第297页。

文明书局所刊行之《群学肄言》，原系有版权之书，近被上海国民书店翻刻，已被查获呈控。兹将廉部郎由京致上海道之电文录下：上海道台袁海翁鉴：国民书店黄子善翻刻《群学肄言》，已人赃并获，呈控在案，请饬廨员严究惩罚，以保版权。文明书局廉泉。鱼。

袁树勋是一位热心的官员，很多上海出版的书后都附有他保护版权的告示。接到廉泉的电报，他就派员将黄子善关押审问，不想惹出一个案中案来。

光绪三十年正月初十（1904年2月25日）的《申报》报道说：

前者国民书店黄子善翻印《群学肄言》一书，被陈仲英所控。谳员关䌹之司马饬即将黄提到，讯供管押。嗣黄母张氏日至陈所开书店中滋闹，由陈指交包探方长华解案请讯。襄谳委员王松丞刺史以氏年已老迈，不予究惩，申斥数言，交人保释。

可见当时对盗版者的惩处已较严厉，除受经济处罚外，还会有牢狱之灾。

虽然廉泉与文明书局为保护《群学肄言》所做的工作细致而坚决，但仍无法禁绝盗版翻印。严复在光绪三十年（1904）三月离京南下，到上海后曾有一信致熊季廉说：

复在北，岁入殆近万金，一旦不居舍去，今所以自活与所以俯畜者，方仗毛锥，觊幸戋戋之译利，固已菲矣。乃遇公德劣窳之民，不识板（版）权为何等物事，每一书出，翻印者蝟聚蜂起必使无所得利而后已。何命之衰耶！则无怪仆之举动为黠者所窃笑而以为颠也。其《原富》、《群学》两书，湘、粤、沪、浙之间，翻板石木几七八副，固无论矣。[1]

盗版猖獗，给计划依靠版权收益谋生的严复带来严重困扰。

三、严复与文明书局的冲突

为保卫《群学肄言》版权，文明书局对盗版者四面出击，这时严复也突然出手。不过，严复的一击狠狠打向文明书局和廉泉。

光绪二十九年（1903）十月二十七日，严复写信给廉泉，索要《群学肄言》的译利，并指责文明书局违约。严复的原信没有保存下来，但从廉泉的两次回应看，事情是这样的：

严复与文明书局原本约好《群学肄言》印刷六千部，在售出三千部后，书局支付全部译利共四千五百元。严复初次给了书局四千枚印花，到十月，他从张元济那里听到，文明书局已经印齐六千部书，却未向他索要剩余印花，也没有支付译利。他认为书局存心欺骗，并有盗印之嫌，遂通过廉泉与书局交涉。

廉泉身在京师，并不了解书局经营的细节，他去信指责俞复背约，要求书局向严复支付四千部书的译利。这又引起俞复的不满，连番来函说明，才渐渐知道事情原委。

当初严复要求签订版权合同，俞复即对"预提译利"一条不甚赞成，并且对六千部印量没有信心，只肯印刷二千部。因廉泉和严复坚持多印，才在四月初版印三千部，十月再版加印三千部。到严复索款时，初版实际销量只有一千二三百部，远未到可以预提译利的三千部，因此没有给严复分利。此时为解决问题，俞复和廉泉商议出一个变通之计，即先由文明书局垫付译利规元[2]一千两，四千印花以内的书由书局继续销售，没有印花

① 孙应祥、皮后锋编：《〈严复集〉补编》，福建人民出版社，2004年，第251页。
② 规元，也称豆规银、九八规元，1933年以前，上海通行的一种记账货币。

的两千部算作书局代印，由严复收回，自行发售。

此议显然不符合约定，严复知道后更加不满，十一月再次去信交涉，并提出自己的解决方案：文明书局要么如数支付六千部的译利，他可以额外赠送二千枚印花，要么废约交回版权，换由商务印书馆出版。大概他在信中还提到诉讼的可能性。廉泉遂于此月二十九日用一夜时间，回复了一封长信，对严复的指责逐条辩解，出人意料地要求废约，表示即使发生诉讼，他也会坚持废约。他建议已经售出的书按约定提取译利，剩余部分由严复取回自售，文明书局则登报声明不再经销此书。至于书局由此吃大亏，"既立约在前，亦复何言"，果真亏损，由他个人赔补。

廉泉主张废约的理由，是盗版书低价倾销，让文明书局难以打赢价格战：

> 盖当时立约时，不知版权如此难保，故一一唯命。今因版权不能自保，若不及早奉还，由先生自行查禁，日后销路盖不可恃，先生所失之利甚大，泉于先生何忍避废约之名而坐观成败乎？……先生倘采纳鄙言，将全收回减价出售，则此书虽有翻版，亦可自销。若照原约办理，则吾局实难减价而销路绝矣。此非当时立约时所及料，异日万一因此涉讼，泉亦力持废约之说，因官府不能保护版权，安能禁吾废约？此书版权一日不交还，泉心一日不安，请及早与商务馆定约，泉奉示后当电属沪局将全书即日交付，其余各地寄售及京保两局所存之书当陆续交付该馆。①

从廉泉信中看，这次风波也有同业竞争的因素在内。文明书局最大的竞争对手是商务印书馆，而张元济既向严复通报《群学肄言》的实际印

① 孙应祥、皮后锋编：《〈严复集〉补编》，福建人民出版社，2004年，第378页。

数，又说文明书局每部书印费五角价格过昂（“张君来函所论印资，泉亦不辩，因先生日后必自印也”），商务印书馆还要替严复销售此书并重新出版，多少有些“挖墙脚”的意思。至于廉泉说“谗间者”不可不防，当有所指。

廉泉的回复言辞恳切，又态度坚决，看来最终说服了严复。虽然此时严复的新译作如《社会通诠》《群己权界论》等都拿到商务印书馆出版，但他与文明书局的《群学肄言》合同并未废除。报纸上未见文明书局不再出售《群学肄言》的声明，反倒是售书广告中一直将其列为“本局出版之书”，到后来价格还有所上涨，说明存书已经不多。从再版更换印花、所钤印章由“侯官严复”改为“严复”，以及将初版的“版权所有”声明改为“著作权所有”并不再钤盖书局版权章等情形看，严复应是接受了文明书局提出的“变通之计”，将四千枚印花之外的再版本收回自售了。这次合作虽然过程曲折，销售不如预期，但他应该没有受到大的经济损失。

版权风波之后，严复与廉泉并未反目成仇。光绪三十四年（1908）九月，廉泉之妻吴芝瑛因义葬秋瑾，被御史常徽奏请严拿惩办，一时舆论大哗，声援尤为有力者，当属美国女教士麦美德在天津《泰晤士报》上的英文报道。事件稍稍平息，严复即将麦美德文章译成汉文，又作《廉夫人吴芝瑛传》，发表在《大公报》上，表彰吴芝瑛的义行、品格和她首开女子参与外事先河的勇气。这是严复声望最高的时候，借重他的译笔和文笔，身处险境的廉、吴夫妇得到有力支持。民国二年（1913），廉泉请吴观岱绘制《津楼惜别图》，征集友人题咏，严复先题七绝三首，再题五律与七律各一首，足见二人论交，不以利害义，诚所谓古之君子。

在这场激烈而复杂的版权保卫战中，文明书局难言胜利。虽然它惩处了几个盗版者，也未失去《群学肄言》初版的版权，但流失了严复这个重要作者。光绪二十九年（1903）十月，廉泉急切要见严复，想的还是商谈再版《群学肄言》并到日本印刷平装本的事。版权风波一起，此事无法开口，严复的新书从此交给商务印书馆出版。商务接受严复开出的条件，认真保证他的版权利益，使他获得可观收入。后来严复又入股商务，先持有四百股，后增加到五百股，每年分红都在七八千元之数。民国八年，严复政治失意、老病侵寻，尚能在北京一掷七万元购买住宅，资金多来自他在商务印书馆的版税和股息。

经《群学肄言》一役，中国的版权保护在实践层面取得局部成功，并推动了制度层面的法律在数年后出台。宣统二年（1910）清政府颁布《大清著作权律》，严复与廉泉筚路蓝缕，功不可没。

（原刊于2018年5月4日《文汇报》）

李光明庄公案真相

“李光明庄公案”或者说“廉李公案”，是民国初年因出版《李文忠公全书》而产生的一场财务纠纷，参与者是南京刻书铺李光明庄主人李仰超、李鸿章次子李经迈，以及《李文忠公全书》出版的实际经办人廉泉。因为李经迈和廉泉都是海上名人，在这场纠纷中又喜欢诉诸舆论，此事在当时受到社会关注，也成为喜谈掌故者的常见话题。

一百多年来，谈论“李光明庄公案”的文章不少，不过细究起来，真相尚未明朗。实际上，这桩公案当事各方均写下不少文字，为自己争取舆论主动，只是立场不同，观点对立。今天我们仔细梳理分析这些材料，还是可以了解事件真相的。

下面先从吴芝瑛的《帆影楼纪事》说起。

吴芝瑛是廉泉的妻子，吴汝纶的侄女，因家有小万柳堂，自号万柳夫人。她与秋瑾结拜姐妹，在秋瑾就义后为她修坟立碑，义声远扬。民国六年（1917）秋，廉泉与李经迈之间的纠纷发生，廉家以吴芝瑛的名义刊印《帆影楼纪事》，公布事情原委和交涉过程，率先向社会揭出这一段公案。

光绪三十年（1904）十一月，廉泉受李鸿章次子李经迈之聘，为李家编辑校印《李文忠公全书》（下文简称《全书》）。他辞去户部郎中一职，南下江宁，设立书局，主持《全书》的编校。至光绪三十四年（1908）六月，《全书》刊刻完成，廉泉撤销书局，委托李光明庄刷印装订，自己则辞谢薪俸，义务负责监印、销售等后期工作。印刷所需款项由廉泉从李经迈开设的庆丰成洋货庄申领，再转付给李光明庄。

到宣统二年（1910）十月，《李文忠公全书》刷印装订完毕，李家尚欠李光明庄银洋三千一百八十余元。当时庆丰成已经停业，廉泉与李经迈商定，用安徽的购书欠款三千两，结清与李光明庄的欠账。不料安徽书款迟迟未结，辛亥革命爆发，这笔账无人理会，变成烂账，李光明庄的东主李仰超（名鸿志）只好向廉泉讨还，六七年里催询不下数十次，因廉泉与李经迈无从谋面，事情也无法解决。

民国六年（1917）中秋，李仰超又来上海索债，此时李经迈也住在上海，但避不见人，而廉泉行将东游日本，乃于新历九月二十七日致信李经迈说明情况，要求他即日派代表当面清算，以了首尾。李经迈收信后并未作答，忽于十月一日通过哈华托律师（Platt, Maceod & Wilson.）发来一封西文的律师信，声明“不承认对李光明庄有欠款之事，完全拒绝再提此事，并不能再付分文”。这封信和李经迈的做法激怒了廉泉与吴芝瑛，遂引出《帆影楼纪事》的出版。

《帆影楼纪事》汇集了廉泉就李光明庄清欠一事与李经迈和哈华托律师的往来信件，也汇集了此前有关《李文忠公全书》刷印、结算的函件、账目，直言李经迈存心抵赖，并痛骂他“没良心”“靦然于立直动物之丛”。由于编校《全书》期间廉泉曾向李经迈借过一笔巨款，后来用家藏三王恽吴名画抵偿，两事有些关联，吴芝瑛又将此前编撰的《小万柳堂王恽画目》附在后面，一并影印出版，广为散发，争取舆论。

书编完后，廉泉于十一月八日乘“春日丸号”赴日。舟行海上，他作《题芝瑛帆影楼纪事》诗一首：“阅世方知厌老成，轮囷肝胆为谁倾。挑灯纪梦余孤愤，扶病抄书依晚晴。万本流传偿笑骂，一编生死见交情。匣中宝剑分明在，忍向夷门说不平。”看来心中舒了一口气。

《帆影楼纪事》“万本流传”，少不了李家的一本。果然，李经迈读后自有会心，立即编书回击，“将哈华托复书及聘请律师作复时所用之刊书交涉事略暨拒绝廉君所请理由编为此录，并略书颠末于卷端，以质诸天下后世”，在旧历十月请人抄写，也是影印出版。为了让廉氏夫妇反躬自

图118　吴芝瑛

省，书名就题作《自反录》。

李经迈提出的拒绝付款理由，梳理起来，大致有以下数端：

第一，廉泉是印书的经办人，并且是他提议用安徽书款来清偿李光明庄尾欠的，因此追讨安徽欠款并与李光明庄结算是廉泉的责任，不是李经迈的责任。

第二，廉泉未经李经迈同意，在庆丰成冒领银洋一万六千元、银三千两。印刷商的欠款是由廉泉侵吞公款、不愿吐出造成的，李家不追究已属宽仁，不会再为他垫款。

第三，廉泉开办的文明书局翻印《李文忠公全书》谋利，导致正版销售不畅，给李家造成损失。

《自反录》是用来“质诸天下后世”的，写印精工，中英文对照，发行量应该不小，但流传下来的似乎罕见。以前人们谈起“李光明庄公案”，都是说到《帆影楼纪事》为止，直到辛德勇先生收得一本《自反录》，将它与《帆影楼纪事》对读，在《藏书家》第8辑发表《迷离帆影楼》一文，此书才广为人知，那时已是2003年。李经迈提出的理由特别是后两项，都是性质严重的指控，足以动摇人们对廉泉的信任，如辛先生是廉泉和吴芝瑛的同情者，读了李经迈所言仍不免有所困惑。站在今天看，在这场舆论战中，《自反录》防守反击，可以说为李经迈挽回一局。

《自反录》传到廉家，又被吴芝瑛寄给廉泉。此时的廉泉在日本神户置办了又一所小万柳堂，娶妾生子，已不想过问那些陈年旧账了，无奈李经迈的指控太过严重，影响远溢出事件之外，再加上事涉文明书局，书局

图 119　东游日本时期的廉泉

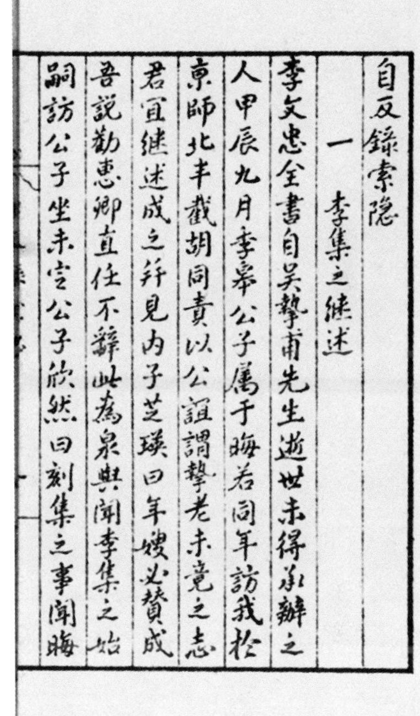

自反錄索隱

一　李集之繼述

李文忠全書自吳摯甫先生逝世未得承辦之
人甲辰九月李季皋公子屬于晦若同年訪我於
京師北半截胡同責以公誼謂摯老未竟之志
君宜繼述成之并見內子芝瑛曰年嫂必贊成
吾說勸惠卿直任不辭此為泉與聞李集之始
嗣訪公子坐未定公子欣然曰刻集之事聞晦

图 121　日本女抄书人藤田绿子

图 120　《自反录索隐》首页

股东纷纷来信要求解释，他不得不写下这一事件中的第三本书——《自反录索隐》，对《自反录》逐条驳斥。这本书由女抄书人藤田绿子手书，用珂罗版印成巾箱小册，精雅可爱。此前，绿子已为廉泉抄写过《南湖东游草》。

《自反录索隐》共八篇，从廉家的角度对《李文忠公全书》的编刊过程及李光明庄尾欠由来进行说明。也许是因为出版于日本，这本书更是少见，至今未见有人引用，但其内容对了解事件真相大有裨益，现在撮述于下。

第一篇《李集之继述》。此篇说明吴汝纶去世之后，《李文忠公全书》编纂后继无人，经李经迈再三敦请，廉泉为继述吴汝纶未竟事业，同意接手，于光绪三十年冬挈家南下，在江宁设局编刊李集，从李家月支薪银二百两。

第二篇《全书之编录》。因为《自反录》中说廉泉等编校李集的工作“不过经理刊版校雠误字而已”，语颇不屑，廉泉特述他与孙叔方（名揆均）编录全集之辛劳。其中数事可资考据：一是《李文忠公全书》奏稿八十卷、电稿四十卷，吴汝纶生前并未寓目，系孙揆均据档案编辑，为归功于吴氏，未署己名；二是当时刻工恶习，预领工钱后往往逃走，或相率罢工要求加价，难以应付；三是奏、电二稿的封面书名是由邓毓怡（字和甫）模仿吴汝纶笔意写成的，并非吴氏亲笔。

第三篇《刊印成本及售价之收入》。从光绪三十年（1904）十一月设局，到光绪三十四年（1908）六月全集刊成，“编录清本、缮刻版片以及同人薪俸、局用火食”共用洋二万六千余元；嗣后刷印装订共付银洋一万五千元、规元一千零二十两，尚欠三千两。而廉泉经手卖书，实收书价二万四千两。第四篇还有一个有趣的“风闻”，李经迈“当日所领得之刻集公款六七万金”，照此统计，李经迈通过刻印《李文忠公全书》，获利在四万两以上。

第四篇《庆丰成借款与恽王之让渡》。《自反录》“冒领巨款”的指控，让廉泉最难忍受，为此他详细申辩：

> 《自反录》曰“先后在庆丰成冒领银三千两、洋一万六千元，并未得李公之允许，事后方以‘周急’二字了之”云云，不知庆丰成借款是泉个人与该号银钱之往来，且曾为友人绍介存

款于该号，凡存款与借款，有该号经理吕吉生先生完全负责，于公子之为东家者本不相干。泉之借款，由庆丰成支付者，只洋一万六千元，其银三千两，则在经售书价二万四千两内借用，并非庆丰成支款，两项各有结单，由吉生转交公子，当时并语吉生，愿照市认息，与经手印刷支款如风马牛之不相及，阅《帆影楼纪事》中所刊南湖经手刷印处收付清单及宁垣撤局时泉与公子书有“庆丰成周急”之语，公私界限，本自分明，安得以“冒领”二字加以恶名。借款本可从容筹偿，因庚戌之秋一病几死，又值庆丰成号收账停止营业，乃以恽王吴画精品三十种，不论价值，抵偿前欠。时公子在京师，电商许可，特属江趋丹先生到吾病榻点收画幅，旋由公子专使赍京，除结清借款洋一万六千元、银三千两外，尚欠庆丰成尾款三百余元，由吕吉生凭当日往来折算，泉如数补缴，此当日情事也。

第五篇《减印四百部之原因》。《自反录》说，廉泉冒领经费、化公为私，导致印刷经费不足，最终少印《全书》四百部。廉泉的说法是，《全书》刊成，初拟刷印二千部，由各省订购分发学堂，但除了北洋、山东和安徽共订购一千三百五十部外，各地并无响应，不得不减印四百部。

第六篇《文明翻版之被诬》，否认李经迈指控文明书局翻刻小版致使正版销售大受损失的说法，声明“文明书局是有限公司，非廉泉个人营业，倘有翻刻《李文忠公全书》之事，该局经理人自当负责。若被诬也，则对于文明书局名誉之损害，李经迈亦当负完全责任”。

第七篇《印刷尾款之结欠》，重述《帆影楼纪事》所记李家拖欠李光明庄书款的过程，补充廉泉与李经迈交涉的细节。

第八篇《结论》，谴责李经迈混淆是非、拖累书商。书的最后透露了一个信息：李经迈向李仰超提出有条件解决尾欠问题的方案。廉泉“差幸此事已有转圜地步，该商生机不致遽绝，爰就《自反录》所及者，加以引申，名曰‘索隐’，俾天下后世阅是录者与吾《帆影楼纪事》者，得据以判断焉”，就此结束了申辩。

读过上面三种书，可以发现，这桩公案的是非曲直还是清楚的。售卖《李文忠公全书》的书款均汇给李经迈，廉泉辞谢薪酬，义务负责监印和售书事宜，未从售书中获利，其间损失也应由李家承担。至于廉泉在庆丰成的借款早已还清，与印书也没有关系，《自反录》说他冒领巨款，未尝不是在混淆是非。大概舆论战打起来，李经迈也意识到这一点，事件遂向积极方面发展。民国七年（1918）二月二十二日《申报》刊登了一个《南京李光明号启事》，道出这件事的结局：

> 启者：本号承印《李文忠公全书》书价尾欠，已与廉惠卿完全脱离关系，自行直接办理，呈请皖省发给欠价，并报告李府，业于阴历去岁腊月登报声明。嗣接皖督函开尚须行查等因，本号与李府情商，请其先行垫付皖省欠价。李府因刊书之事向未与本号直接，其后种种轇葛，人皆以本号为名，别生枝节，今垫付此款，为防弊起见，立合同摘录如下：
>
> 一、李光明号承认，以后任何举动、任何印刷品于《李文忠公全书》之事如《帆影楼》《自反录》二书中所载者，悉由李光明号与之严重交涉，不听即行控告。二、皖省尚欠一百五十部之书价，李光明号承认清理，不得中止。三、此项合同必须登报声明，并聘请律师在会审公堂及沪宁两处官厅存案，仍由李光明号东仰超函知廉惠卿查照。
>
> 李光明号东仰超登布。

事件以李经迈垫付欠款了结。

有意思的是，李经迈与李仰超所立合同的第一条，要求以后不得再提此事，当然是要封廉家的口，但即使自家《自反录》中的内容也不得传播，就很有点乾隆禁毁《大义觉迷录》的意味了。这说明李家已看出舆论对己方不利，还是尽早停火为好。

不过，李家的部署还是晚了点。藤田绿子抄写《自反录索隐》，时在戊午年新春，此年旧历元旦为公历二月十一日，李仰超发启事时，廉泉人在日本，书已经写完，说不定也已印好，这才给后人留下一份史料。如果当时廉泉受到二李合同的节制，也许会放弃声辩，那么这桩公案的真相，就只能迷离下去了。

《帆影楼纪事》等书记录下的廉李公案，或说李光明庄公案，是廉泉、李光明庄和李经迈之间的债务纠纷，后来演化为通过出书相互攻讦的舆论战。对廉、李两家来说，此事在经济上都不算大事，也未进入法律程序，更多是一场名誉之争。有些文章说廉家为此赔累甚巨乃至破产，实为无稽之谈。

（原刊于《掌故》第二集，中华书局，2017年）

叶德辉致孙毓修的一封信

中国印刷史学科形成，大致在民国前十年，其标志是叶德辉《书林清话》和孙毓修《中国雕版源流考》二书的出版。

《书林清话》编成于宣统三年（1911）岁末，至民国九年（1920）始行刊刻，内容涵盖古书的出版印刷、版本鉴定、文字校勘、流通收藏等多个方面，是一部翔实的中国书史，其中与印刷史有关的内容资料丰富、按断有力，为后来的研究奠定了基础。《中国雕版源流考》的编撰也始于清末，至民国七年（1918）五月出版。它是系统研究中国古代印刷历史的专著，问世年代又早于《书林清话》，可谓印刷史研究的开山之作。

叶德辉和孙毓修都是精于版本目录的重要藏书家，又都研究出版印刷史，作为同道，他们有很多共同话题。自2010年起，孙毓修收藏的友朋信札陆续被拍卖，其中就有多封叶德辉的来信，谈及藏书、借书、刻书和刊印《四部丛刊》等事宜，其中一封则专论明代活字印刷，[1]录文如下：

> 星如我兄如晤：
>
> 回苏展读函示，祗悉种切。贵珂乡华氏会通馆、兰雪堂两主人事迹，兰雪堂竟无可考。明华氏所撰世书，有会通传无兰雪传。谓为隔房，何以两家印书同一板式？似当时踪迹必密，非近房不如此也。弟于家鞠裳太史《纪事诗》外多得世书中传一

① 首拍于上海嘉泰拍卖公司2010年秋季艺术品拍卖会。

篇，又知其书为铜板铅字，则亦足以补诗之缺闻矣。手复，敬颂撰安。

弟德辉顿首。八月十一日。

“星如”是孙毓修的字，他是无锡人。明代无锡华氏会通馆、兰雪堂，都以“活字铜版”印书著称，会通馆主人华燧较为知名，同时代人邵宝作有《会通君传》，叶昌炽在《藏书纪事诗》中已经拈出，兰雪堂主人华坚的事迹则湮没无闻。这封信就是孙毓修向叶德辉询问华坚事迹后收到的复信。

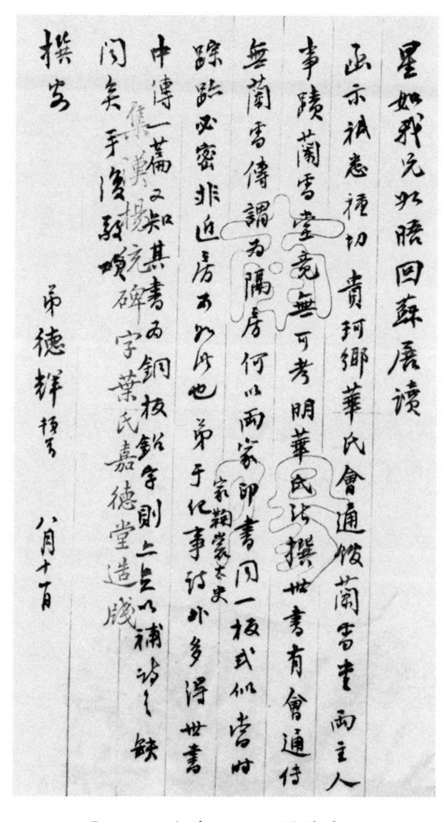
星如我兄如晤：回苏展读
函示，祇悉种切。贵珂乡华氏会通馆、兰雪堂两主人
事迹，兰雪堂竟无可考。明华氏所撰世书有会通传，
无兰雪传，谓为隔房，何以两家印书同一板式？似当时
踪迹必密，非近房不能如此也。弟于他事访求多得世书
中传一篇，又知其书为铜板铅字，则亦足以补诗之缺
闻矣。手复，敬颂
撰安。
弟德辉顿首 八月十一日

图 122　叶德辉致孙毓修书信

“明华氏所撰世书”，当指华渚《勾吴华氏本书》。这部华氏家史内有“三十三承事传”，其中《会通公传》即华燧传，较邵宝所作为详。叶德辉将全文录入《书林清话》的“明华坚之世家”一节。此节虽以华坚为目，但未能考出华坚的具体事迹，故信中说“兰雪堂竟无可考”。在《藏书纪事诗》中，叶昌炽根据华燧三子之名皆从“土”旁，猜测名中带“土”的华坚是华燧的“群从”即侄子辈，《书林清话》则以同样理由认为“必其犹子”，语气更加肯定。此信中叶德辉又提出兰雪堂与会通馆印书版式相同的旁证，说明两家来往密切，互相影响，必

为近亲。

华燧与华坚的关系，在1968年终被身居海外的钱存训先生考明。他根据美国哥伦比亚大学图书馆收藏的《无锡鹅湖华氏宗谱》，考出华坚为华燧之兄华炯的幼子，二人确为叔侄。①

华氏所印“活字铜版”诸书，清代以来普遍认为是铜活字本。《藏书纪事诗》引邵宝《会通君传》也说华燧“既而为铜字板”，而《勾吴华氏本书》的《会通公传》却说他“既乃范铜板锡字，凡奇书难得者，悉订正以行”。1980年以后，潘天祯先生以“铜板锡字”为线索，连续发表4篇谈“无锡会通馆印书是锡活字本”的文章，深化了人们对明代金属活字印刷的认识。②《书林清话》全文迻录《会通公传》，并未专门讨论“范铜板锡字”问题，但从叶德辉书信可见，他当时已发现这条不同记载的学术价值，并将其视作自己研究明活字印刷问题的独有贡献。只是他写信时未加检核，误将“铜板锡字”写成了“铜板铅字”。

此信末署“八月十一日”，不知年份。从孙家散出的使用同版笺纸的叶氏书信看，有纪年可考的多作于1919—1920年。再从《中国雕版源流考》看，孙毓修在罗列无锡华氏印书事迹时，只引用邵宝《会通君传》和叶昌炽《藏书纪事诗》，未及叶德辉提示的华氏世书《会通公传》。二人此番通信大致应在《中国雕版源流考》出版之后、《书林清话》出版之前，也就是1919年前后。这封信也是孙毓修在著作出版后继续完善研究的一个见证。

---

① 钱存训：《论明代铜活字版问题》，《中国古代书籍纸墨及印刷术（第2版）》，北京图书馆出版社，2002年，第186—197页。

② 见《潘天祯文集》，上海科学技术文献出版社，2002年，第55—94页。

“连四纸”笺释

连四纸是中国传统纸张的重要品种，在元代就见诸记载，到今天仍在使用。连四纸也是古代等级最高、质量最好的印刷用纸，现在被称作“开化纸”的清代宫廷印书纸，就是连四纸的一种。但在纸史研究中，对连四纸的探讨还未深入。本文搜集了历代连四纸资料，略加笺释，就正于方家。

一、元代的连四纸

纸有“连四”之名，首见于元代。明曹学佺《蜀中方物记》卷之九引元费著《纸谱》云：

> 凡纸皆有连二、连三、连四。（下注：售者连四一名曰船。）

这也是“连四纸”一词在元代的仅见。不过“连二纸”另出现过一次。元王祯《农书》在讲授养蚕技术时说：

> 蚕连：蚕种纸也。旧用连二大纸。蛾生卵后，又用线长缀，通为一连，故因曰连。匠者尝别抄以鬻之。

可见“连二纸”为大纸，但在制作蚕连时仍不够大，故需要把几张纸连接起来，成为更长的“一连”。于此可知“连”的本义，是连续不断的长纸。

“连纸”之名出现甚早。唐刘肃《大唐新语》卷八记裴琰之恃才断案，“命每案后连纸十张，令五六人供研墨点笔”。此“连纸”尚系将十张短纸黏连成一张长纸。至宋代，“连纸”乃作为一种纸品出现。如唐慎微《证类本草》卷十九“治痢”方，须“生鸡子一个，连纸一幅，乌梅十个有肉者”，此“连纸”即纸名。又如郑侠《西塘先生文集》卷六云“偶以本门有税长连纸者，其额每一千税钱五十足”，“长连纸”也是纸名，且明言是长纸。

费著说“售者连四一名曰船”。按宋苏易简《文房四谱》卷四“纸谱三”云：

> 黟歙间多良纸，有凝霜、澄心之号。复有长者，可五十尺为一幅，盖歙民数日理其楮，然后于长船中以浸之，数十夫举抄以抄之。

据此，“船”是抄制长纸时使用的船形纸槽。连四纸又名“船纸”，说明它也是一种长纸，虽然没有五十尺那么长。

连二、连三、连四，“凡纸皆有”，应是纸的三种规格，由尺幅长大而得名。

二、明代的连四纸

对连四纸最详细的记载出现在明代，文献中不仅记载了连四纸的品类、制作工艺，还可据以推算其尺幅规格。

万历间，平湖人陆万垓巡抚江西，续修嘉靖间王宗沐所纂《江西省大志》，在原书七卷外增加《楮书》一卷，于万历二十五年(1597)刊行。据《楮书》记载，嘉靖、万历间，江西广信府为内府所造纸张系楮皮纸，其名色有二十八种：

> 曰白榜纸，中夹纸，勘合纸，结实榜纸，小开化纸，呈文纸，结连三纸，绵连三纸，白连七纸，结连四纸，绵连四纸，毛边中夹

纸，玉版纸，大白鹿纸，藤皮纸，大楮皮纸，大开化纸，大户油纸，大绵纸，小绵纸，广信青纸，青连七纸，铅山奏本纸，竹连七纸，小白鹿纸，小楮皮纸，小户油纸，方榜纸。

其中连四纸有两种，即“结连四纸”和“绵连四纸”。《楮书》又载，嘉靖四十五年（1566），司礼监取用“细白结实连四纸十五万，白绵连四纸一十万”；隆庆四年（1570）取用“细白结实连四纸八万，白绵连四纸七万”，等等，可见“结连四纸”即“细白结实连四纸”，“绵连四纸”即“白绵连四纸”，实为薄、厚两种。

宋应星《天工开物》卷中《杀青》记“造皮纸之法”云：

> 凡皮纸，楮皮六十斤，仍入绝嫩竹麻四十斤，同塘漂浸，同用石灰浆涂，入釜煮糜。近法省啬者，皮竹十七而外，或入宿田稻槁十三，用药得方，仍成洁白。凡皮料坚固纸，其纵文扯断如绵丝，故曰绵纸，衡断且费力。其最上一等，供用大内糊窗格者，曰棂纱纸。此纸自广信郡造，长过七尺，阔过四尺。五色颜料，先滴色汁槽内和成，不由后染。其次曰连四纸。连四中最白者曰红上纸。

皮纸的纸浆由楮皮和竹子混合制成，而且配比可变，实际上是一种双料纸，其产品棂纱纸最好，连四纸次之，但前者是糊窗户的染色纸，并不用来印刷，所以当时最好的印刷用纸就是连四纸。

明代连四纸又分白、黄两种，刘若愚《酌中志》卷十八记内府藏佛经一藏，共用白连四纸四万五千二十三张，黄连四纸三百四十七张；道经一藏，共用白连四纸三万八百九十七张，黄连四纸一百七十六张。黄白二纸用量相差巨大，黄连四纸当非用于印刷，而是用于装帧。

连四纸分白、黄二色，应与原料中竹的配比和漂白的程度有关。

明代印刷，人们喜欢使用绵白坚厚的连四纸。葛寅亮辑《金陵梵刹志》卷四十九附永乐南藏《请经条例》，根据印经所用纸张、装裱不同，将经书分为三等九号，分别定价，其上等三号皆用连四纸刷印。“上等一号”云：

> 印经用连四纸，共约二万八千张。（每一张足裁经四张，内有尾叶不全多出纸，用印佛头，并背掩面、壳底及衬贴经签。）每百张三钱五分（用小样连四，土名上号大连三，极绵白坚厚，如带灰竹薄黑，不用此价），共银九十八两。

这段记载对了解明代连四纸作用极大。首先，上好的连四纸是“极绵白坚厚”的，其实就是今天常说的“白棉纸”。

其次，每张连四纸“足裁经四张”，《请经条例》说南藏“经样长一尺阔三寸三分”，“阔三寸三分”是一叶纸五折后的尺寸，打开为一尺六寸五分，再加上书叶两端各留出一寸用来粘贴的边纸，那么一叶经的尺幅是长一尺、阔二尺，一张整纸就是长二尺、阔四尺。这就是明代连四纸的规格。

再次，注文说印经用的连四纸叫“小样连四，土名上号大连三”，“连三”比“连四”要小，但又小不了很多，可见“连三”“连四”之名，确与纸的尺幅有关（明清常用的连七纸是小纸，无法以数字类推）。

另外，除上等经用连四纸刷印之外，万历末年所印南藏还有用公单纸刷印的中等经、扛连纸刷印的下等经，由于装帧不同，特征明显，可以按图索骥，分辨清楚当时用的这几种纸。

由明入清，人们使用连四纸仍喜“绵白坚厚”者。蔡士英《抚江集》卷十五《留札赵学道》云：

> 本部院订刻《科场条例》……已行藩司另刻精板，贵道为备

洁厚绵连四纸，刷印二百七十本，每学官颁给三部，以存永久。

其时为顺治，强调的仍是“洁”“厚”“绵”。

三、清代的连四纸

清康熙以后，连四纸品类更繁，用处更多，屡屡见于官方记载。其名色有连四纸、绵连四纸、绵料连四纸、夹皮连四纸、竹料连四纸、双料连四纸、清水连四纸、客连四纸、竹客连四纸、印经连四纸等种种，构成清代印刷用纸的一大品类。

康熙间曾官户部的吴暻撰《左司笔记》，卷十二《颜料纸张库总目》记户部库存纸张数目，内有：连四纸四千五百二十五张，印经连四纸二百四十张；清水连四纸一千三百二十张，刻连四纸四千五百二十五张；竹料连四纸九万七千三百七十七张。

顾名思义，“印经连四纸”应即明代印内府所藏佛经、道藏及上等南藏那种绵厚的连四纸。此时久不印经，且人们对纸的审美标准已经转移，故此纸被边缘化，库存只有二百四十张。“清水连四纸”之“清水”，或与造纸工艺有关。《江西省大志》卷八《楮书》之“材料”章说，造纸要在将构皮、竹丝等原料反复浸泡、蒸煮、曝晒、舂磨、漂洗后，“布袱包裹，又放急流洗去浊水，然后安放青石板合槽内，决长流水入槽，任其自来自去，药和溶化，澄清如水”，然后用竹帘抄制成纸。“清水”或指“澄清如水”的纸浆。“刻连四纸”在其他书中又写作“客连四纸”，语义不明。“竹料连四纸”应是以竹为主要原料的连四纸。

乾隆三十六年（1771）纂修的《增订清文鉴》卷七“文学什物类”下，列举“连四纸”“清水连四纸”和“竹料连四纸”三种连四纸；至乾隆末年纂修《五体清文鉴》，又增加“矾连四纸”一种，可见它们是连四纸这一大类的几个主要品种。由清宫档案可见，清水连四纸和竹料连四纸用量最大。

此时的各种连四纸，原料、工艺均已分化，但仍总称“连四”，盖因具有共同特征。首先它们都是白纸，绵料的不必说，竹料连四纸也是经漂白的纸张，一直到后来，连四纸已是纯粹竹纸，仍为白纸。其次，它们保有最初的特点，即均为四尺大纸。

雍正十二年（1734）刊行的工部《工程做法》卷六十《裱作用料》后附“户部咨开锦缎纱绫清绢布纸张尺寸”，内列“颜料库库存纸张十一项，内开竹料连四纸，每张长三尺八寸，宽二尺三分；清水连四纸，每张长四尺二寸五分，宽二尺”；“采买纸张十八项，内开夹皮连四纸，每张长四尺二寸，宽一尺九寸；红白蓝连四纸，每张长三尺，宽一尺九寸”。

大概红白蓝连四纸是染色装潢纸，并非标准化产品，其余清水、竹料、夹皮连四纸，尺幅大致在长四尺、宽二尺左右，与明代的连四纸相同。“连四”之得名，或许与其四尺长度有关。同治《赣州府志》卷二十一云：

> 纸出兴国竹管洞等处，洁白细嫩者曰竹纸，白而长大者曰连四，质韧而色黯者曰棉纸。

连四纸“白而长大”，差得其实。

清代文献中记载的各种连四纸，现在还多可与实物对应。特别是经翁连溪先生研究，我们知道武英殿印书所用的那种洁白细软的纸，即今人称作“开化纸”的，当时称为“连四纸”。如金简《武英殿聚珍版程序》记乾隆三十九年（1774）十二月二十六日王际华、英廉、金简奏：

> 今续行校得之《鹖冠子》一书，现已排印完竣，遵旨刷印连四纸书五部、竹纸书十五部以备陈设。谨各装潢样本一部恭呈御览外，又刷印得竹纸书三百部以备通行。

武英殿聚珍版书的连四纸陈设本，至今有实物流传，就是所谓“开化纸”本。这是清代最好的印刷用纸，代表着连四纸制作的最高水平。由“绵白坚厚”转变为“细白结实”，明代连四纸的另一技术优势在清代得到充分发展。

清水连四纸被用来抄写《四库全书》。乾隆四十七年（1782）五月，全书处一次领取“清水连四纸二十一万二千九百七十一张、三号高丽纸八百十九张、山西呈文纸一万三千一百七十六张、竹料连四纸二十六张、川连纸六千八百五十五张”[①]。在这里，显然用量巨大的清水连四纸是用来抄书的，其他量少的纸另有用途。

矾连四纸和绵连四纸被用来刷印《清文大藏经》。第一历史档案馆藏乾隆五十八年（1793）十一月的档案，清字经馆呈报刊刻大藏经刷印开支，略云：

> 查清字经馆应行翻办、刊刻、刷裱、装潢全藏《大般若》等经至《师律戒行经》共二千五百十九卷……办买矾连四纸价银一万二千四百五十七两六钱，办买太史连纸、毛头纸、黄笺纸、黄布包袱、木盘等项物料工价银四千三百八十一两五钱……现在刊刻《师律戒行经》十六套，计应刷裱一百九十二套……棉连四纸约需银九千一百余两，白本纸、榜纸共约需银一千三十余两。[②]

“矾连四纸”和“绵连四纸”用量甚巨，当系印经纸，前者或由后者矾制而成。

《武英殿造办处写刻刷印工价》记下几种连四纸的价钱：

---

① 《乾隆朝报销册》，《乾隆四十七年分大书黄册》。转引自黄爱平：《翰林院〈四库全书〉底本考述》，王浚义、黄爱平：《清代学术文化史论》，《文史哲大系142》，台北文津出版社，1999年，第393页。

② 转引自章宏伟：《〈清文翻译全藏经〉翻译刻印起止时间研究》，《中国印刷史学术研讨会文集2006》，中国书籍出版社，2006年，第192页。

双料连四纸，每刀价银一两三钱五分。

竹客连四纸，每刀价银五钱。

南矾连四纸，每张价银一分五厘。

棉连四纸，每刀价银六钱。

南矾连四纸最贵，合每刀一两五钱，盖因又加矾制，增加了成本。《户部则例》卷九十一《杂支一》也记下两种常用连四纸的价钱：

官商采办……清水连四纸，每张定价银七厘；竹料连四纸，每张定价银六厘五毫。

折合成每刀，分别为七钱和六钱五分。

可见，除了南矾连四纸，双料连四纸的价钱是其他品种连四纸的两倍以上，如果质价相应，最贵的就是最好的，它很可能就是那种单称的“连四纸”。

清晚期，竹料连四纸一枝独秀，最终使连四纸演变为单纯竹纸，“细白结实”的双料连四纸无法制造，终至失传。

四、小结

连四纸最早记载见于元代，是一种长幅纸。明及清前期的连四纸用楮皮和竹丝双料制造，长四尺、宽二尺，分为“绵白坚厚”和“细白结实”即厚、薄两种类型。清代所造、被今人称为“开化纸”的印刷用纸，是“细白结实”薄型连四纸的顶峰之作。清后期连四纸只用竹浆作原料，成为白色的竹纸，延续至今。

（原刊于《文津学志》第十一辑，2018年）

"锥书"杂谈

美国学者周绍明(Joseph P. McDermott)所著《书籍的社会史——中华帝国晚期的书籍与士人文化》[①],有别于以往书史、出版史类著作给人的刻板印象,不汲汲于罗列书名,而是从社会生活角度审视中国古代书籍的出版、收藏、阅读活动,打通了专门史与社会史之间的隔阂。但书中对明人胡贸"善锥书"一事的释读,可为论中国古代语言与出版者添一谈助。

在第一章研究"刻工的世界"时,作者讲了一个案例:

> 我们现有关于这些刻工生活和境况的最深入的材料,是苏州士大夫唐顺之(1507—1560)所写的一篇简短、但相当生动的传记,传主是一个名叫胡贸的书佣。幸运的是,这个名字并不仅仅是表面两个字这么简单,唐对胡的工作的欣赏打开了一扇窗户,通向此前从未被记载过的从事书籍生产的工匠的经历。在本案例中主要涉及装订阶段,地点可能是在苏州——以最好的装订而闻名的城市。胡贸出生于浙江西部的龙游县,他无钱继续从事其父兄贩卖旧书的生意。但他校订和装订书籍的技术,尤其是将大量印出来的书页排列顺序并用一把锋利的锥子在书页上钻眼的本事,令当时很多书业人士吃惊,其重要原因是他的工作速度和质量并不因他无法领会文字的意义而受到影

① [美]周绍明:《书籍的社会史——中华帝国晚期的书籍与士人文化》,何朝晖译,北京大学出版社,2009年。

响……后来，他在许多学者家里谋生，但他装书的技术渐渐失去用处。最后唐因为怕胡无力准备自己的后事，为他买了一口上好的杉木棺材，并做了一篇短文夸赞他的技艺。

唐顺之这篇文章名为《胡贸棺记》。文中唐自述年近五十，文章当作于嘉靖三十五年（1556）稍前。周绍明檃栝的这段文字原文如下：

书佣胡贸，龙游人，父兄故书贾。贸少乏资不能贾，而以善锥书往来诸书肆及士人家。余不自揆，尝取左氏、历代诸史，及诸大家文字所谓汗牛塞栋者，稍删次之以从简约。既披阅点窜竟，则以付贸使裁焉。始或篇而离之，或句而离之，甚者或字而离之，其既也，篇而联之，句而联之，又字而联之。或联而后离，离而后联，错综经纬，要于各归其类而止。盖其事甚淆且碎，非特他书佣往往束手，虽士人细心读书者，亦多不能为此。贸于文义不甚解晓，而独能为此，盖其天窍使然。余之于书，不能及古人蚕丝牛毛之万一，而贸所为，则蚕丝牛毛之事也。[①]

如果我们试着标出周绍明文章中的关键语句，大概这些都应算进去：从事书籍生产的工匠、装订、装订书籍的技术、用一把锋利的锥子在书叶上钻眼，等等。那么找一下，它们和原文里的哪些句子相对应？

保准一处也找不出来，因为唐顺之根本没写这些事。胡贸不是一位装订工人，也不做装订工作。作为“书佣”，即以书写技能谋生的人，他善于誊写，并精通另一项技艺：为学者编书做底稿整理工作，就是《胡贸棺记》最后说的“硉硉勤苦，从事于割截离合”。唐顺之选编古文，“取左氏、历代诸史，及诸大家文字所谓汗牛塞栋者，稍删次之以从简约”，先在

① 据《荆州先生文集》卷十二，《四部丛刊》影印本。

底本上"批阅点窜"，完成评选工作，然后把书交给胡贸，请他把不需要的部分剪裁掉，把需要保留的部分连缀编排起来，缮成新书的清稿，其实就是现在说的"剪刀+糨糊"的编辑活儿。《胡贸棺记》讲的是编纂阶段的事，书还没刻印呢，"一把锋利的锥子"何用？

"锥书"一词在古书中并不常见。检索文献，成词的只有《胡贸棺记》一例，或可说是唐顺之自造的词。揣测其取义，"善锥书"应为"善书写"。用本义，"以锥画沙"是书法的最高境界；用喻义，"毛锥"就是笔的别名，皆取之有道。更重要的是唐顺之把胡贸"书佣"的身份、运用"锥书"技能所做的工作，讲得具体、明白，名实相应，排除了"用锥子钻眼"的可能，也省却我们一番繁琐考据的气力。

在此并非要苛责甚或讥笑一位外国学者读中国古书的能力。事实上，望文生义误解"锥书"的也有中国人。《汉语大词典》早就将"锥书"解释为"装订书籍"，并引唐顺之的文字作为书证。这未免令人汗颜。周绍明只不过踵事增华，将"锥"的功用发挥到最大，同时也放大了错误而已。

《汉语大词典》此解，恐怕是受到了叶昌炽的影响。《藏书纪事诗》卷七诗云："蚕丝牛毛善离合，得钱即买酒盈缸。书根双腕能齐下，嘉话真堪继涌幢。"[①]所咏者三人："善离合"的胡贸、善写书根的虞山孙二、善装池旧书的钱半岩。叶昌炽在校后记中将此诗归为"装订"，其实他说的并非现代意义上的书籍生产中的装订，这三人也都不是书坊的装订工人。叶氏关注的是"藏书"，即书籍归于读者之后的状态，故对书本剪裁拼贴（离合）、敝散重装（装池）和写书根，都成为他心目中的"装订"。在他笔下，胡贸所做的带有"装订"性质的工作是"离合"而不是"锥书"。因此，即使援叶诗为例，也不能把"锥书"解释为"装订书籍"。

---

① （清）叶昌炽著，王欣夫补正：《藏书纪事诗》，上海古籍出版社，1989年，第748页。

唐顺之编印了多少书?《四库全书总目》著录到他名下的大部头,有《右编》四十卷、《史纂左编》一百二十四卷、《诸儒语要》二十卷、《武编》十卷、《荆川稗编》一百二十卷、《文编》六十四卷,五“编”一“要”,共378卷。这些书卷帙浩繁,如果都是胡贸“割截离合”编辑而成的,其实他已然是唐顺之商业出版事业的重要合作者,如果套用现代的说法,唐是主编,胡就是助编了。这正是唐顺之在为自己准备棺木时,也给他准备一具并作文记之的原因。唐顺之说:

> 然余所以编书之意远矣,非贸则予事无与成。然贸非予,则其精技亦无所用,岂亦所谓各致其能者哉……百余年后,其书或行于世,而又或偶有好之者,慨然追论其故所删次之人,则予之勤因以不没,而贸乃无以自见,是余专贸之功也。余之书此,亦以还功于贸也。

胡贸之功与唐顺之对他的借重,不是“用锥子钻眼”那么简单的事。

唐顺之盛称胡贸有天赋,不甚通文辞而能从事繁杂、细致的编辑工作并迥出侪辈,事实如何?且看四库馆臣如何说。《史纂左编》提要云:

> 其间详略去取,实有不可解者……其他妄为升降,颠倒乖错之处,不可胜言。[1]

可见对唐顺之所编书评价甚低。这些错误中,不知有没有“贸之功”。若有“好之者”对此做一番考察,也是一个有趣的题目。

回头再看周绍明的《书籍的社会史——中华帝国晚期的书籍与士人文化》。该书宗旨在于研究古代中国围绕书籍产生的各种社会活动,唐

① 《四库全书总目提要》卷六十五,“史部 · 史钞类”存目,中华书局影印本。

顺之作为明代重要的士人出版家，与书佣胡贸分工合作编书一事，反映出当时出版业的真实形态，这本是与该书内容高度契合的绝佳材料。作者引用了这项材料，却被一个“锥”字误导，致与其真实价值失之交臂，读书至此，不禁叹息。

（原刊于2011年5月22日《南方都市报·阅读周刊》）

过朱与钉朱

刻碑时如何将文字上石，即如何将写在纸上的碑文原样复制到碑石上，在古代是工匠的日常工作，在今天是令人好奇的问题。

从秦汉至民国，中国碑刻一直延续固有技术，但进入现代，传统技术迅速被放弃，今人对古代碑刻工艺也颇感陌生，体现在学术上，即对相关问题的阐述常有缺憾，这既包括石刻史专著，也包括对重要问题的研究，如对《红楼梦》中“烫蜡钉朱”一语的诠释。

不过，前人虽未留下专门的碑刻技术文献，但其著述不时会涉及有关问题；能反映实际工艺的文物也偶有留存；还有知情人士近年做了一些回忆。综合这些资料，我们可以复原传统碑刻工艺特别是“上石”技术，解决相关学术问题（古代刻碑时用朱墨直接在石上写字即“书丹”，不是本文讨论的内容）。

古代文人虽对凿石刻碑不感兴趣，但对石刻的延伸产品——法帖拓片情有独钟，他们在评论碑帖优劣得失时，不可避免会牵涉刻石工艺。

如明人赵宧光说：“石本、木本，具有得失。凡刻石，钩墨一失，填朱二失，上石三失，椎凿四失。”[①]

孙鑛说：“凡摹真迹入木石者，有五重障：双钩一，填朱二，印朱入木石三，刻四，拓出五。若重摹碑，便有十重障矣，真意存者与有几？”[②]

“拓出”是碑石刻好后的事，可以剔除。二人所说明代刻帖工艺，主

① （明）赵宧光：《寒山帚谈》卷下。
② 详见（明）孙鑛：《书画跋跋》卷二下“碑刻”。

要有四项，即“双钩”“填朱”“上石（入石）”和“凿刻”，前两项操作在纸上，最后一项在石上，第三项是纸与石结合。

清人王昶在《金石萃编》卷一百三十六评论《昼锦堂记》时说：“明时上石，不知用双钩之法也。若如今时，就墨迹上用墨笔双钩，再用朱笔描其背，由是上石，不致失真，且于墨本不损……”因知清代刻帖在凿刻之前的三道工序：“墨笔双钩”“朱笔描其背”和“上石”，“朱笔描其背”相当于明时的“填朱”。

“双钩”是用墨笔描摹制作纸质底样。“填朱”顾名思义，是在纸背用朱笔描出字划轮廓，再填入朱色。清人“朱笔双钩”勾勒后不再填色，工艺有所简省。

在明清，刻石还有“过朱”一法。方以智《物理小识》卷八论及“刻碑法”时说：“双钩、过朱，难得入神。”那么，“过朱”相当于哪道工艺呢？

明沈德符《万历野获编》卷二十六“小楷墨刻”条说：“董玄宰刻《戏鸿堂帖》，今日盛行，但急于告成，不甚精工，若以真迹对校，不啻河汉。其中小楷，有韩宗伯家《黄庭内景》数行，近来宇内法书，当推此为第一，而《戏鸿》所刻，几并形似失之。予后晤韩胄君诘其故，韩曰：董来借摹，予惧其不归也，信手对临百余字以应之，并未曾双钩及过朱，不意其遽入石也。因相与抚掌不已。”清楚说明“过朱”是“双钩”之后、“入石”之前的工序，相当于“填朱”。清戈守智《汉溪书法通解》卷八注姜夔《续书谱》“书丹”条说：“钩丹、过朱，摹勒古字之法也。”更言明“过朱”是用朱色勾描文字。细味“过”字，是让字迹“穿过”纸张，故明时苏州人戏称为“鬼过关法”，不由正路，穿墙而过。[1]

古代刻石过程中在墨样背面用朱色双钩或称过朱的实物，偶有留存。箧藏一套清光绪间《清故诰授通奉大夫盐运使衔江苏特用道刘公原配诰封夫人覃恩晋封一品夫人刘母胡夫人墓志铭》，就包括墓志墨本、背面朱

---

① (明)张凤翼：《答丁孝廉书》，《处实堂后集》卷四。

笔双钩以及石刻拓片。刘公乃嘉善人刘文棨，胡氏卒于光绪十八年。墓志由陆懋宗撰文、沈景修书丹，苏州唐仁斋刻石。刻成之后，唐仁斋将墓志拓本与墨本一起归还刘家，并开列细账，结算工价。墨本已裁裱成册页，但揭开可见每字背后都用朱笔勾出笔划轮廓，就是王昶所谓“用朱笔描其背”。这份墓志，体现出刻碑工艺从纸到石的全过程。

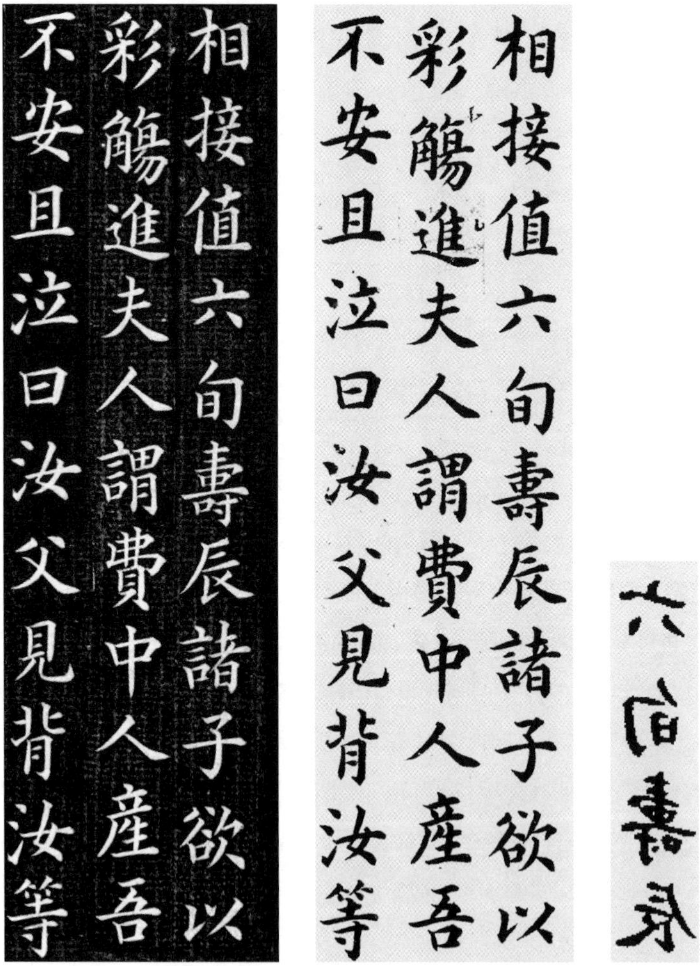

图123 《刘母胡夫人墓志铭》的拓本、墨样和纸背过朱

那么，过朱（填朱）之后，复杂的上石（入石）又该怎样操作？民国人王潜刚撰《观沧阁述书》，谈及学习书法须注意帖拓失真这一老话题时说：

> 盖墨刻之法，入手先钩，再反面以朱勾之，而后石上磨蜡，以朱本印石上，始对真迹奏刀，展转三四易手，其下真迹何止一等。

“石上磨蜡，以朱本印石上”，是对上石（入石）工艺的具体说明，与孙鑛所云“印朱入木石”遥相呼应，道出朱笔勾描纸背的功用。可惜《观沧阁述书》只见钞本，流传不广，未能产生学术影响。

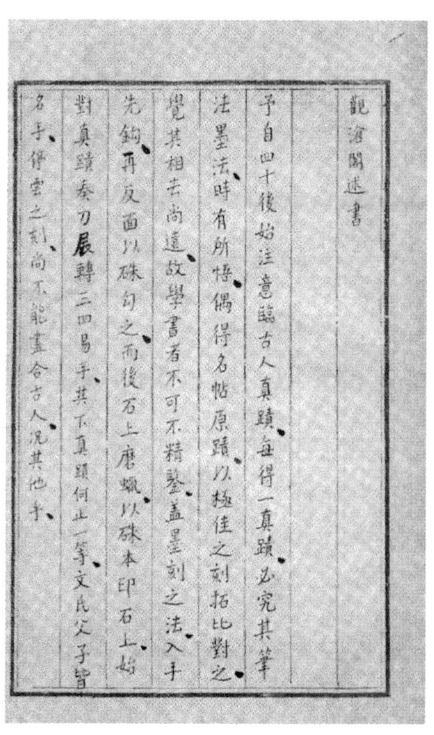
觀滄閣述書
予自四十後始注意臨古人真蹟每得一真蹟必究其筆
法墨法時有所悟偶得名帖原蹟以極佳之刻拓比對之
覺其相去尚遠故學書者不可不精鑒蓋墨刻之法入手
先鉤再反面以硃勾之而後石上磨蠟以硃本印石上始
對真蹟奏刀展轉三四易手其下真蹟何止一等文氏父子皆
名手停雲之刻尚不能盡合古人況其他乎

图124　王潜刚《观沧阁述书》中关于“过朱”“印朱”的记载

近年，民国北京碑刻艺人陈云亭的后人陈光铭，曾多次回忆先辈刻碑生涯。在《北京最后的碑刻世家：让岁月凝固在石头上》一文中，他述及碑刻工艺有“选料、打磨、刷墨、烫蜡、钩字、过朱、锤定、挂胶、镌刻、拓帖”等项[①]；在《浅论“三希堂法帖”镌刻艺术及其对京城碑刻艺术的影响》一文中，他详述烫蜡、双钩、过朱、上

① 陈光铭：《北京最后的碑刻世家：让岁月凝固在石头上》，《北京青年报》2006年3月6日。

样、挂胶的具体做法，[①]"上样"即前文说的"锤定"、古人说的"上石（入石）"[①]。简言之，整个过程是在石上热涂一层薄蜡，将已过朱的纸样覆在石上捶打，让纸背朱色转移到石上，再掸上胶水保护朱字。这有些像钤盖印章，故孙鑛和王潜刚都称作"印朱"。

工艺后先呼应。但上述各家所言都是针对刻帖的，不能适用于全部碑刻。

就上石来说，对不需要保留原件的纸样，可直接贴到石上镌刻。如《戏鸿堂帖》中的《黄庭内景》帖，就是在未过朱的情况下直接上石的。又如明末黄汝亨在致蔡元履的信中说："强起为兄作尊大人墓表……不知兄处有过朱好手否？如无，便须直贴其上刻之。"[②]这说明"过朱"是重要工艺，但非唯一工艺，如果不需要十分工细，或工人掌握不好，也可用简单方法将就。

就写样来说，刻法帖因为要保护原件，必须"双钩"复制，但镌刻新碑，碑文写好后可直接过朱上石，不必在正面再勾勒一遍。如黄汝亨书写墓表，还有刘母胡夫人墓志，都在原件背后直接过朱。

通过过朱、印朱将文字上石，现在看至晚在宋代已经盛行。姜夔《续书谱》"临摹"章说："双钩之法，须得墨晕不出字外，或廓填其内，或朱其背，正得肥瘦之本体。虽然，尤贵于瘦，使工人刻之，又从而刮治之，则瘦者亦变而肥矣……夫锋芒圭角，字之精神，大抵双钩多失，此又须朱其背时稍致意焉。""朱其背"显然就是后世说的"过朱"。更早一些，苏轼作《太虚以黄楼赋见寄作诗为谢》诗，内云"南山多磐石，清滑如流脂。朱蜡为摹刻，细妙分毫厘"，说的应也是过朱、烫蜡等刻碑过程。从碑的制作、纸的应用等角度看，这一工艺发轫应该很早，尚可继续溯源。

---

① 陈光铭：《浅论"三希堂法帖"镌刻艺术及其对京城碑刻艺术的影响》，中国国家图书馆古籍馆编：《文津流觞》第40期。

② （明）黄汝亨：《寓林集》卷二十八。

《红楼梦》中“烫蜡钉朱”一语，见于第二十三回《西厢记妙词通戏语 牡丹亭艳曲警芳心》。元妃省亲之后，贾政命将众人题咏在大观园勒石，于是选拔精工，“一日烫蜡钉朱，动起手来”。长期以来，红学界对这个冷僻词语多有误解，现在对照梳理清楚的碑刻工艺，可知“烫蜡”为“石上磨蜡”，“钉朱”为“以朱本印石上”，这是纸上工作结束后石上工作的开端，故云“动起手来”。清代这一工艺自有专名，陈光铭讲述的“锤定”，或可写作“锤钉”。

（原刊于2021年4月20日《文汇报》）

十三行外销画中的印刷景物

在历史上，印刷工匠是一个人数众多的群体，也有很多工匠留下自己的踪迹——为了计算工价和落实责任，刻工们往往在书版上刻下姓名和所刻字数，以便结账。但在整个古代社会的视角来看，关心刻工的只有他们自己，历代文人虽然因为刻书印书免不了与工匠打交道，却没有为他们留下多少文字，画家们也没有绘出工匠们辛勤劳作的场面。

就绘画来说，目前所见有名有姓的刻工画像，只有清乾隆间陆灿绘《摄山玩松图》手卷，此图描绘了近文斋主人穆大展松下盘桓的情景，后有沈德潜、王昶、袁枚、钱大昕等乾嘉名流七八十人的题跋。[①]穆大展是金陵人，“市隐阛阓，设书肆自给；躬任剞劂，所刻书校写精审，风行海内，名与汲古阁埒”，在苏州设立近文斋书局，刊刻的《昭代词选》《两汉策要》等书都是清代雕版名作，很多由他亲自操刀，说他是著名刻工并不为过。但穆大展并非专以刻书谋生的工匠，他身为书局主人，又“工诗古文，精鉴别，多蓄三代秦汉钟鼎彝器”，擅长篆刻、碑刻，也是一位文士，故能与当世士大夫交游周旋。沈德潜等为《摄山玩松图》题跋，也主要因为他的士人身份。或可说《摄山玩松图》画出的是一位拥有刻书技能的风雅之士的生活情趣，并非一位职业刻工的工作图景。

---

① 在2013年保利香港秋季拍卖会上拍卖。详见郑幸：《苏州刻工穆大展之生平与交游考述——以〈摄山玩松图〉为中心》，《文献》2018年第6期。

无名印刷工匠的工作场景，现在知道有乾隆后期金简《武英殿聚珍版程式》中的几幅图画：《成造木子图》《刻字图》《字柜图》《夹条顶木中心木总图》《类盘图》《套格图》《摆书图》，相对全面地反映了武英殿印书处工匠们制作木活字排印图书的情况。但此书旨在记录武英殿聚珍版的特殊工艺流程，并未绘出印刷业工作全貌，比如今人要了解雕版情况，只能间接通过“成造木子”和“刻字”二图自己感悟，而要了解刷印和装订这两个重要工序，则因金简没有绘图，无从谈起。

描绘印刷工匠工作生活的图画寥寥无几，说明古代工匠社会地位低下，文人对技术和生产也无意记录。直到清末海通后，西方人了解中国社会的兴趣大增，催生了反映中国人生活百态的广州十三行外销画，印刷作为重要的传统行业也被绘入图中，走向海外。

近些年，十三行外销画开始回流，广州友人胡义成先生帮我寻找到三张印刷题材的画作，恰好是《武英殿聚珍版程式》未能绘制的刷印和装订场景，可补史料之不足。

其中两幅印书图，一幅是水彩画，画面上一位印工在工作台前刷印书叶。值得重视的，是他的工作台由两张桌子组成，两桌之间留有空隙。前面桌子上固定印版，摆放墨汁、棕刷等工具，后面桌子上叠放纸张，纸的前端用夹具固定在桌沿。可以看出，刷印时印工先在版上涂墨，再从后桌上翻过一张纸覆盖到版上，用棕刷在背面加压，一张书叶就印好了。然后印工让书叶自然下垂到两桌的缝隙里，再刷印下一张。一整沓纸印完，从夹具中取出，摆到身后的台子上。

另一幅是小版画，画面中两个人，一人印书，一人观看。印工所用的工作台与上幅画一样，也由两张桌子组成。

对这种工作台，钱存训先生在《中国古代书籍纸墨及印刷术》一书中谈及木版水印时曾作介绍，指出荣宝斋使用“两块厚木板搭成，中间

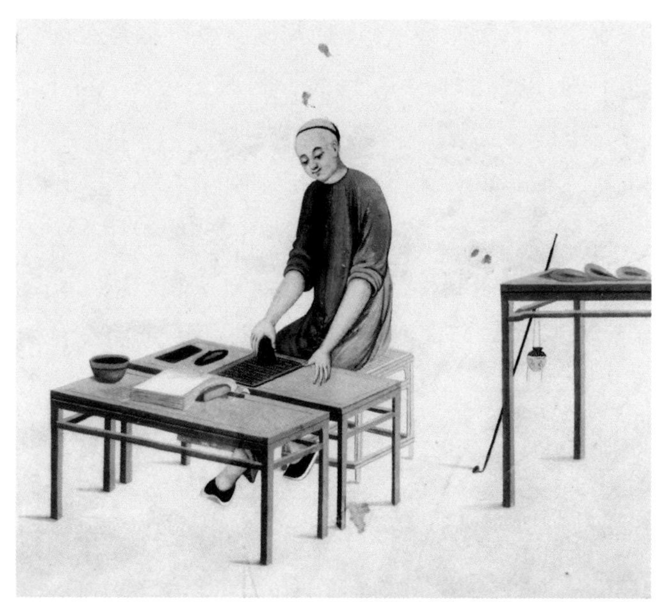

图125　十三行外销画印书图

图126　十三行外销画印书图(版画着色)

留一空隙”的工作台，并绘图注明这是“套色彩印用的工作台”。[①]而在介绍雕版印书过程时，他没有讲到工作台，只说“印刷时先将雕版用粘版膏固定在案桌之上，将纸平置。印刷工人手持圆墨刷略蘸墨汁涂于雕刻凸起的版面，随即以白纸平铺其上，再用狭长的长刷或粑子轻轻拭刷纸背，然后将印好的纸张从版上揭下晾干”[②]。由于木版套色水印需要多次定位，将纸张用夹具夹住有助于准确定位，钱先生的叙述方式容易让人理解成这种工作台是木版水印专用的。看了两张印书图，我们可以知道，至少在清晚期，刷印普通书籍也需要使用这种工作台。

第三张画是订书图，绢本水彩，画中女工坐在桌前装订书籍。高领旗袍是光绪末年沿海大城市的时尚，不可能是女装订工的工作服，所以此画并非完全写实，但恰可说明其创作年代。

明清妇女从事书籍雕版生产，近年来在印刷史研究中得到关注，美国学者包筠雅和中国学者项旋均有所论述。[③]这张订书图似可说明，当时女性从事装订工作是一个普遍现象。可以想到，妇女擅长女红，平时刀剪针线不离手，和线装书装订自有相通之处，在书籍生产中由她们分工装订也是顺理成章的事。

对于那张印书图版画，胡义成认为它是给十三行外销画画工们提供的临摹范本，说明当时此类画作之盛。如果继续留心，相信还会在包括图画在内的清末外销商品中找到更多中国传统印刷资料，所谓“礼失而求诸野”，这也可算一例了。

---

① 钱存训：《中国古代书籍笔墨及印刷术》（第2版），《钱存训文集》第2卷，国家图书出版社，2013年，第313—315页。

② 同上书，第224页。

③ 参见项旋：《明清时期福建四堡的宗族发展与雕版印刷业——关于邹氏与马氏家族坊刻的调查与研究》中“妇女参与刻书活动”等节，载《中国社会历史评论》第16卷，天津古籍出版社，2015年，第194—199页。

图127　十三行外销画订书图（水彩）

上面介绍的是古代与印刷工匠有关的绘画作品，至于专门吟咏工匠的文学作品，淄博友人孙力先生曾提示过清乾隆时诗人金德瑛的二首诗，见于《桧门先生诗集》卷四，也是难得资料，附录于此。

镌字工

岂故灾梨枣，丁丁响应廊。瓜分惟断简，瓦合自成章。就日毫厘辨，分阴剞劂忙。吴刚疑可匹，身亦桂宫旁。

印纸工

一斗满隃麋，相看汁染衣。案间声飒飒，帘外纸飞飞。泥印沙锥似，旁行衮上非。明朝传万目，功过竟谁归。

附录：中国中医科学院图书馆藏《本草纲目》金陵版考察纪要

《本草纲目研究集成》课题在研究《本草纲目》金陵本时，遇到一些难题。承王家葵教授引荐，郑金生研究员诚请古籍版本鉴定专家艾俊川先生莅临本院考察研究。2019年2月28日，承中国中医科学院图书馆善本部大力支持，允予考察该馆所藏《本草纲目》金陵版（以下简称"中医科学院本"）。参与考察的还有酷好收藏中医古籍的程钢先生、信息所侯酉娟、李辰两位助理馆员。

郑金生首先介绍了《本草纲目》研究中遇到的一个问题：《本草纲目》卷十九"水松"一药，在今存世的十五部金陵本中，现知有两部存此药内容。其余或残去此叶，或手写配补。两部存此药条的金陵本中，制锦堂本属于金陵版重修本，其"水松"条十分明显属于补版，且所缺四字用长条墨丁予以标记（图128）。中医科学院本此药条亦有阙文，但仅缺两个半字（图129）。因难以确认中医科学院本此药条是手书描补还是刻板，是原版还是补刻，故请艾先生前来共同研究。

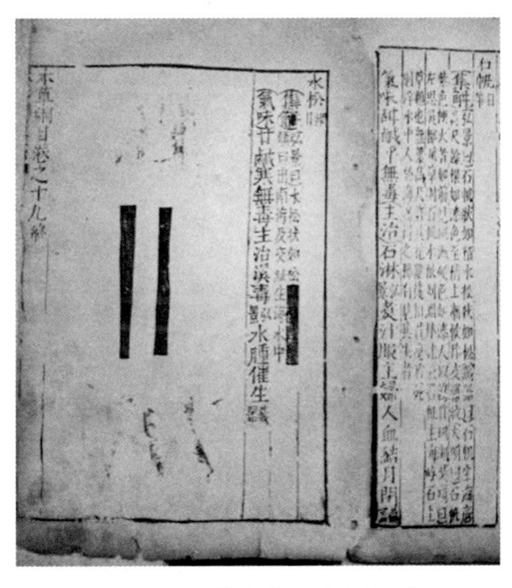

图128 制锦堂本所存"水松"

图129　中医科学院本所存“水松”

艾俊川在仔细观察此叶的纸张、版式、墨痕之后，认为“水松”条的文字属于刀刻，不是手书描补。此叶仍是刻本，但其字体刻工与前面的书叶明显不同，当是后来补刻。他认为，不仅“水松”文字与该药前叶的刻版文字不同，该叶左侧“本草纲目卷之十九终”几个字也明显不同。其中的“之”字等很不饱满，不像是万历间初刻本的刻字字体。

此前郑金生在与艾俊川交流时曾提出为何此条文字有双线或重影现象。在观看了金陵本原书之后，艾俊川解释说：刷印此叶时，版上刷墨，铺纸上版时纸与版中间有空气，刷纸时纸张轻微移动，就会出现重影。本书其他卷次也发现了此类重影的现象，更证实这是印刷时造成的重影。经考察，中医科学院本“水松”条可以确定属于补刻。

至于“水松”条补刻的时间，艾俊川注意到此条有两个“弘”，其中之一缺末笔。但综合考察，此“弘”字缺末笔未必是避清乾隆讳，可能是残损等原因造成的。程钢认为此金陵本的纸张应该是明代的，其补刻的时间似不会晚于明末。郑金生认为，从“水松”条文字内容来看，比金陵本晚十年刻成的江西本，此条缺三个字。中医科学院本仅缺两个半字。虽然中医科学院本此条属于补刻已确凿无疑，但其补刻所依据的底本多半个字，其底本的年代似乎要早于江西本（1603年刻）。另外，已知明崇祯十三年（1640），金陵本原版片已经转卖给程嘉祥摄元堂，程氏予以重修。故现存金陵本原本的补版时间下限当在1640年。

此后，郑金生介绍了现存十五部金陵本的大体情况。其中四部属于重修本。重修本之一摄元堂本今存三部，重修于明崇祯十三年（1640）。重修本之二为制锦堂本一部，重修时间为明末至清初。其余十一部金陵本属原版，又可分为两类。一类是中医科学院本，其断版、漫漶、残脱的情况相对较少（图130）。另一类多来自日本收藏，此类刊本漫漶、断版等处相对较多，今以日本国会本为此类金陵本的代表（图131）。

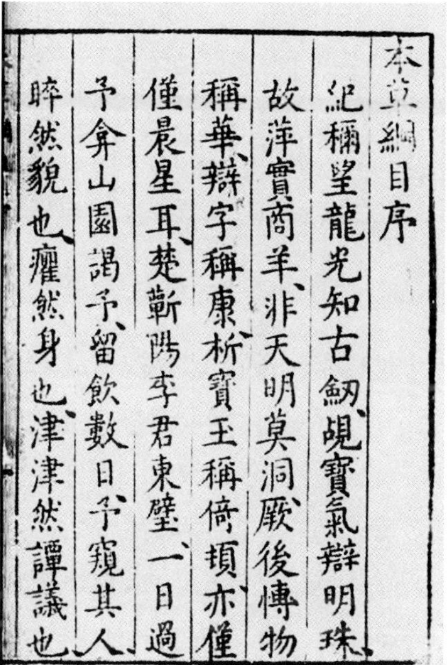
本草綱目序
紀稱望龍光知古劍覘寶氣辯明珠
故萍實商羊非天明莫洞厥後博物
稱華辯字稱康析寶玉稱倚頓亦僅
僅晨星耳楚蘄陽李君東璧一日過
予弇山園謁予留飲數日予窺其人
睟然貌也癯然身也津津然譚議也
真北斗以南一人解其裝無長物有
本草綱目數十卷謂予曰時珍荆楚
鄙人也幼多羸疾質成鈍椎長耽典
籍若啖蔗飴遂漁獵群書搜羅百氏
凡子史經傳聲韻農圃醫卜星相樂
府諸家稍有得處輒著數言古有本
草一書自炎皇及漢梁唐宋下迨國

图130　中医科学院本王世贞《本草纲目·序》首叶

根据以上情况，郑金生问艾俊川：能否说中医科学院金陵本的印刷时间早于日本国会本及其同类的刊本？

艾俊川审视了这两类金陵原版序言首叶，认为在这十几种金陵木中，

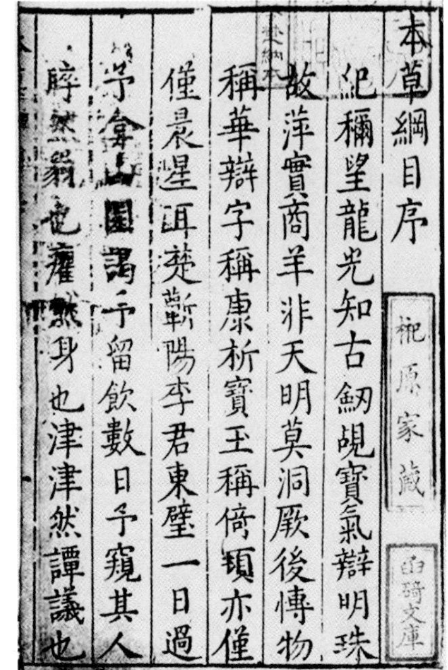
本草綱目序
紀稱望龍光知古劍覘寶氣辯明珠
故萍實商羊非天明莫洞厥後博物
稱華辯字稱康析寶玉稱倚頓亦僅
僅晨星耳楚蘄陽李君東璧一日過
予弇山園謁予留飲數日予窺其人
睟然貌也癯然身也津津然譚議也
真北斗以南一人解其裝無長物有
本草綱目數十卷謂予曰時珍荊楚
鄙人也幼多羸疾質成鈍椎長耽典
籍若啖蔗飴遂漁獵群書搜羅百氏
凡子史經傳聲韻農圃醫卜星相樂
府諸家稍有得處輒著數言古有本
草一書自炎皇及漢梁唐宋下迨

图131 日本国会本王世贞《本草纲目·序》首叶

中医科学院本确实印刷较早，其断版位置有裂痕而不大，但日本国会本断版已十分明显。继而艾俊川逐叶审视了中医科学院本的序言、“辑书姓氏”、药图及部分卷次的细节，提出了以下观察所得：

（一）关于王世贞序

经比对，艾俊川指出，该序之末“万历岁庚寅春”几个字系挖改（或在写样阶段改写），与序文其他字的字体及大小、位置关系、墨色深浅不一致。若撰序年系后改，则作序时间不一定在此年。对艾俊川的这一发现，郑金生表示赞同。改补作序年并非罕见。明万历间《医学入门捷径六书》的徐春甫序，初刻本署为万历丙戌（1586）撰，翻刻本却改为万历丙申（1596），梓行者似乎极力要将作序年与刊刻年（1597）拉近，以凸显其版属于“新刻”。据王世贞《弇州山人续稿》卷三十记载，李时珍于万历庚辰（1580）

年赴王世贞弇山园求序，且“留饮数日”，可见此次见面两人意气相投，相谈甚洽。王世贞为此还作诗赠李时珍，兴致也很高。如果此“万历岁庚寅春”属实的话，则王世贞为《纲目》作序已经晚了整整十年，于情于理难以理解。考察版本作序年系改字，为合理解释作序之年提供了新的依据。此序确实有可能完成得更早，刻板者为了将作序年与刻板时间尽量拉近，而将作序年改补。王世贞逝世于1590年12月，故此年只能是梓行者所能选择的最接近刻板年的下限。

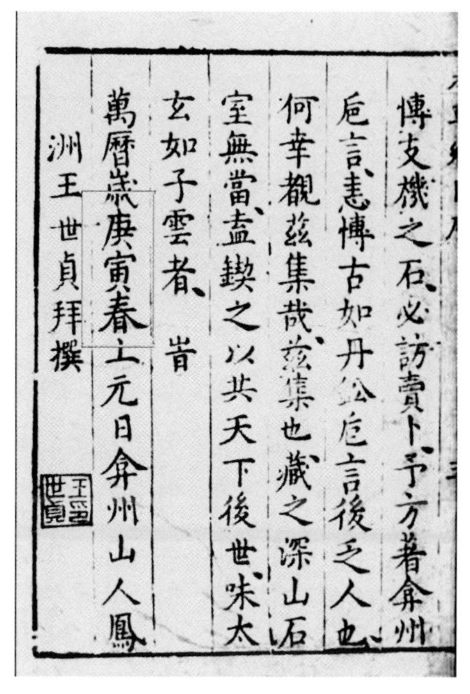
博支機之石、必訪賣卜、予方著弇州
卮言、恚博古如丹鉛卮言後乏人也、
何幸覩兹集哉、兹集也藏之深山石
室無當、盍鍥之以共天下後世、味太
玄如子雲者、肯
萬曆歲庚寅春上元日弇州山人鳳
洲王世貞拜撰

图132　中医科学院本王世贞序

王世贞序中提到“予方著《弇州卮言》”，艾俊川认为，这句话应该重视，可以考一下《弇州卮言》的撰成年代，以判断此序撰成的大致年代。侯酉娟据此提示，查找了王世贞的所有著作，认为《弇州卮言》当为王世贞的《艺苑卮言》，收入《弇州山人四部稿》中，刻成于万历四年（1576）。李时珍完成《本草纲目》是在万历戊寅年（1578），万历八年（1580）李时珍携书稿前往太仓弇山园求序，此时距《艺苑卮言》刻成才四年，此与王世贞云“予方著《弇州卮言》”贴合。若在十四年之后王氏再说“予方著”，则不很合适。这也为王世贞序的撰年系补改、实际撰序年份可能更早提供了另一个证据。

此外，王世贞序末所钤印章的字体刻工笨拙粗陋，不似直接据原印雕刻，有可能是刻版时从别的书上描摹过来翻刻的。

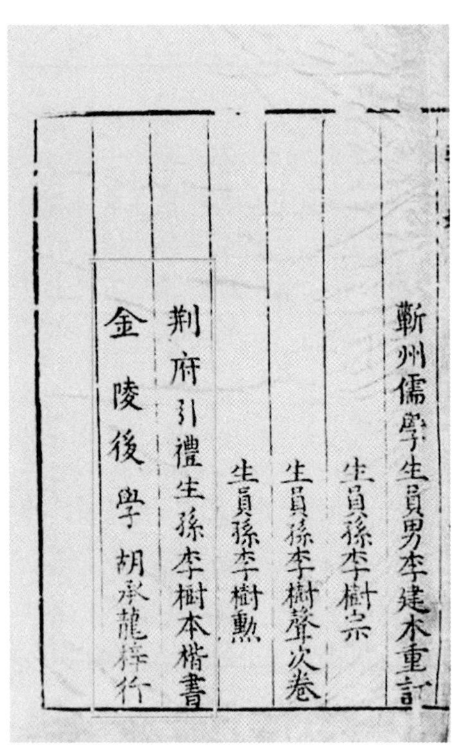

蕲州儒學生員男李建木重訂
生員孫李樹宗
生員孫李樹聲次卷
生員孫李樹勳
荆府引禮生孫李樹本楷書
金陵後學胡承龍梓行

图133 “辑书姓氏”中被挖版改动的两行字

（二）关于“辑书姓氏”

金陵版《本草纲目》与江西本及其他后世翻刻本一个很大的不同，是在王世贞序后附有“辑书姓氏”。此篇除署名李时珍编辑外，还列有参与《本草纲目》出版的其他人员十一名。其中李时珍的四个儿子，按长幼为序的分工为，李建中、李建元“校正”，李建方、李建木“重订”。但其诸多孙辈只有四人署名（李树宗、李树声、李树勋“次卷”，李树本“楷书”），另外三人为“应天府儒学生员黄申、高第同阅”“金陵后学胡承龙梓行”。在“辑书姓氏”一叶中，艾俊川指出有如下疑点：

“荆州引礼生孙李树本楷书”一行，似为补刻。此行中“孙李树本”与其同辈的三人姓名未排齐，“孙”字明显高于同辈兄弟。“树”字写法亦不相同，故整行字都似补刻。据研究[①]，李树本为李建元（1544—1598）的长子，李树声为其胞弟。树本的名字排在其弟之后，是无意中遗漏、发现后再补？还是因为他不是生员、仅为“荆府引礼生”？还是因为他书写了王世贞序而被补入？尚难确定。

---

① 湖北省中医药研究院医史文献研究室，湖北省蕲春县卫生局、文化局：《李时珍史实考》，广东科学技术出版社，1988年，第49页。

此外，艾先生还指出：“金陵后学胡承龙梓行”一行，“金陵后学”“胡承龙”“梓行”三组文字的字体、位置关系及墨色均不相同，版似经过多次修改。“梓行”二字亦似后来改刻。“金陵”是胡承龙的籍贯，未必是刻板所在地。其自称“后学”，而不署“书林”之类的称号，提示胡氏未必是专业的书商。《中国古籍版刻辞典》虽然收录了“胡承龙”之名，[①]但其内容皆依据《本草纲目》金陵本的署名，未记载其书坊名称、兼刻其他书等信息。故艾俊川认为，以胡承龙的籍贯来命名“金陵本”是不合适的，称“胡承龙本”更好。但史无他载，只有金陵本有此记载，“梓行”二字又似补刻，因此，有可能胡承龙并非书商，而是因其在《本草纲目》刊行过程中发挥了某种作用（如捐资助梓等），故署其“梓行”。从这个角度来看，金陵本究竟是在金陵书铺刻成，还是在李时珍家刻成，还有可探索的空间。

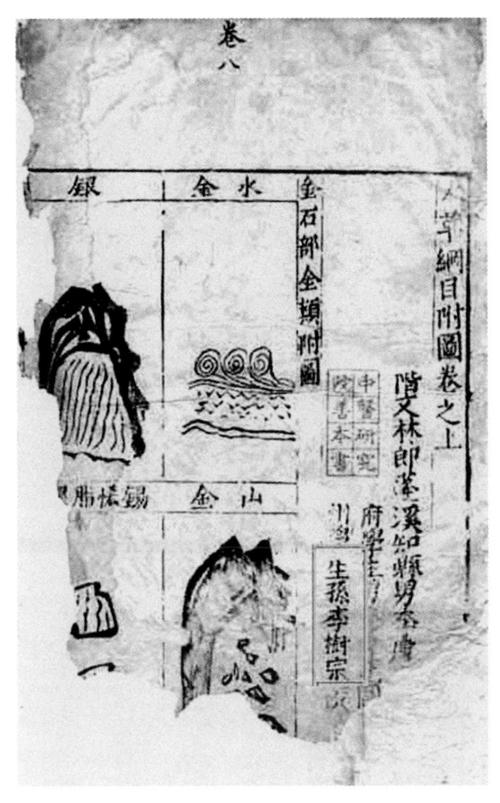

图 134 《本草纲目·附图》卷上首叶版木改动情形示意图

艾俊川在翻阅《本草纲目·附图》卷上时，审视卷端署名良久，然后指出最左面的“生孙李树宗”几个字特别清楚，但其上下及右侧文字均浅

① 瞿冕良：《中国古籍版刻辞典》，齐鲁书社，1999年，第413页。

淡不清。艾俊川解释说，此五字当系后补，补入的刻字木条略高于整个版面，导致相邻的文字未能上墨，故而色淡不清。改补人名的原因，也许是因此本为李氏家刻，可在重印时视情而改。李树宗在《本草纲目》刻成之时已是生员，至天启年（1620—1627）为贡生，故也许是李树宗重印时所补。但因无其他本可资对照，以上可能性尚有待寻找进一步的旁证。

（三）关于其他补版

艾俊川鉴定版本，特别注意某些细节的观察。据他的经验，万历刻本的字体多有其时代特征。例如右侧有竖笔“丨”的文字，刻工有特殊的习惯（图135）。“綱”字、“附”字、“關”字右侧的“丨”，不是一笔直下，而是下部略呈向外的弧度；初刻本的刻工较为精良、讲究，如“之”字末笔比较饱满等。《本草纲目》金陵本大部分文字具有此特点，当为万历刻本无疑。一般说来，如果补刻的版是据原版印成书叶翻刻的，上述特征多会消失，文字也容易出现掉点、少偏旁等错误；如果补版是重新写版，则与原版字体不同。艾俊川翻看了部分卷次，找出了一些比较明显的补版，其刻工文字显然与万历初刻有所不同。但其补刻时间，暂难确定。医书是实用之书，需求量大，书版反复印

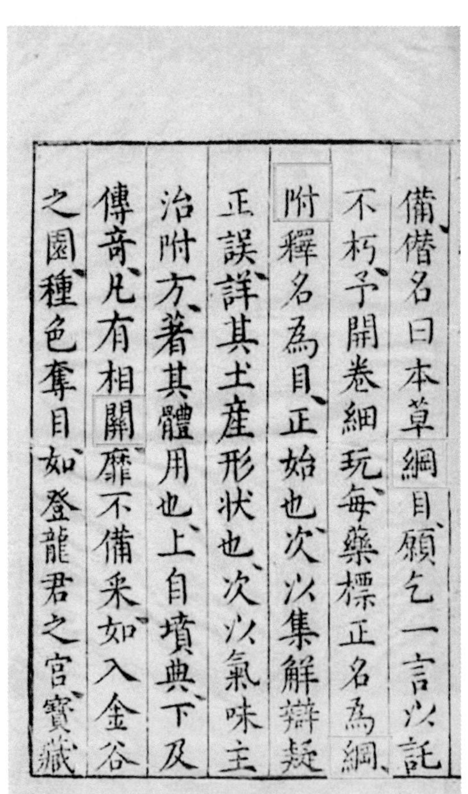
備僭名曰本草綱目願乞一言以託
不朽予開卷細玩每藥標正名為綱
附釋名為目正始也次以集解辯疑
正誤詳其土產形狀也次以氣味主
治附方著其體用也上自墳典下及
傳奇凡有相關靡不備采如入金谷
之園種色奪目如登龍君之宮寶藏

图135 《本草纲目·序》的一叶，可见万历刻版中比较典型的“竖钩”形态。

刷，木板屡次被浸水泡湿，容易损坏。若存放版片的环境潮湿，更容易造成烂朽等现象。此类版片再次重印，就需要补版。中医科学院金陵本虽然比其他原版金陵本印刷的时间要早，但终究不是初印本，其中补版之处虽无准确数字，但绝非个别现象。尤其是卷五至卷九，中医科学院本补版较多。

郑金生对艾俊川所言非常赞同。他介绍在与张志斌教授一起校勘《本草纲目》时，发现金陵本因刻工原因造成的缺首笔、偏旁之字多达六百多处。有些缺字引起的错误一直沿袭到今。例如“毛茛”，在《证类本草》原作“毛莨”，但因金陵本刻成了“毛茛”，后世版本沿袭此误，至今植物学的“毛茛科”仍沿袭此误，已积重难返。因为过去缺少对古籍补版的认识，故未能注意这些缺笔究竟是原刻还是补版引起的错误。有了今天的经验，今后在校勘中须多注意改版补版导致的错误。

经过两个多小时反复观摩中医科学院本，考察者在以下几方面达成了共识。中医科学院本虽非初印本，但在目前诸多金陵本中断版漫漶现象相对较少，故印刷时间较早。该本独存的卷十九“水松”条文字为补刻。卷前王世贞序后所署“万历岁庚寅春”亦似改刻。此发现为该序撰成年代的再考察提供了依据。“辑书姓氏”中也有改刻的文字，如“李树本楷书”及胡承龙“梓行”等文字。改刻原因尚待研究。鉴于“金陵”乃是胡承龙的籍贯，至今无史料可证明胡承龙是专业书商，因此称此本为“金陵本”不如称“胡承龙本”更为恰当。

以往的《本草纲目》版本研究多从目录学入手，缺乏对版本的深入细致观察。这次注重版本细节的考察，为金陵本研究别开生面。其中引出的一些话题（如“金陵本是否是李氏家刻本”“李建元进献的58套初刻本的下落”等）可为以后的研究提供参考。鉴于中医科学院本的其他卷次中还存在着补版现象，今后有必要进行系统细致的比较研究。在利用金陵本校勘时，应该更注意补版所造成的缺笔错误，不可因其是《本草纲目》“祖本”而盲从。

（原刊于《本草纲目研究札记》，龙门书局，2019年。
作者原题艾俊川、侯酉娟、郑金生）

图片目录

主题索引*

* 按：本索引采集的主题词，均为书中研究或涉及的印刷出版史上的人物、图书、机构、技术名称和术语，以汉语拼音顺序排列。其中，作为实物研究对象的书不标注作者，引用文字和观点的书则注明作者。少数词语或经本书辨析语义，或为不成词的语句，则加引号以醒眉目。

D

F

G

H

K

L

Q

R

S

T

后　　记

本书收集了我在十几年中撰写的论及中国印刷出版史的三十余篇文章，主要关注点是印刷史，也旁及纸张、装订、碑刻等印刷外围领域，以及印刷出版人物掌故。

书中有八篇文章曾辑入2012年出版的《文中象外》，考虑到把相关文字集中到一起，有利于读者阅读，这次也收入书中，余为其后新作。书中各文大多发表过，这次又作了一些修订。2019年，郑金生先生曾邀我共同考察《本草纲目》版本，事后他与侯酉娟女史发表《中国中医科学院图书馆藏〈本草纲目〉金陵版考察纪要》一文，今蒙二位慨允收入本集，足增光宠。王丁兄平时对我指导有加，这次又编制了详尽实用的索引；印晓峰兄和任思蕴、秦蓁二位女史通读了全部书稿，匡正众多错误。深情厚谊，铭感无既。

本书能荣幸地列入“出版博物馆文库”出版，我要感谢中华书局、上海韬奋纪念馆和审稿专家。贾雪飞女史为此作了大量工作，并与董洪波先生精心斧正文稿，为本书增色良多。

这本书编集出版，也让我想起在印刷史研究旅途上的诸多往事，借此机会，我要向张树栋老先生和沈乃文、姚伯岳、孙宝林、张志清、陈红彦、顾青、韦力、翁连溪、王洪刚、高山杉、胡同、施继龙、邱雪华、鲍国强、赵爱学、张玉亮、郑诗亮、赵春英、尚莹莹、谷舟等师友以及我的家人道谢：因为大家的支持和帮助，才有了这本书，以及让我继续前行的勇气和力量。

艾俊川，2021年8月28日